博士后文库
中国博士后科学基金资助出版

金属材料的高温氧化铁皮

于相龙　著

科学出版社
北京

内 容 简 介

高温氧化是金属及合金塑性成形过程中普遍存在的现象。本书利用不同材料表征手段，研究分析在热加工成形中所生成的金属氧化铁皮。从氧化铁皮的微观组织结构、界面力学行为、晶界工程、织构演变及摩擦学性能等多个角度，系统地概述了氧化铁皮研究的最新进展。详尽地论述氧化铁皮的生成机理，金属塑性加工时的变形行为和力学性能，辅以热轧带钢中氧化铁皮的特性为工业实例。提出了一种精简可控的氧化铁皮微观结构，可用于免酸洗钢的生产，同时具有优良的摩擦润滑属性。这些研究成果有助于深入理解形成在钢基体表面上的氧化铁皮特性，为金属高温塑性成形提供有力的科学指导。

金属材料的高温氧化正契合于目前研究日益高涨的金属材料 3D 打印技术，为此，论述了激光选区熔融技术中的金属粉末材料高温氧化问题。本书适用于金属材料制造技术方面的研究人员和高等院校研究生等。

图书在版编目(CIP)数据

金属材料的高温氧化铁皮/于相龙著. —北京：科学出版社，2019. 3
(博士后文库)
ISBN 978-7-03-059912-4

Ⅰ. ①金…　Ⅱ. ①于…　Ⅲ. ①金属材料-研究　Ⅳ. ①TG14

中国版本图书馆 CIP 数据核字（2018）第 271507 号

责任编辑：赵敬伟　张晓云／责任校对：彭珍珍
责任印制：肖　兴／封面设计：陈　敬

科学出版社 出版
北京东黄城根北街 16 号
邮政编码：100717
http://www.sciencep.com

中国科学院印刷厂 印刷

科学出版社发行　各地新华书店经销

*

2019 年 3 月第　一　版　开本：720 × 1000　1/16
2019 年 3 月第一次印刷　印张：15 1/2　插页：8
字数：290 000

定价：128.00 元

(如有印装质量问题，我社负责调换)

《博士后文库》编委会名单

《博士后文库》序言

1985 年，在李政道先生的倡议和邓小平同志的亲自关怀下，我国建立了博士后制度，同时设立了博士后科学基金。30 多年来，在党和国家的高度重视下，在社会各方面的关心和支持下，博士后制度为我国培养了一大批青年高层次创新人才。在这一过程中，博士后科学基金发挥了不可替代的独特作用。

博士后科学基金是中国特色博士后制度的重要组成部分，专门用于资助博士后研究人员开展创新探索。博士后科学基金的资助，对正处于独立科研生涯起步阶段的博士后研究人员来说，适逢其时，有利于培养他们独立的科研人格、在选题方面的竞争意识以及负责的精神，是他们独立从事科研工作的“第一桶金”。尽管博士后科学基金资助金额不大，但对博士后青年创新人才的培养和所起的激励作用不可估量。四两拨千斤，博士后科学基金有效地推动了博士后研究人员迅速成长为高水平的研究人才，“小基金发挥了大作用”。

在博士后科学基金的资助下，博士后研究人员的优秀学术成果不断涌现。2013 年，为提高博士后科学基金的资助效益，中国博士后科学基金会联合科学出版社开展了博士后优秀学术专著出版资助工作，通过专家评审遴选出优秀的博士后学术著作，收入《博士后文库》，由博士后科学基金资助、科学出版社出版。我们希望，借此打造专属于博士后学术创新的旗舰图书品牌，激励博士后研究人员潜心科研，扎实治学，提升博士后优秀学术成果的社会影响力。

2015 年，国务院办公厅印发了《关于改革完善博士后制度的意见》（国办发〔2015〕87 号），将“实施自然科学、人文社会科学优秀博士后论著出版支持计划”作为“十三五”期间博士后工作的重要内容和提升博士后研究人员培养质量的重要手段，这更加凸显了出版资助工作的意义。我相信，我们提供的这个出版资助平台将对博士后研究人员激发创新智慧、凝聚创新力量发挥独特的作用，促使博士后研究人员的创新成果更好地服务于创新驱动发展战略和创新型国家的建设。

祝愿广大博士后研究人员在博士后科学基金的资助下早日成长为栋梁之材，为实现中华民族伟大复兴的中国梦做出更大的贡献。

中国博士后科学基金会理事长

前　　言

金属氧化物 (或称氧化铁皮，oxide scale) 不可避免地生成在热加工构件的表面，这由于高温塑性成形时发生了金属材料基体的氧化反应，从而加剧了最终产品表面质量的恶化。为此，本书旨在深入地定量化分析金属材料在高温塑性加工形成时生成的氧化铁皮，主要倾向于氧化铁皮内不同氧化物相之间的转变机制，尤其是以热轧过程中层流冷却和卷取过程中的三次氧化铁皮为典型。作者创新性地提出通过控制不同氧化物相的组成、织构组分和晶界特征，来获得金属高温塑性加工中所需的氧化铁皮的力学性能和物理属性。根据不同的工业生产需求，可以有目的地调控氧化铁皮生成。如果热轧带钢经过冷轧工序再交付使用，可以使生成的氧化铁皮便于清除，更易经过酸洗工序而除鳞；如果热轧带钢可以直接交付用户使用，则可以使得氧化铁皮与钢基体粘结紧致，用于免酸洗钢。不同氧化铁皮显微组织结构的形成机制的研发，可以应用于不同的金属材料，并有助于提升金属板带材料在下游冷加工过程中的摩擦磨损性能。

与此同时，本书制订了系统性的实验研究方案和模拟分析路线来探索氧化铁皮显微组织结构的形成和不同材料氧化铁皮的属性。本书以热轧生产工艺为例，重点研究热轧快速冷却中生成的氧化铁皮晶粒/晶界和织构特性，深入地分析氧化物相的共析和氧化过程。首先利用高温共聚焦显微镜原位检测，考察氧化铁皮的初始氧化过程。随后，搭建热轧快速冷却实验测试平台，并利用电子背散射衍射与能谱仪 (EBSD-EDS) 相结合的同步采集分析技术，辅以聚焦离子束试样断面制备，获得了关于氧化铁皮的形貌和晶体学相关的量化信息数据，基于氧化铁皮织构分析的晶体学研究，可以更进一步地阐释氧化铁皮不同晶粒中的择优氧化生长和变形路径。再者，对不同轧制压下量与冷却速率下的氧化铁皮进行了晶粒重构，并提炼出氧化物相和钢基体的微观织构演变和局部塑性变形分布。

初始氧化的研究结果表明了晶界扩散是占主导地位的传输机制，并用以调控微合金钢在氧化温度为 550~850℃的初始氧化进程。由此可以得出，钢基体本身的晶粒尺寸和晶界特征等的分布会决定生成在其上的氧化铁皮，以及其与钢基体粘结相关的表面质量缺陷。本书解析了钢基体的晶粒细化效应，在晶粒尺寸较大的钢基体表面上形成的氧化铁皮在冷却至室温的过程中，极可能促使氧化铁皮粘结属性的恶化。氧化温度为 550℃时，氧化铁皮对于钢基体晶粒细化效应反应更加敏感。相应的热动力学数值模拟分析提供了强有力的证明，Fe_3O_4 的成核速率明显高于自由铁单质的析出过程，这主要是由于 Fe_3O_4 具有高的自由焓及其富氧 FeO 在共析温度以下较低的热力学稳定性。

本书对工艺参数对生成氧化铁皮的影响机制也做了更深入的研究。研究结果表明，轧制压下量从 5%增加至 40%的过程中，氧化铁皮表面粗糙度不断降低，但出现了大量的表面质量缺陷，可取介于中间值的轧制压下量。随着冷却速率的增加 (10~100℃/s)，氧化铁皮可能出现显著的表面裂纹。获得均匀表面形貌和良好粘结的氧化铁皮的工艺条件是冷却速率为 20℃/s，轧制压下量为 12%。

基于织构分析的氧化铁皮晶体学研究结果发现，氧化铁皮显微组织结构主要由三层氧化物组成，并含有双相异构的 Fe_3O_4 层，晶粒尺寸为 3.5~12μm。与此同时，氧化铁皮形成了高比率的小角度晶界和低维重合位置点阵晶界 (CSL)。氧化铁皮内的氧化物相和钢基体的织构演进简述为 Fe_3O_4 沿氧化物生长方向上，形成高强度的 θ 纤维织构，主要包括 $\{100\}\langle 001\rangle$ 和 $\{001\}\langle 110\rangle$ 织构组分。其中对于板织构，由于轧制变形包含压缩变形及拉伸变形，晶体在压力作用下，常以某一个或某几个晶面 $\{hkl\}$ 平行于带钢表面，而同时在拉伸力作用下，又常以 $\langle UVW\rangle$ 方向平行于轧制方向，因而织构可以表示为 $\{hkl\}\langle UVW\rangle$。随着轧制压下量和冷却速率的增加，会逐渐转移到 $\{100\}\langle 210\rangle$ 织构。α-Fe_2O_3 主要是 $\{0001\}\langle 10\bar{1}0\rangle$ 织构组分，生长路径为 Fe_3O_4 晶粒的 $\langle 001\rangle$ 晶向成 54.76° 倾斜方向。晶粒尺寸不同时，织构分布也有所不同。

在氧化铁皮的不同位置划定微区，深入地分析了氧化物和钢基体内部的局部应变/取向差分布的演变规律。研究结果表明在氧化铁皮表层区域内，Fe_3O_4 具有相对较低的平均局部取向差，并呈现 Fe_3O_4 相对较低的塑性应变值。氧化铁皮中间层的裂纹边缘通常产生相对较高的局部取向差分布，因而存在着较高强度的局部应变场。Fe_3O_4 的 $\{001\}$//ND 纤维织构由表面能量最小化导出，即由高温氧化而引起，而 $\{001\}\langle 120\rangle$ 织构组分归因于其最高的施密特因子，是由高温塑性加工时的外加载荷导致的。

这种类型的氧化铁皮，可以拓展应用于热轧过程中的水基纳米粒子润滑。为此，在可调气氛的热力模拟平台 Gleeble 3500 中进行短时氧化实验，然后利用销对盘的摩擦学实验配置，考察氧化铁皮的力学性能和摩擦学属性。氧化铁皮所展现的不同晶粒取向和晶界特征，从本质上改变了氧化铁皮与轧辊间的润滑效应。

此外，基于金属材料高温氧化铁皮的科学研究思路，构筑了金属材料 3D 打印过程的氧化薄膜的研究框架，理解金属快速熔融再固化时，可能形成氧化物的力学性能和物理属性。与此同时，以金属激光选区烧结/熔融 (SLS/SLM) 技术为例，深入比较分析了两种生产工艺，即金属材料增材制造技术与常规热轧加工过程中，在金属材料表面所形成氧化铁皮的异同之处。发现了金属材料 3D 打印时氧化物的形成是基于体扩散而不是晶界扩散的，并且氧化温度和合金元素的影响较为重要。

目　　录

专有名词表

AFM	原子力显微镜
AGC	自动增益控制
BCC	面心立方
BEI	背散射电子模式
BSE	背散射电子
CCD	电荷耦合装置
CCP	立方密堆晶体结构
CCT	连续冷却转变
CR	冷却速率
CSL	重合位置点阵
CT	卷取温度
DMC	数字微型电路
EBSD	电子背散射衍射
EBSPs	电子背散射衍射图谱
EDS	能谱仪
ESEM	原位环境电子显微镜
FCC	体心立方晶格结构
FEG	场发射枪
FEM	有限单元法
FIB	聚焦离子束加工
FT	精轧温度
HAGB	大角度晶界
HTXRD	高温 X 射线仪
HCP	六方最紧密堆积
HTM	共聚焦高温显微镜
IF	无间隙原子钢
IPF	反极图
IQ	图像品质
LAGB	小角度晶界
LSCM	激光扫描共焦显微镜

LV	低真空
ND	法向方向
ODF	取向密度分布函数
OM	光学显微镜
PBR	Pilling-Bedworth 比
PID	比例–积分–微分控制器
RD	轧制方向
SE	表面能
SEI	二次电子模式
SEM	扫描电子显微镜
SPM	扫描探针显微镜
TD	横向方向
TEM	透射电子显微镜
TGA	热重分析仪
TKD	菊池衍射转换
TIC	三离子束切割仪
TR	轧制压下量
UMT	微纳米力学测试系统
WD	工作距离
XRD	X 射线衍射
A	常数系数
c	热容
c_{m}	相变后比热
c_{p}	比热
c_{w}	相变前的比热
D	氧化铁皮的密度，扩散系数
D_{eff}	介质的等效扩散系数
D_{GB}	沿着晶界的扩散系数
D_L	晶格内部的扩散系数
d	金属基体密度或平均晶粒直径
div()	散度算子
f	界面的体积分数
G	吉布斯自由能
ΔG	吉布斯自由能的变化量
$\Delta G'$	吉布斯自由能反应的变化量

ΔG_V	标准反应的吉布斯自由能
grad()	梯度算子
H	焓
$H(T)$	体积焓
h_{w1}	对流换热系数
h_{w2}	薄膜换热系数
i	比焓
K	常数参数或刚度矩阵
k_0	氧化速率常数
k_1	线性速率常数
k_p	抛物线速率常数
L	潜热
M	分子量
m	金属原子的重量
n	氧化物中金属元素的原子数或晶界面的法向方向
N_v	单个相的稳态成核速率
q	热流
$\dot{q}$	热传递速率
$\bar{q}(x)$	热流的法向方向
Q	活化能
$Q(x)$	内热源
$\vec{P}$	加载矩阵的等效结点
P_r	普朗克常量
R	气体常数
R_a	表面粗糙度的算术平均值
$R_{\max}$	最大的高度不平均
R_q	表面粗糙度的均方根
Re	雷诺数
t	时间步长或氧化铁皮厚度
T	温度
$\vec{T}$	温度结点向量
T_{w1}	冷却水温度
T_{w2}	蒸汽薄膜温度
w	冲击区的宽度
x	直角坐标或氧化铁皮厚度

y	直角坐标或氧化铁皮的厚度方向
z	氧化铁皮的宽度方向坐标
$\alpha(T)$	温度的非线性函数
γ	热对流或表面能
δ	晶界宽度
ε	材料的散射率或弹性应变能
θ	温度差值
$\kappa, \kappa(T), \lambda_w$	导热系数
μ	摩擦系数
μ_f	动力黏度
$\rho, \Delta\rho$	密度及其变化量
σ, k	玻尔兹曼常量
$\tau(H)$	焓关系的温度函数
ν	轧制速率或水流的喷射速率
f_b	稳定薄膜
s	饱和蒸汽
(i)	最后一次迭代

第1章　绪　　论

1.1　金属材料氧化铁皮

在较高温度的塑性加工过程中，金属材料表面不可避免地会形成氧化物，这些附着的金属氧化物会导致最终产品的表面质量恶化 [1−3]。然而，金属材料的高温成形却又是必须的，这是因为在高温条件下，金属或合金的变形抗力较小，更易于塑性加工。在通常情况下，材料加工领域所提及的高温或是热加工指的是金属材料或合金的再结晶温度以上的温度范围。例如，纯铁的再结晶温度约 450℃[4]。那么，在此温度之上的纯铁塑性变形，就称为高温热加工，而在此温度之下的，就是冷加工。不过值得注意的是再结晶温度是范围值，随着所加工金属材料成分的不同而不同。

在金属塑性加工过程中，高温环境里金属材料表面容易形成金属氧化物。在工业实践中，若这些氧化物层的厚度大于微米级别，则称为氧化铁皮 (oxide scale)。而在其他表面氧化情况下，若氧化物层厚度较薄，近乎纳米尺寸等级，则大多数时候称为氧化薄膜 (oxide film)。这里论及的是微米尺寸等级的氧化铁皮，这些氧化铁皮成了热加工过程中重要的干扰因素。因此，也就有必要抑制和消除氧化铁皮，在热轧生产中，除去这些氧化铁皮的工序，俗称为除鳞 (descaling)[5]。

在 Fe-C 合金低碳钢表面上形成的氧化铁皮，通常具有典型的三层显微组织结构，即厚度较薄的外表层三氧化二铁 (α-Fe_2O_3)、厚度不定的中间层四氧化三铁 (Fe_3O_4) 和贴合在钢基体表面的内层一氧化铁 ($Fe_{1-x}O$，$1-x=0.84\sim0.95$，书中简写为 FeO)[6,7]。如果在氧气充足的环境中，这种三层氧化物显微组织结构会一直保持到 Fe-O 相图的共析点温度时刻 [8]，依据钢种的不同，其温度一般约为 570℃[9,10]。当温度低于 570℃时，FeO 氧化物相会因热力学不稳定而分解成 Fe_3O_4 和铁的共析产物 [11−13]。经由这种共析转变，所需的氧化物组分及其显微组织结构就可以通过调控热轧快速冷却条件来实现，抑或是选择含有不同合金元素级别的钢种 [14]。有研究已经表明，具有多层氧化物相的氧化铁皮是不可避免的，这样就可以形成所需含量的 Fe_3O_4 自由粒子 [15]。因为包含这种氧化物的自由粒子可以在后续冷加工工序中作为天然的润滑添加剂，从而减小在冷轧过程中的摩擦和磨损。这样的构想给了我们强大的研究动力去研发一种新颖的氧化铁皮组织结构，使得热轧带钢的表面质量达到无须除鳞，甚至是移除氧化铁皮的除鳞工艺，从本质上缩短了工业生产线。

为此，一直以来的免除鳞钢构想，似乎开始初具雏形了。受到自清洁荷叶原理的启发，金属氧化物纳米粒子有望开启一个新的理念，研发具有生物仿生结构的高等功能材料 [16]。这些前沿性的研究工作将有助于推动金属材料高温成形时氧化铁皮研究不断地向前发展。的确，随着新生代的检测表征技术和数值模拟方法的更新升级，近年来这方面的研究也已经取得了相当的进展，尤其是在微合金钢的氧化过程研究方面 [17−19] 和氧化铁皮内部氧化物之间的共析转变等相关研究方面 [20−22]。在商业生产的带钢产品中，其表面所形成的氧化铁皮，以及其内部 Fe_3O_4 纳米粒子是从高温氧化物 FeO 中分解所得到的产物，这种纳米粒子可能增强氧化铁皮与钢基体的粘结强度。不过到目前为止，很少有研究来具体深入地定量化分析金属材料高温成形过程中形成的氧化铁皮及其后续的物相演化。然而，这种类型的氧化铁皮将被期望直接应用于后续的冷轧生产工艺，可能无须当下经由庞大的酸洗生产线来进行除鳞工序。这种易得、可控的 Fe_3O_4 显微组织结构组成、变形行为与摩擦学特性，尚没有相关的定量化深入探索，这些工作正是本书要重点架构的研究内容。

1.2　研究方法

本书的研究工作意在检测在热轧后快速冷却直至卷取过程中形成的氧化铁皮的组织演变特性，并基于氧化物之间的相变特征，选择合适的高温塑性加工工艺操作参数，提出一种紧致的 Fe_3O_4 显微组织结构形式。这种氧化铁皮可以有效地拓展免除鳞热轧带钢的研发。

为表征高温条件下生成的氧化铁皮，主要采用的实验技术包括：共聚焦高温显微镜 (HTM)，用于瞬时 (< 30s) 初始氧化的研究；可调气氛热力学模拟实验平台 Gleeble 3500，用于短时 (960s) 的氧化过程；配备快速冷却的热轧实验轧机，用于物理模拟热轧实验过程；销对盘接触模式配置的摩擦计，可用于检测所获得氧化铁皮的摩擦学性能。

主要利用的衍射仪器和显微镜的检测表征技术包括：电子背散射衍射 (EBSD) 技术、原子力显微镜 (AFM)、聚焦离子束加工 (FIB) 技术等，皆可用于鉴别和表征氧化铁皮。与此同时，相关的数值模拟技术，如研发的焓基有限单元法，可应用于预测在热轧快速冷却过程中氧化铁皮内部 Fe_3O_4 粒子的析出过程。

1.3　本书提要

本书将以热轧生产工艺为例，重点研究热轧快速冷却过程中生成的氧化铁皮晶粒/晶界和织构特性，深入地分析氧化物相的共析和氧化过程。除了本章以外，本书还包含：第 2 章和第 3 章基本理论，第 4~9 章六个独立的实验研究与数值模拟，第 10 章和第 11 章应用拓展篇，还有第 12 章的结论展望篇。

第 2 章提供了当前最新的对金属氧化过程的研究进程，并且概述了可能应用于氧化铁皮研究的实验技术和方法。第 3 章系统地引入了物理实验采用的实验设备和数据后处理分析方法，可用于分析特定条件下生成的氧化铁皮，并选择相应检测方法来表征氧化铁皮相关的力学性能和材料属性。

第 4 章在高温显微镜中进行了初始氧化的研究，这将有助于理解微合金钢的等温氧化机制，同时利用多样的实验技术手段来表征氧化铁皮与金属基体之间的界面特征。第 5 章将通过热轧快速冷却实验平台来到工业的实践现场，并与电子背散射衍射实验技术相结合，揭示工业生产线中的工艺操作参数对氧化铁皮形成的影响，如轧制压下量、层流的冷却速率、精轧温度和卷取温度 (CT) 等。第 6~8 章的研究重点是定量化深入分析氧化铁皮的晶粒/晶界和织构演变信息，局部塑性应变分布情况，从而建立氧化铁皮中不同氧化物相的织构和工艺操作参数之间的数据库。第 9 章进行了相关的数值模拟，用以论证所提出氧化铁皮的显微组织结构的可行性。

第 10 章将实验和模拟研究得到的氧化铁皮进行摩擦学等力学属性检测，从而在技术上论证商业热轧带钢中免除鳞钢所需的实验条件。第 11 章基于热轧快速冷却中氧化铁皮的研究理念，构筑了金属材料 3D 打印过程中氧化薄膜研究的整体构架，提出了可能的研究发展方向和前期的准备工作。

第 12 章为结论和展望，简述了所提出的氧化铁皮的结构、可能的发展机遇与美好愿景。

值得说明的是，本书正是基于作者博士后期间的研究工作，部分博士期间的工作已经发表 [23]，并得到广泛的肯定，也深感实验结果和解释仍需进一步提升。现在所能做的就是这一次，并重点放入博士后期间的研究和思考，尤其是集中在电子背散射衍射实验及其后处理分析部分和应用拓展等方面。这些是本书展开论述的重点。

第 2 章　金属材料高温氧化的理论基础

本章设计的主要目的是，对当前氧化铁皮的生长机制予以简要论述。这些分析研究主要源于不同金属氧化物间的相变理论基础，其中包括：①高温氧化热动力学和高温氧化运动学；②高温热加工和连续冷却过程中在钢基体形成的氧化铁皮；③在热轧卷取后，成卷带钢储存时，氧化铁皮内部的氧化物相分解转变行为，涉及 Fe_3O_4 的共析析出行为和高温 FeO 氧化物的低温分解过程；④以热轧过程为例，探讨形成在带钢表面的氧化铁皮的力学属性、摩擦性能等；⑤诸多的精力致力于总结概述，可用于表征检测氧化铁皮的各种实验技术和方法。从而，针对高温热加工程过程中形成的氧化铁皮，深入地提炼出可能的研究发展途径，以及其尚待开发的工作。

2.1　高温氧化的热动力学基础

2.1.1　Ellingham 图

在高温氧化物生成的过程中，需要考虑在化学热力学中判断反应过程进行方向的吉布斯自由能 (Gibbs free energy) 热力学函数。吉布斯自由能是化学反应稳定平衡的判据之一，又称自由焓或称自由能，指的是在某一个热力学过程中，系统减少的内能中可以转化为对外做功的部分 [24,25]。

在通常的高温氧化情境下，吉布斯自由能的变化量 ΔG 是指金属与氧发生化学反应的驱动能量。这个变化量涉及氧化物的生成，同时也指示着氧化反应可能的前进方向。氧化反应发生在吉布斯自由能较低的方向上。如图 2.1 所示的 Ellingham/Richardson 标准吉布斯自由能 ΔG^0 图，正是关于各种不同的金属氧化物的形成及其氧化温度等数据信息 [26,27]。图中显示了金属氧化物形成时，以温度为变量的吉布斯自由能，连同相应反应所需的条件参数，如等效压力 p_{O_2}、氢气/水的摩尔比 (H_2/H_2O) 及一氧化碳/二氧化碳的摩尔比 (CO/CO_2)，其中蓝线和绿线分别表示在一定温度下相应反应所需的氧气和等效压强。这样的自由能图可用于预测一种金属在什么样的温度、压强等参数条件下被还原，或是在什么情况下可以被氧化 [28,29]。

从吉布斯自由能图中，可以估算出金属或金属氧化物的氧化还原反应过程中，氧气部分压力的稳态数值，以及金属及其氧化物稳态反应时的氢气/水 (H_2/H_2O)

摩尔比和一氧化碳/二氧化碳 (CO/CO_2) 摩尔比。具体的操作方法是，在吉布斯自由能图上，首先固定 O、H 和 C 轴上相应的化学反应起始点，并沿着这些标记的固定点分别连成直线。然后，按所需的温度值对应到相应的轴上，找寻通过金属或金属氧化物线上的交点。与此同时，可以差分得到不同的需求刻度、等效压力、氢气/水摩尔比和一氧化碳/二氧化碳摩尔比 [2,26]。

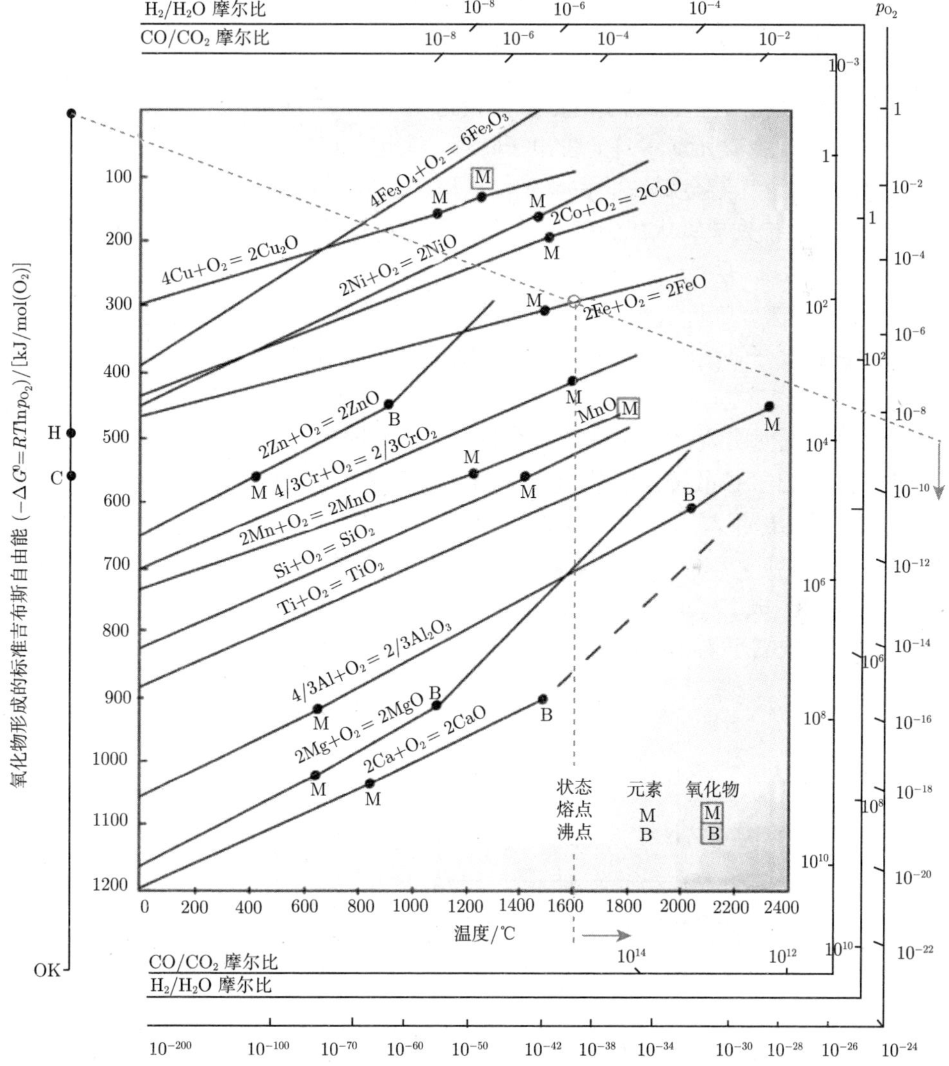

图 2.1 Ellingham/Richardson 标准吉布斯自由能图 (后附彩图)[26,27]

此处以铁的氧化为例进行说明。在氧化温度低于 FeO 的稳定存在温度 570℃，如 400°C时，铁的氧化物是多样且可变的。这时铁的氧化物主要包含两类氧化物相，如图 2.1 中绿色圈所示，一层紧接着金属基体的 Fe_3O_4 氧化物，还有一层 α-Fe_2O_3 的外层氧化物，直接与环境空气外层的大气相接触。然而，当氧化温度高于 570°C时，二价铁离子的 FeO 氧化物就可以稳定存在了。如图 2.1 中蓝色圈所示，800°C时，铁的氧化将会是三层的氧化物显微组织结构，即一层 FeO 紧贴合着金属基体，随后是中间层 Fe_3O_4 氧化物，最外层的是 α-Fe_2O_3 氧化物 [3,30]。

2.1.2 高温氧化的扩散机制

金属纯铁氧化时，呈现出上述的多种氧化物相。这种同种金属元素具有多类氧化物的原因是铁金属元素本身的价电子特性。铁元素有二价和三价的铁离子 (Fe^{2+} 和 Fe^{3+})，这就意味着金属铁的完全氧化过程可以被分解为三个主要步骤 [3]：

(1) 铁元素首先被氧化成最低价态的二价铁离子，并在金属基体表面形成了第一层的氧化物 FeO 层；

(2) 然后，部分二价铁离子进一步被氧化成三价铁离子，使得氧化物包含二价和三价两种铁离子，进而，形成了 Fe_3O_4 氧化物的中间层；

(3) 在氧气气氛充足的条件下，最外层的纯三价铁离子氧化物 α-Fe_2O_3 相就可以生成，这样就使得氧化物层只含有铁的三价最高价态离子。

图 2.2 给出了扩散控制氧化机制中的简易概略图 [31]。纯金属铁在 570°C以上被氧化时，显示出了离子扩散控制的多层氧化铁皮生长机制。相比较而言，当氧化温度低于 570°C时，FeO 氧化物是动力学不稳定的存在，趋向于分解。那么，铁的氧化可以直接生成 Fe_3O_4 氧化物 [29]，进而形成 FeO、Fe_3O_4 和 α-Fe_2O_3 的三层氧化铁皮结构。铁氧平衡相图中可清晰地印证这一点，如图 2.3 所示 [8]。

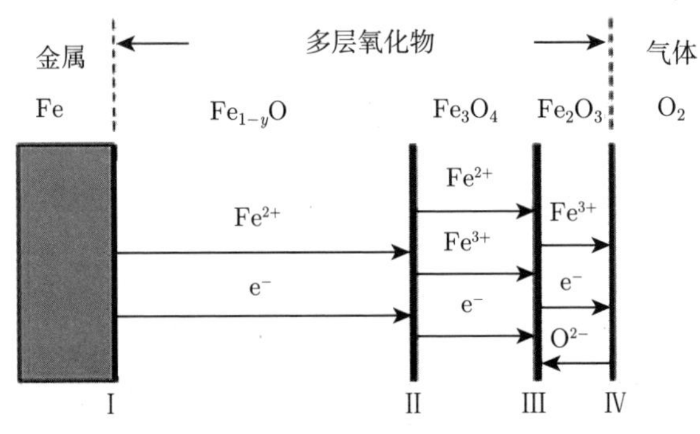

图 2.2　纯铁氧化温度 570°C以上时，扩散控制氧化概略图 [31]

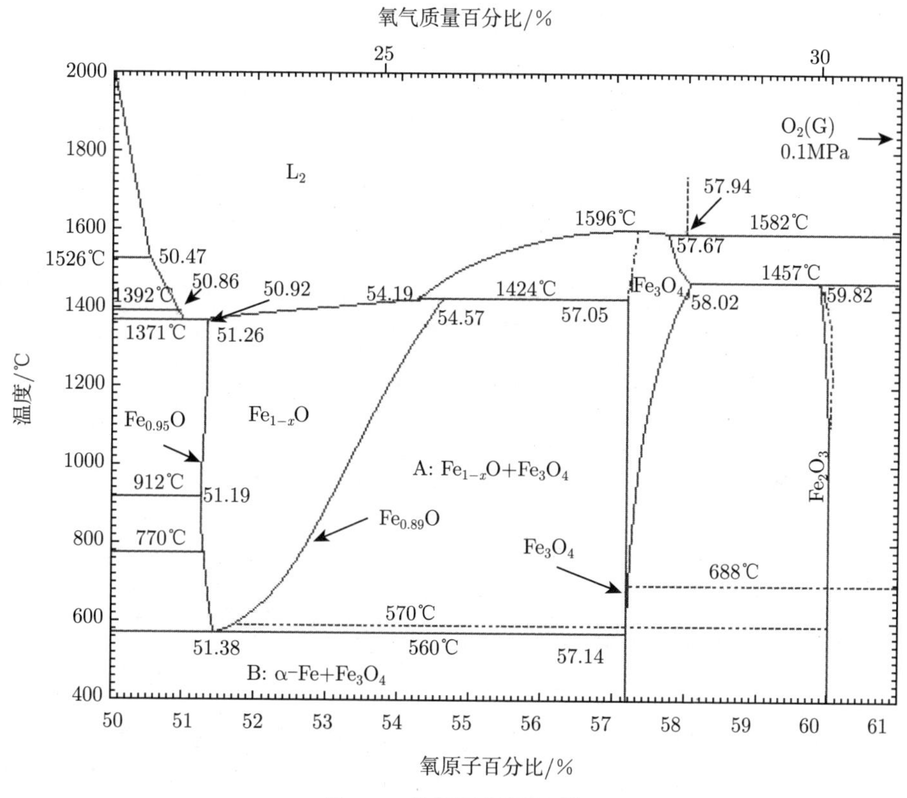

图 2.3 铁氧平衡相图 [8]

纯铁的扩散控制氧化反应涉及铁的阳离子和氧的阴离子的相互扩散过程，从而生成氧化铁皮的反应产物 [2,31]，具体的化学反应示意图可参见图 2.2。依据 Wagner 理论 [32]，这些铁的阳离子从铁的基体向外转移到氧化物表面层时，扩散迁移速率最慢的那一种离子就是该金属氧化过程中的速率限定步骤。

氧的阴离子和金属的阳离子的扩散迁移行为，取决于所生成氧化物的晶体结构类型 [2]。FeO 是高度非化学计量的铁离子缺陷氧化物晶体结构，其归属于缺陷氯化钠晶体学对称体系，详见 2.2.1 节所述。由此，在 FeO 晶格结构中，含量较高的空位缺陷就令反应物中的离子迁移展现出高度的流动性，如图 2.4 所示 [27,33]。相比 FeO 氧化物而言，在 Fe_3O_4 氧化物的离子构成中，却仅有相对较小的非化学计量单位。因此，在室温条件下，Fe_3O_4 的非化学计量趋势往往仅有很少的过氧情况，在其晶格内离子反应的流动性也相对 FeO 氧化物内慢一些 [34,35]。不过，离子反应物在 α-Fe_2O_3 晶格内的扩散速率更是极慢，如图 2.4 所示。也就是说，氧的阴离子向内的扩散速率最低，因而成为氧化铁皮生长的速率限定步骤，主导着氧化铁皮的生长进程 [36,37]。

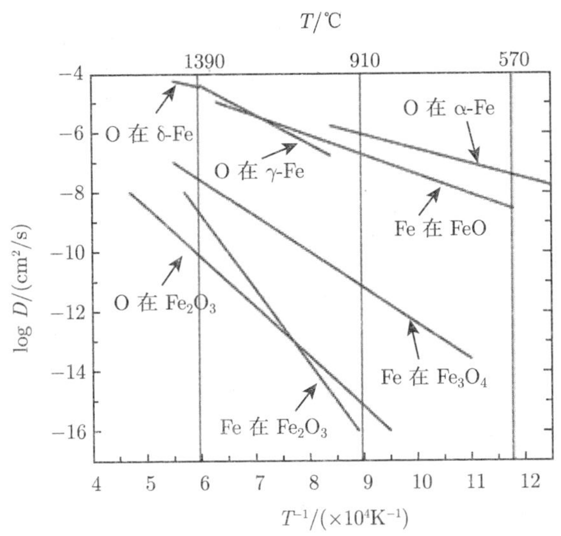

图 2.4　铁离子和氧离子自扩散过程的 Arrhenius 相图 [27,33]

2.1.3　氧化物生长引起的内应力

一般来说，氧化铁皮中内应力的产生，可能有许多不同的原因：①可以是基体表面的氧化物生长过程；②氧化铁皮与金属基体的热膨胀不匹配；③氧化铁皮施加的外力。这些形成在氧化铁皮内部的残余应力影响着氧化铁皮与基体之间的粘结强度，直接关系到氧化铁皮是否容易剥落等表面质量问题。此处将重点谈及第一个原因，也就是由氧化物生成而诱发的内应力，余下的涉及氧化铁皮的力学属性，将会在 2.4 节单独详述。

氧化物的生长过程，关系到氧化铁皮本身与基体的粘结强度及其各种表面剥落、裂纹等表面质量缺陷 [38,39]。在高温氧化过程中，总体的氧化反应速率取决于氧化铁皮是否保持连续完整。并且，随着氧化铁皮的不断生长，其表面形貌本身是否保存完好，或者说氧化铁皮是否包含裂纹、气孔等相关的非保护性的氧化缺陷，这些决定了氧化反应是否能够继续发生，即基体是否会被不断地氧化 [40,41]。含有这些表面缺陷的氧化铁皮就会在高温氧化过程中，经由这些缺陷渠道加速金属阳离子或是氧阴离子的迁移过程，促使二次氧化的发生。反之，生成氧化铁皮的表面状况，同时也决定了反应产物的体积是否或多于或少于生成氧化物所消耗的金属材料的体积 [42,43]。

Pilling-Bedworth 比率 (PBR) 可用于衡量并预测所生成氧化物的内应力状态 [44,45]。相应地，氧化物及钢基体之间晶格生长的失配，可以由 PBR 表示：

$$\mathrm{PBR}=\frac{Md}{nmD} \tag{2.1}$$

式中，M 为元素的摩尔质量；D 为氧化物的质量密度；m 和 d 分别为金属基体的原子质量和质量密度；n 为金属原子在摩尔化学式里的数量标度，如在 Fe_3O_4 中，$n=3$[46]。

如果 PBR> 1，据预测将形成具有保护性的氧化铁皮。而当这个比率为小数时，生成的氧化铁皮将处于张力状态，往往倾向于不具有保护性，易形成破碎剥落。纯铁与 FeO 的 PBR 是 1.78[45]，因此，压缩内应力将出现在 FeO 氧化层内 [47,48]。相应地，在氧化温度为 700°C以上，钢铁等温氧化的初始阶段里，FeO 是主导的氧化物相 [30,31]。而且，PBR 经常用来解释氧化铁皮内不同氧化物相之间的内应力变化状态。这是由于生长应力有时能够促使氧化铁皮的剥落，而失去与基体之间的粘结，这样就影响到了生成氧化铁皮的形貌及氧化物的生长速度，最终导致氧化铁皮起泡、剥落、楔入和裂纹等表面质量缺陷 [49,50]。

2.1.4 氧化铁皮的生长动力学

一般情况下，氧化速率测量的是氧化物的累积量 (即氧化物层厚度或氧化铁皮重量的变化) 随时间的变化规律 [3]。离子扩散控制的氧化过程经由相关的简化处理后，可以引入三类主要的简化方程来表达金属材料的氧化速率。这三类氧化过程为线性、抛物线性和对数性 [3,33,46,51,52]。

对于线性氧化速率方程 [53,54]，其氧化速率是常数，即

$$\frac{\mathrm{d}x}{\mathrm{d}t}=k_1 \text{ 和 } x=k_1t \tag{2.2}$$

式中，k_1 为线性速率常数；x 为生成的氧化铁皮厚度；t 为氧化所经历的时间。

一般情况下，金属材料的初始氧化遵循这种线性氧化速率方程 [55]，也就是说，任意时刻，氧阴离子到达氧化铁皮表面的扩散速率都是常数。这是因为在厚度较薄的氧化铁皮内，氧阴离子的迁移扩散是氧化速率的限定步骤，相继控制着氧化气氛的流动速度。其中涉及的氧化过程影响参数，主要包括氧化温度、氧气在大气中的部分压力 [56,57]。

关于抛物线氧化速率方程 [51,58,59]，阴离子或是阳离子空位通过氧化铁皮的扩散变成了速率限定步骤。因而，金属材料的氧化速率与生成氧化铁皮厚度成反比 [60,61]，即

$$\frac{\mathrm{d}x}{\mathrm{d}t}=k_px \text{ 和 } x^2=2k_pt \tag{2.3}$$

式中，k_p 为二次抛物线氧化速率常数，通常遵循阿伦尼乌斯 (Arrhenius) 方程 [62,63]。

这种二次抛物线氧化速率方程对应着 PBR> 1 的保护性氧化铁皮，故而，抛物线氧化速率方程适用于许多金属材料的高温氧化过程，尤其是它们的能动机制研究。相比于反应迅速的初始氧化反应，金属铁一般在 250~1200°C的等温条件下的长时间氧化速率十分稳定地遵循着二次抛物线速率方程 [63,64]。然而，当金属材

料的氧化发生在低温条件下，如温度在 200℃以下，金属材料形成保护氧化铁皮时，就会遵循第三种类型的对数或是反对数氧化速率定律 [65,66]。

以上这三类氧化速率常数，均遵循阿伦尼乌斯方程，即

$$k_p = k_0 \cdot \mathrm{e}^{-\frac{Q}{RT}} \tag{2.4}$$

式中，k_0 为常数；Q 为活化能；R 为通用气体常数，其具体数值为 8.314J/(mol·K)；T 是开氏温度。一般情况下，金属材料的氧化速率随着温度的增加而增大 [67,68]。

此外，其他相关方面对氧化速率的影响可能来自于金属基体材料本身，多种类的合金成分 [69]，或者是氧化反应系统的氧气部分压强状况 [10,70]，或者是氧化铁皮内部所呈现的晶体结构缺陷类型的不同 [71]，这些不同的影响因素耦合在一起可以导致氧化反应中的氧化速率在实际氧化过程中有所不同。对于铁元素的三种氧化物 (FeO、Fe_3O_4 和 α-Fe_2O_3) 在 700～1000℃的空气氧化速率方程 [72,73]，将会在 9.3 节中的数值模拟时用到，以更详尽地讨论相应的氧化铁皮生长动力学特性。

2.2 热加工中的氧化铁皮

2.2.1 铁的氧化物

既然铁的阳离子存在两个不同的价态 —— 二价铁离子和三价铁离子，那么，具有不同铁氧比的氧化物将会呈现不同的晶体结构类型。这些氧化物具体包括 $Fe_{1-x}O$、Fe_3O_4 和 α-Fe_2O_3，如表 2.1 所示 [74,75]。

表 2.1 铁氧化物的相关晶体学数据 [74,75]

氧化物	化学式	铁氧比	晶系	空间群	结构类型
四氧化三铁	Fe_3O_4	0.75	立方	$Fd\bar{3}m-227$	反尖晶石
一氧化铁	$Fe_{1-x}O^*$	0.93	立方	$Fm\bar{3}m-225$	氯化钠
三氧化二铁	α-Fe_2O_3	0.67	三方	$R\bar{3}c-167$	刚玉结构

*一氧化铁具有相当广泛的化学组成区间，表格中 $(1-x)$ 的值，落在0.83～0.95，通常推荐其平均值为0.93。

如图 2.5 所示，氧化物一氧化铁是具有点缺陷的氯化钠晶体结构，其中二价氧离子占据着阴离子的位置，二价铁离子占据大部分的阳离子位置。这种点缺陷晶体结构的另一种描述是阴离子沿着 [111] 晶向的立方密堆积阵列，其中阴离子晶面与阳离子晶面相交布置，大部分铁离子处在八面体位置上，而仅有小比例三价铁离子处在四面体的位置上。这些正八面体共用边界 (图 2.5(a)) 呈现着二价铁离子和氧离子沿着 [111] 晶向上的交错排列 (图 2.5(b))。氧离子缺陷氧化物可被写为 $Fe_{1-x}O$，其中 $(1-x)$ 的数值在 0.83～0.95，这些数值是在温度高于 570℃、0.1MPa 大气压下测得的 [76]。氧化物一氧化铁是一种 p 型 (正电荷载流子) 半导体氧化物，

并具有高浓度的晶格缺陷 [28,29]。这些高比例的阳离子空位会产生阳离子或电子，通过金属空位或电子空穴产生更高的流动性 [77,78]。

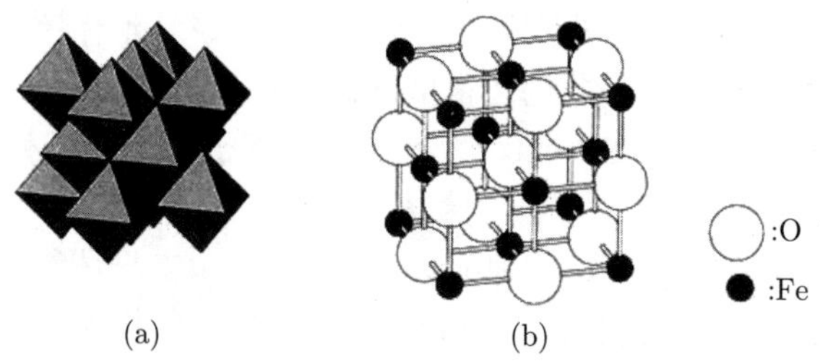

图 2.5 $Fe_{1-x}O$ 的晶体结构 [74]

(a) 八面体排列；(b) 球棒模型

如图 2.6 所示，氧化物 Fe_3O_4 是同时含有二价铁离子和三价铁离子的反尖晶石晶体学结构 [79]。Fe_3O_4 阳离子分布的化学式可以书写为 (Fe^{3+}) $[Fe^{3+}Fe^{2+}]$ O_4，其中圆括号代表四面体间隙位置，中括号代表八面体间隙位置 [80,81]。在这种情况下，三价铁离子让渡一半的八面体间隙位置给二价铁离子。也就是说，在一个单元格内，8 个 Fe^{3+} 位于四面体的间隙位置，加上 8 个 Fe^{3+} 和 8 个 Fe^{2+} 被分配到八面体的间隙位置上。由此，这种晶体结构含有八面体和混合四面体与八面体间隙层，并沿着 [111] 晶向堆积排列而成，如图 2.6(a) 所示。图 2.6(b) 为铁离子和氧离子的序列层。图 2.6(c) 给出了三个八面体间隙和两个四面体间隙结构的断面层示意图。Fe_3O_4 含有大量的氧元素，不过其超出量还是远小于其氧化物 FeO 的超出量，相应的空位缺陷浓度也较之减少了很多 [75,82]。

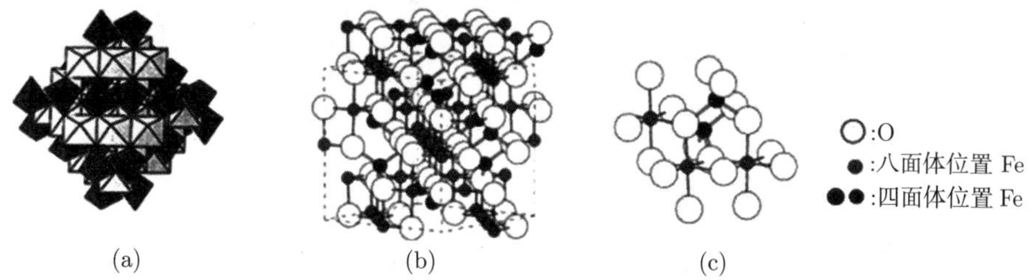

图 2.6 Fe_3O_4 的晶体结构 [74]

(a) 具有八面体层和混合八面体/四面体层的多面体模型；(b) 球棒模型；(c) 四面体和八面体排列的球棒模型

如图 2.7 所示，氧化物 α-Fe_2O_3 的晶体体系是菱方晶体结构 [74]，含有极低的结构缺陷浓度。这一晶体结构可以被描述为氧离子沿 [001] 晶向堆垛的密排六方晶胞结构，即阴离子平面平行于 (001) 晶面。三价铁离子填充了近 2/3 的位置，这些铁离子通常排列在两个填充位置，接着每一个空位在 (001) 晶面，由此形成了六倍的环状结构，如图 2.7(b) 所示。阳离子的这种排列方式产生了 $Fe(O)_6$ 正八面体有序对，每一个八面体有序对与相邻的八面体在同一晶面上共用三条相邻的边，并且一个面有一个相邻共用的八面体 (图 2.7(c))。O—O 键沿着共用八面体的间距 (0.2669nm) 是相对短于沿着未共用边上的间距 (0.3035nm) 的。由此，八面体形成了三方晶系的扭转样式 (图 2.7(d))。氧离子和铁离子的空间排列环绕着一个共用面，如图 2.7(e) 所示。其中共用三联体结构单元 Fe—O_3—Fe 影响着氧化物本身的宏观磁性性能，因为 α-Fe_2O_3 是一种 n 型 (负载流子) 半导体氧化物，其中阳离子的扩散迁移路径是占主导地位的 [36,83]。铁的这三种氧化物晶体结构的比对图，可参见图 2.8。

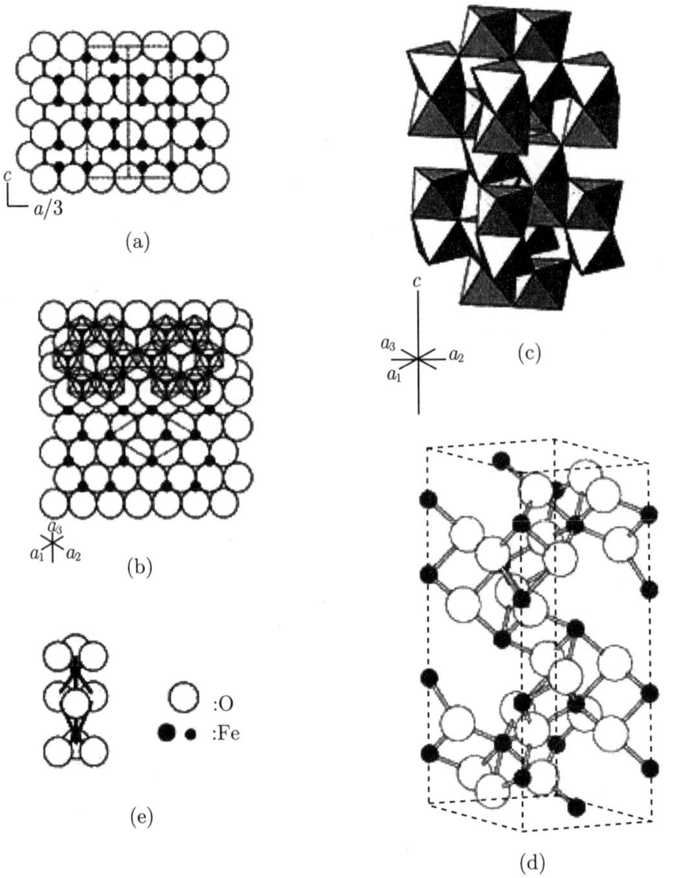

图 2.7　α-Fe_2O_3 的晶体结构 [74]

(a) 氧离子密排六方，其中阳离子占据八面体配位位置；(b) 沿 c 方向的俯视图，用以表示铁离子在给定氧离子层上的分布和八面体配位的六方排列；(c) 共面八面体排列；(d) 球棒模型；(e) O_3—Fe—O_3—Fe—O_3 三联体结构

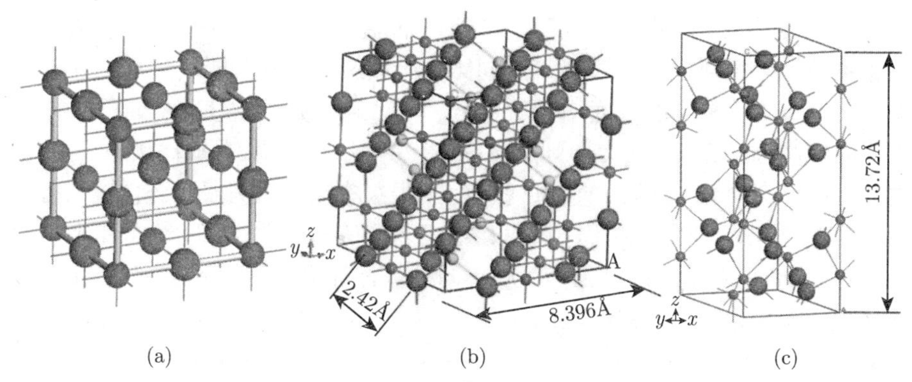

图 2.8　铁的氧化物晶体结构比对

(a) $Fe_{1-x}O$；(b) Fe_3O_4；(c) α-Fe_2O_3

2.2.2　瞬时高温氧化

氧化物的形成取决于金属材料基体本身的属性和外部热力学的参数条件。鉴于铁碳合金中存在着不同的合金元素和其他杂质，在各种各样不同的工艺条件下，氧化速率、氧化物相的变化及其氧化铁皮形貌，都显著不同于纯铁被氧化的情况。本节将就这些方面，系统地论述合金钢的氧化过程与机制。此外，一些详尽论述金属氧化的综述性文章和书籍 [1,2,6,31,38,46,84−91] 皆列在参考文献中以供翻阅。这些文献从不同角度，详尽地分析了金属材料的高温氧化。在这里，本节将主要侧重于论述不同氧化理论之间的关系、相关氧化理论应用的局限性和近年来氧化实验的新发现。

一般情况下，高温氧化过程中的低碳钢，在初始氧化高达 20s 内，遵循线性氧化速率方程。随后，氧化速率改变为二次抛物线氧化生长速率，如图 2.9 所示 [92]。二次抛物线和一次线性混合的氧化反应动力学是被广泛接受的，它是用于处理短时间氧化铁皮的生长过程工艺的，如热轧过程 [63,64,93]。当钢材在 700℃以下氧化时，其氧化动力学类似于纯铁在不同气氛下的氧化过程，并且氧化速率近似遵循二次抛物线反应动力学 [14,94−96]。

在氧化铁皮中，不同氧化物层的厚度也可以用来表征氧化速率。在一系列的氧化实验结果中，观测到了在氧化铁皮的厚度方向上呈现的清楚明晰的亚层厚度 [3,36,50,60,62]。纯铁的氧化温度在 700~1200℃时，FeO、Fe_3O_4 和 α-Fe_2O_3 典型的相对厚度比介于 100:5:1 和 100:10:1。而氧化温度在 400~550℃时，纯铁的氧化可导致其氧化物 Fe_3O_4 和 α-Fe_2O_3 的相对厚度比落在 10:1 至 20:1。在钢铁的高温氧化过程中，关于氧化物生长演进的研究，大部分集中于保持等温氧化条件时使氧化物 FeO 的生成量变化。这是因为 FeO 在低于 570℃的后续进程中，可以共析分解成

Fe_3O_4 和 α-Fe[11,67]。由此可知，氧化铁皮形成的温度低于 1000℃，极具代表性的氧化物相主要包括大部分的 FeO 及其不同比例增加的 Fe_3O_4 和极其少量的 α-Fe_2O_3，如图 2.10 所示 [97,98]。此外，部分研究 [63,92,98] 已经表明，当温度在 850~1000℃时，若保温时间从 30s 延长至 600s，则随着 Fe_3O_4 和 α-Fe_2O_3 大量成比例地增加，FeO 所占的百分比会降低。然而，直到目前为止，很少有研究致力于系统性地分析钢基体上生成的氧化铁皮及其内部不同氧化物相之间的转变关系。尤其是在不同氧化温度，不同湿度范围，不同氧化气氛和不同钢基体等工艺条件下，氧化铁皮内部物相的转变的过程也很少有系统性的论及。

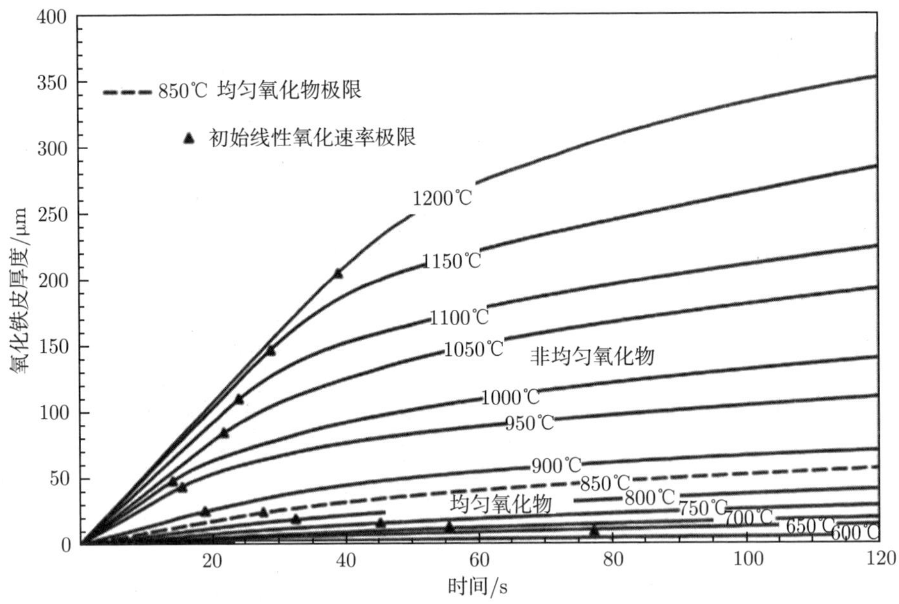

图 2.9　空气流速为 4.2cm/s 时所形成的氧化铁皮厚度变化 [92]

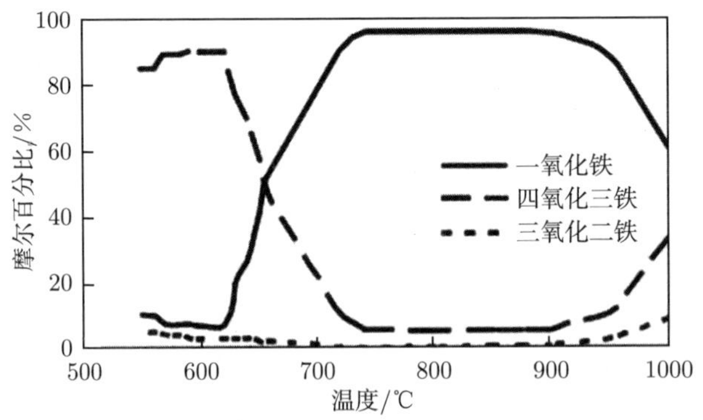

图 2.10　铁氧化物的形成比例与温度之间的关系 [97,98]

当氧化温度在 500°C时，纯铁在干燥空气中氧化所形成的铁氧化物最初只包括一层薄的 α-Fe_2O_3 和双层结构的 Fe_3O_4。近期关于纯铁高温氧化的研究说明，当氧化温度在 600°C时，纯铁在干燥空气中保温氧化 24h 后，α-Fe_2O_3、Fe_3O_4 和 $Fe_{1-x}O$ 在氧化铁皮中所占的比例分别是 5%，30%~35%和 60%~65%，如图 2.11 所示 [94,96]。

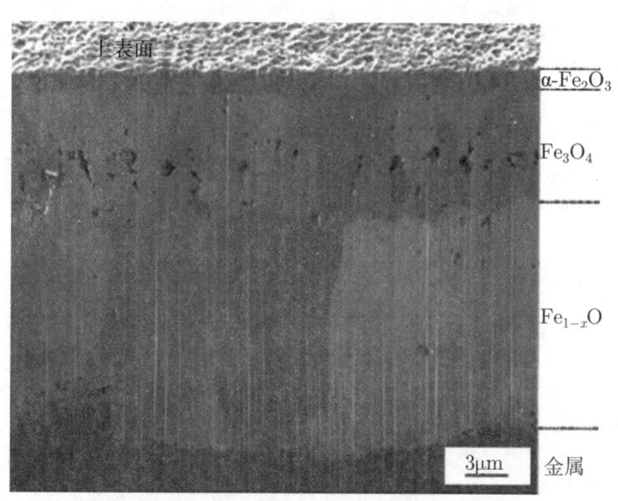

图 2.11 纯铁在温度 600°C干燥空气中氧化 24h，所形成氧化铁皮的聚焦离子束切片断面图，其中样本被倾斜 52° 拍摄 [94,96]

氧化铁皮的表面形貌通常可用于检测是否起皮或剥落等粘结强度缺陷[99-101]，这些表面缺陷的形成正是由多层氧化铁皮内部的内应力变化导致的 [102,103]。电子显微技术观测到的粗糙氧化铁皮区域显示出波状起伏或是锯齿状图案的表面形貌，如图 2.12 所示 [55,104]。在图 2.12(a) 和 (b) 中可以看到粗大的粒状显微结构，分解不完全的粒状氧化物 FeO 结构如图 2.12(c) 和 (d) 所示，晶粒细化的粒子所形成的致密累积层如图 2.12(e) 所示。再者，合金钢高温氧化相关的氧化铁皮在厚度方向上的断面形貌，主要用于进一步表征多层氧化物相内部的联系。

综上所述，铁合金的氧化速率取决于三个主要的变量，即铁合金本身的化学组成、氧化温度及氧化气体的气氛 [2]。其中氧化温度对最终氧化铁皮的形成是非常关键的，之前大量的研究实例 [1,88,90,105] 表明氧化温度的升高可以极大地促进金属的氧化进程。

类似于合金元素在钢基体中所起的强化作用一样，合金元素等添加成分也可以大幅度地修正铁合金的氧化行为。通常情况下，基体中的硅和铬元素，有助于形成致密的氧化铁皮，并紧贴于基体表面，防止基体进一步氧化 [106−108]。而少量的镍、铜、铌、钼和钒元素也可以引起氧化铁皮粘结强度的大幅度提升 [109]。一般情况下，元素锰用于溶解剂 [110]，而碳元素可以通过结构缺陷进行输运，比如气孔，而不是通过晶格缺陷来进行的，如晶格或是晶界扩散 [111]。大量详尽的研究致力于发现合金元素对氧化行为的影响，可以参见文献 [112]。

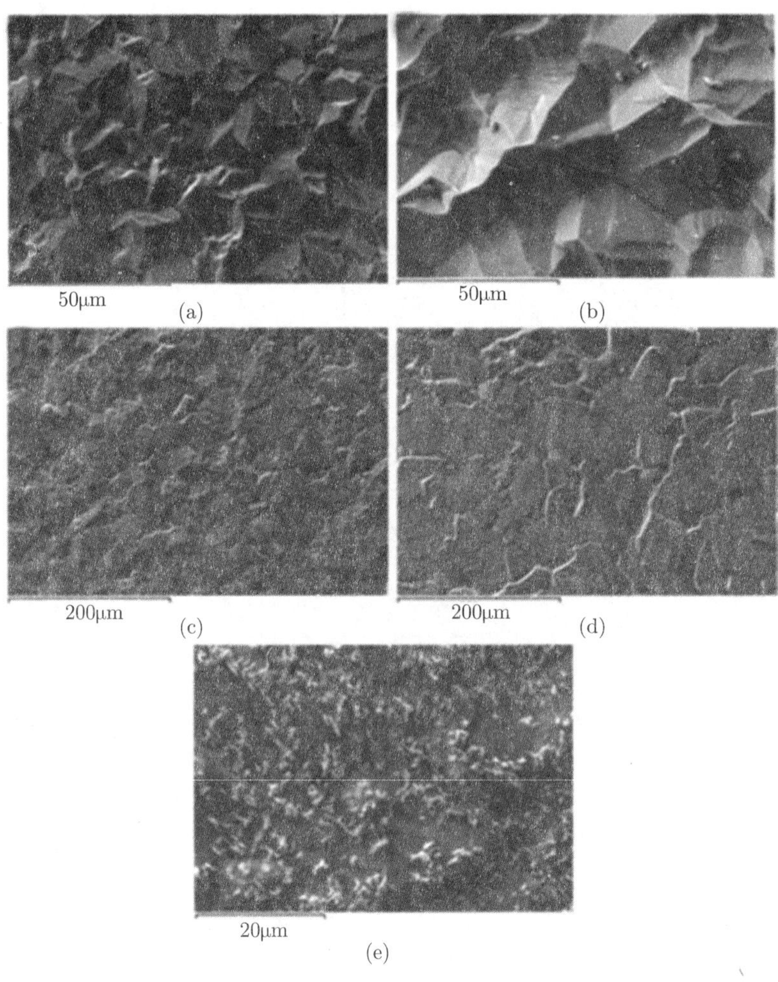

图 2.12 不同氧化铁皮区域的电镜图片 [55,104]

(a) 形成在 1000°C时，氧化时间 12s，粗糙的氧化铁皮区域；(b) 形成在 1080°C时，氧化时间 24s，粗糙的氧化铁皮区域；(c) 形成在 1100°C时，氧化时间 24s，粗糙与光滑区域之间的过渡衔接区域；(d) 形成在 1000°C时，氧化时间 12s，粗糙与光滑区域之间的过渡衔接区域；(e) 形成在 1180°C时，氧化时间 24s，光滑的氧化铁皮区域

氧化气体的气氛直接与氧化物相接触反应，尤其是水蒸气，这就使得对氧化行为的总体理解变得更加难以捉摸 [85,86,95,113]。若在干燥空气中加入水蒸气，则在不

同湿度的空气气氛下，铁碳合金的氧化行为也会更复杂多变，且难于观测。为此，系统性地研究水蒸气在钢基体氧化过程中所起的具体作用，也就成了理解氧化铁皮生成和物相演变的关键所在。不过，同时也应认识到这些影响因素之间并不是相互排斥的，而是相互耦合作用的。此外，在实验氧化样本检测中，一些细微的影响因素也可以导致氧化行为的显著变化，如样本的表面状态 [114]、反应气体的流速 [115]，甚至包括在不同的制样方法里其样本的几何尺寸等。

2.2.3　氧化铁皮内的相变

高温塑性加工后的连续冷却过程中，低碳钢在不同温度下以不同的冷却速率进行快速冷却，其形成在钢基体上的氧化铁皮特性和显微结构也因此而变化，故而，涌现了大量关于这方面的研究工作 [6,14,116−120]。这些研究结果表明，在较低的冷却速率下，氧化铁皮的厚度呈上升趋势。观测氧化铁皮内部氧化物的显微结构发现，当冷却速率在 10~60℃/min 时，氧化物 FeO 层的基体中出现了 Fe_3O_4 的析出粒子 [6]。在原初 Fe_3O_4 的氧化层上，形成了 Fe_3O_4 与 α-Fe 的共析组织层。同时，当冷却速率降低至 5℃/min 时，氧化物 FeO 层的内部区域检测到 Fe_3O_4 的析出物 [104]。针对观测到的氧化物相演变，并基于高温形成的 FeO 的等温分解反应，各种各样的解释也相应地提出了 [11−14,121,122]。氧化物 FeO 的这一等温共析分解反应一般遵循 C 曲线的趋势，并在不同的温度范围内生成不同的氧化物相，如图 2.13 所示 [11]。

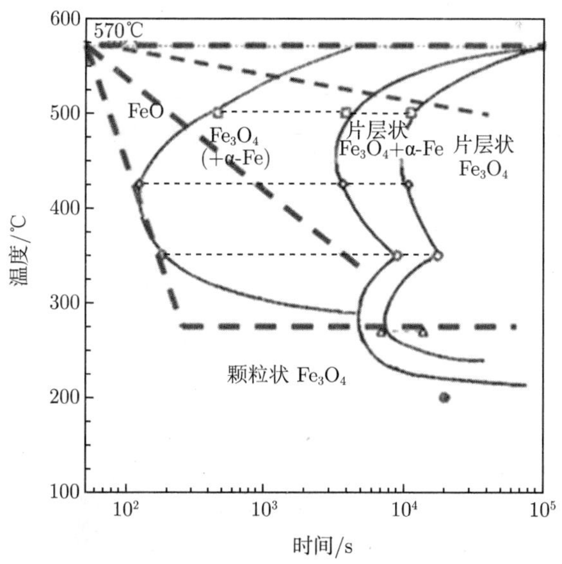

图 2.13　用于说明 900℃空气氧化生成的 FeO 及其快速冷却中的共析分解的 C 曲线 [11]

如图 2.13 所示，温度为 460~510℃时，FeO 是热力学不稳定的，并分解成 Fe_3O_4 和 α-Fe。在这一温度范围以上时，开始的相转变主要是生成铁素体的析出物，而当温度低于 480℃时，Fe_3O_4 将首先析出。当温度降低至大约 350℃时，相组织转变 Fe_3O_4 将优先析出，之后伴随着片层状的 Fe_3O_4+α-Fe 混合相的生成。然而，当温度落在 220~270℃时，FeO 相将会直接转变成晶粒细化、粒状的 α-Fe +Fe_3O_4 混合物相。不过，当温度降至 200℃或更低时，将不再有相转变发生了 [14,112]。这一结果略微不同于近来关于等温条件下的 C 曲线研究 [12,123]，如图 2.14 所示。值得一提的是，上述的基础性研究工作是为热轧工艺提供实践的应用基础。如图 2.15 所示为修正后的热轧工艺路线图，这是根据 FeO 分解反应的 C 曲线相图，用于微合金钢上以获得所需要的氧化铁皮结构 [124,125]。

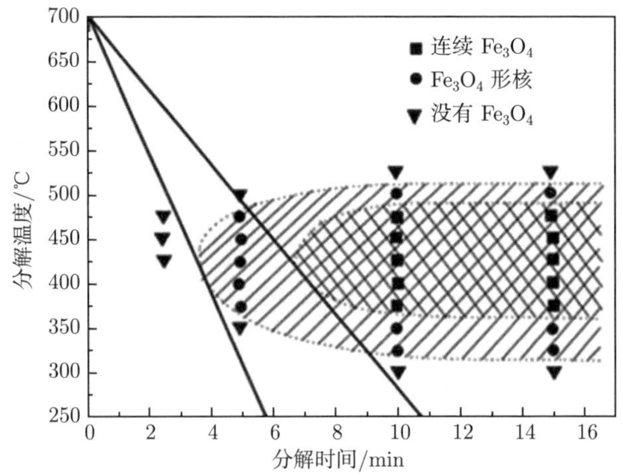

图 2.14　处于 FeO 与钢基体界面上的 Fe_3O_4 等温转变过程 [12,123]

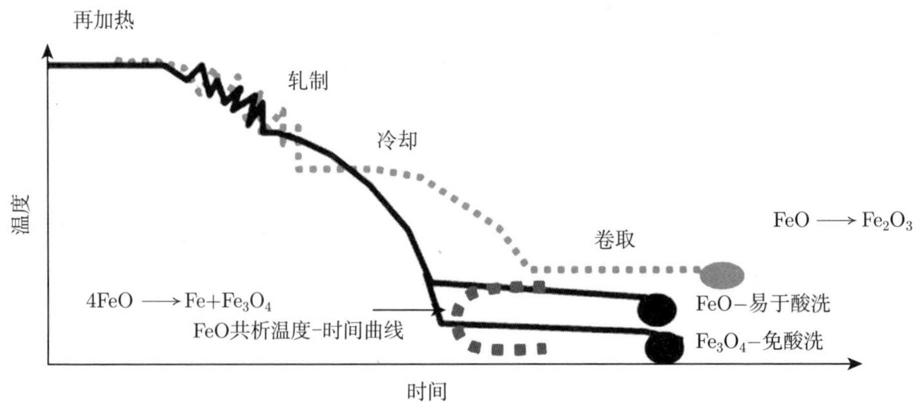

图 2.15　修正后热轧工艺路线示意图，用以获得微合金上所需的特定氧化铁皮结构 [124,125]

2.3 热轧后氧化铁皮的相变行为

在高温条件下，金属或合金的变形抗力小，更易于塑性成形加工。通常在材料加工中所提及的高温，指的是金属材料或合金的再结晶温度以上的温度范围。如纯铁的再结晶退火温度约为 450℃，那么在此温度之上的纯铁塑性变形就是高温热加工；而在此温度之下的，就是冷加工。在金属塑性加工过程中，高温环境的材料表面容易形成金属氧化物。这些氧化物成为热加工过程中重要的干扰因素。因此，也就有必要抑制和消除氧化铁皮，在热轧生产中，俗称为除鳞。

本节将以热轧生产工艺为例，简要论述热轧中生成的氧化铁皮的特性，并根据热轧生产线的实际情况将氧化铁皮分成三大类，即一次氧化铁皮、二次氧化铁皮和三次氧化铁皮。同时，依据 Fe_3O_4 氧化物相的析出过程，重点分析了热轧带钢卷取之后的三次氧化铁皮在其内部各氧化物相的转变过程。这是因为三次氧化铁皮是最终提交给用户的状态或是下游冷轧生产前需要验收的关键部分。

2.3.1 热轧中形成的氧化铁皮

传统的热轧带钢生产线，通常包括加热炉、一级除鳞机、粗轧机、精轧机、层流冷却和卷取机 [5,126]，如图 2.16 所示。在整个塑性加工过程中，形成在带钢表面的氧化铁皮具有不同的形态和特征。一般来说，按热轧工序的不同，这些氧化铁皮可以分为一次氧化铁皮、二次氧化铁皮和三次氧化铁皮 [6,127,128]。

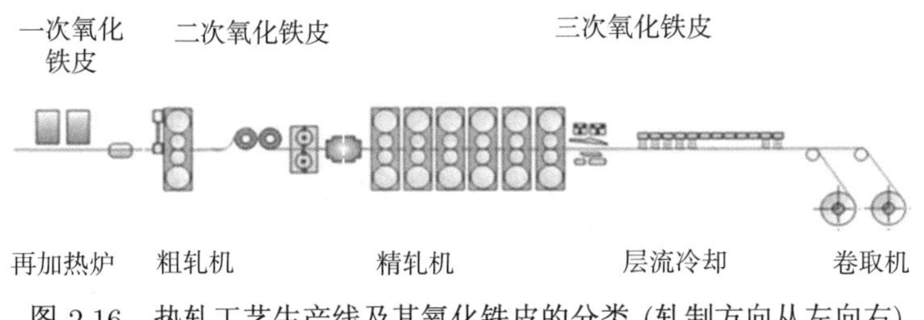

图 2.16 热轧工艺生产线及其氧化铁皮的分类 (轧制方向从左向右)

具体地说，带钢在温度为 1250～1260℃的加热炉中预热时，在其表面所形成的氧化铁皮称为“一次氧化铁皮”。带钢上的表面氧化物形成脆性易剥落的氧化铁皮，其厚度可达 3mm 左右。在粗轧之前，通过液压除鳞工艺，可以很大程度地除去这层一次氧化铁皮。

二次氧化铁皮形成在第一次除鳞完成的粗轧过程中。在 900～1200℃温度范围内形成的二次氧化铁皮生长速度很快，其厚度小于 100μm[2,6]。由此，在粗轧完成后，精轧机之前，为该二次氧化铁皮层提供了另一台除鳞机。

三次氧化铁皮是指热轧带钢在经过精轧机、层流冷却、卷取机和成卷带钢存放的整个过程中，形成在其表面上的氧化铁皮。当然，也有研究人员认为，热轧带钢卷取之后及其后续钢卷存放期间，形成在带钢表面上的氧化铁皮可以定义为四次氧化铁皮。就目前的研究来看，需要界定的是在卷取带钢存放过程中残余的氧化铁皮对带钢表面质量的影响程度，并因此来界定是否有足够的基础来支撑四次氧化铁皮理念的提出，而本书正是在这方面尝试性地做些初探工作。不过，仅就目前来说，仍沿用至今的三氧化铁皮定义，具体指的是精轧到层流冷却，直至热轧带钢卷取冷却到室温的整个工艺过程中形成在带钢表面上的氧化铁皮。如果在带钢卷取之后，卷层的间隙在钢卷冷却过程若能获得氧气，则这层三次氧化铁皮可能会进一步氧化和共析，从而发生显微结构的显著变化。相应地，这种三次氧化铁皮的最终形态和显微结构组成也在很大程度上取决于卷取温度、带钢在卷取机上卷取的位置及其钢卷冷却条件等。

2.3.2　四氧化三铁的析出过程

图 2.17 给出了一类形成在低碳钢表面上的三次氧化铁皮显微结构。三次氧化铁皮结构显示为三层氧化物层，相对较厚的 Fe_3O_4 处在氧化铁皮的中间层，更厚的 FeO 内层同时包含弥散的 Fe_3O_4 析出相。在氧化铁皮和钢基体界面上，存在着一狭长带状的微细晶粒的 Fe_3O_4 接缝层 [14,129]，还有一薄层 α-Fe_2O_3 栖居于氧化铁皮的最外层表面。不过，这种三层氧化物的显微结构并不是一成不变的。这是因为随着温度、气氛、冷却速率及其外界载荷的变化，铁的氧化物之间是存在共析和相关化学反应的相变过程的。尤其是高温形成的 FeO 分解和 Fe_3O_4 的析出。既然在连续冷却条件下，涉及氧化铁皮的生长过程中 FeO 的分解反应是极其重要的，那么本节将单独列出，用以叙述在整个 FeO 相转变过程中 Fe_3O_4 的析出行为。

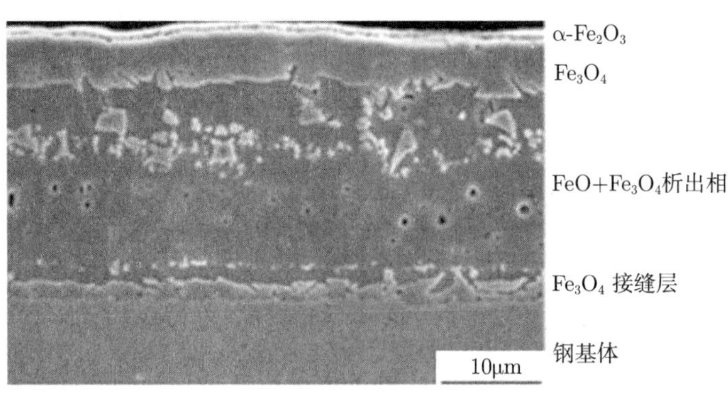

图 2.17　典型的三次氧化铁皮显微结构

1. FeO/Fe_3O_4 相平衡的化学组成

当温度为 570℃以上时，其预共析产物中主要是 Fe_3O_4 析出相，这一点可以在铁氧平衡相图中得以证明，如图 2.3 所示。FeO 与铁的相平衡状态化学组成，即铁元素原子数占比为 51.19%~51.38%或质量占比为 23.10%~23.23%，这一占比接近于铁氧共析组织的组分占比 (51.38%)，具有少量过饱和的铁元素形成 (<0.19%(原子数占比) 或者 0.13%(质量占比))。不过，FeO 与 Fe_3O_4 相平衡的化学组成随温度的变化差异很大，例如，氧化温度在 1424°C时，原子数占比为 54.57%；氧化温度在 900°C时，原子数占比为 52.80%；氧化温度在 570°C时，原子数占比为 51.38%。这三种情况也可以用质量占比来表示，分别为 25.60%、24.40%和 23.24%。较早的实验证明 [7,62] 在连续冷却过程中，尤其是从氧化温度高于 980°C冷却时，不可能压制 Fe_3O_4 从形成在铁基体上的 FeO 层内高温析出。预共析相的析出行为仅仅发生在濒临 Fe_3O_4 层附近的区域。在这一区域里，高温氧化的冷却过程中，其氧元素是过饱和的，如图 2.18 所示 [130]。

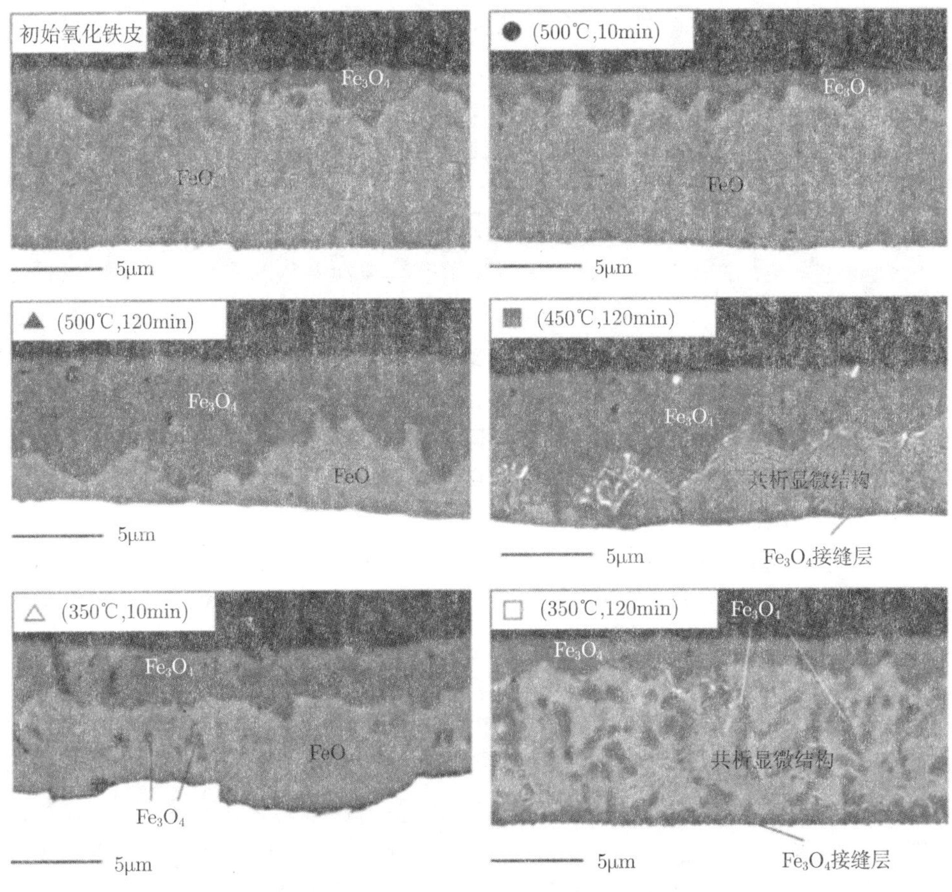

图 2.18　Fe_3O_4 从氧化铁皮断面析出的电镜图片 [130]

当氧化温度低于 570℃后，之前大量的研究集中在等温氧化的情形。这主要是因为低于 570℃(FeO 的共析温度) 时，高温形成的 FeO 氧化物相将会发生共析转变 [11−13,21]。详尽的物相转变过程可以在图 2.13 中找到。仅有几项研究发现，在连续冷却条件下，Fe_3O_4 的析出过程中考虑了起始冷却温度和不同冷却速率的相互耦合作用时，可以获得较大氧化物相范围的氧化铁皮结构 [6,52,112,131]，如图 2.18 所示，Fe_3O_4 从高温下形成的 FeO 层断面析出过程。其中所选取的氧化铁皮样本中的 FeO 是在 750℃干燥空气气氛中进行氧化，随后在 500℃以下保温获得的 [21]。此外，所获得的 Fe_3O_4 氧化物相更为详尽的析出过程的显微组织结构，可在 2.3.3 节中更为细致地分类厘清。

2. FeO/Fe_3O_4 与基体的取向关系

无论氧化温度是在低温抑或是高温状态下，尤其引人注目的是，微细晶粒的 Fe_3O_4 显微组织结构层寄居在高温形成的 FeO 与钢基体相连的界面处。这是一种单独的微小晶粒 Fe_3O_4 产物层，有文献称为 Fe_3O_4 接缝层 [14,123,129]。因为紧贴于基体上的这层氧化物直接关系到氧化铁皮与钢基体之间的粘结强度，即影响到氧化铁皮是否会从基体上剥落。为此，现今已经有很多实验，试图去表征这一接缝层的组成成分和晶界特征。

为此，FeO/Fe_3O_4 与基体的晶粒取向关系就成为研究必须考虑的因素。其中有研究报道 [132]，在氧化铁皮从 400℃开始连续冷却的相转变中，Fe_3O_4 接缝层与钢基体之间的取向关系呈现为 $\{110\}$Fe//$\{100\}Fe_3O_4$，$\langle 110\rangle$Fe//$\langle 100\rangle$ Fe_3O_4。这类晶粒取向关系可在图 2.19(a) 中进行概略示意 [132]，并且，计算得到其晶格应变约为 4%。相比之下，铁基体与 FeO 的取向关系呈现为 $\{100\}$Fe//$\{110\}$FeO，$\langle 110\rangle$Fe//$\langle 110\rangle$FeO，如图 2.19(b) 所示，其中计算得到的晶格应变约为 25%。这样的结果表明相比 FeO 来说，Fe_3O_4 与钢基体保持着较好的取向一致性，这是由铁的氧化物与钢基体之间的晶格符合度决定的。不过，这些晶粒取向关系也受限于氧化铁皮层的厚度，也就是说适合此种取向关系的情境时，氧化铁皮的厚度大约为 8μm[49]。对于那些氧化铁皮厚度低于 8μm 的薄层氧化物层，铁基体与 FeO 的取向关系为 $\{100\}$Fe//$\{100\}$FeO[18,134]，$\langle 100\rangle$Fe//$\langle 110\rangle$FeO，计算得到的晶格应变约为 6% [133,135]。

以 0.11C-0.37Si-1.35Mn 合金钢氧化温度在 1000℃时获得的氧化铁皮为例，在 Fe_3O_4 与 FeO 的晶粒之间存在着显著的取向关系，如图 2.20 所示 [135]，这种晶粒取向关系同时类似于 Fe_3O_4 接缝层和晶粒内的析出相问题 [18,134,136]。一个可能的解释就是 Fe_3O_4 内的晶粒控制着 FeO 的取向，因为发生在 Fe_3O_4/FeO 界面处的等温氧化过程是由高温形成的 FeO 从 Fe_3O_4 中还原所导致的 [17,20]。

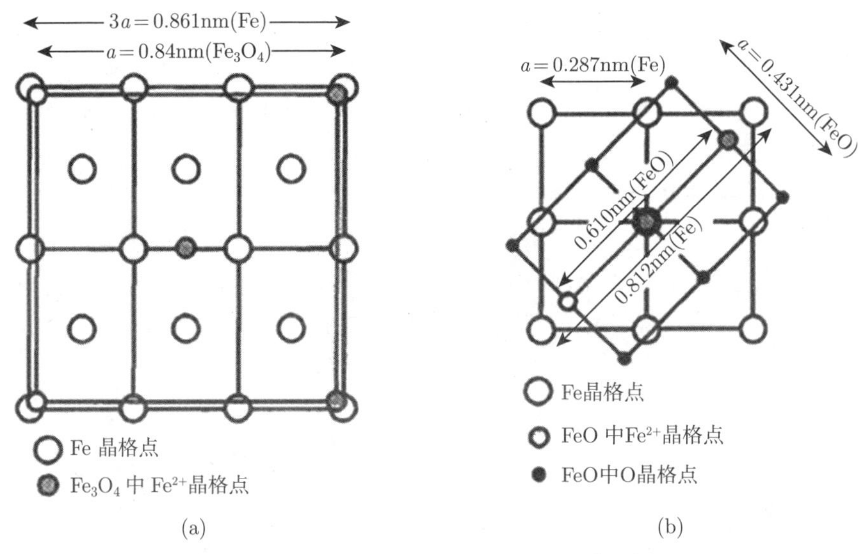

图 2.19 氧化铁皮内不同界面间的取向关系示意图

(a)Fe_3O_4 与钢基体界面；(b)FeO 与钢基体界面 [132]

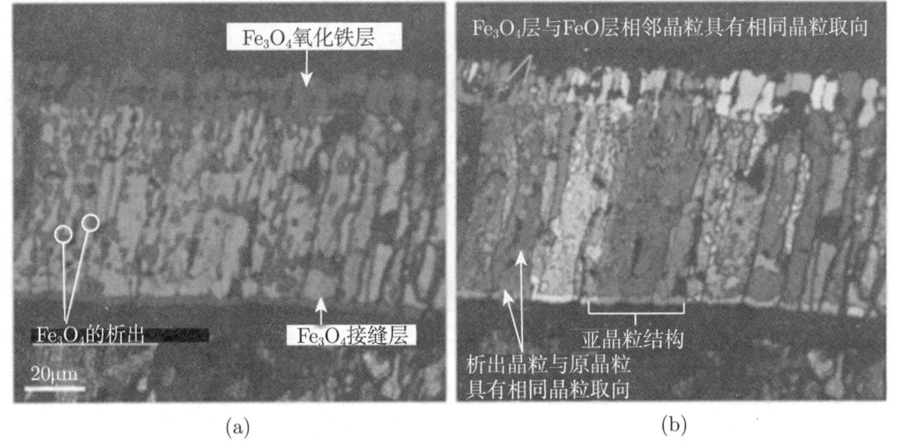

图 2.20 经由 1000℃氧化形成在 0.11C-0.37Si-1.35Mn 合金钢上的氧化铁皮的电子背散射衍射导出图 [135]

(a) 物相扫描图；(b) 晶粒取向分布 IPF 图

目前，已有多项研究 [129] 提出了各种各样的机制用以解释 Fe_3O_4 接缝层的形成原因。其中，在连续冷却过程中，起始冷却温度和冷却速率可以影响 Fe_3O_4 接缝层的生成。部分实验结果表明，较高的冷却速率能够阻止接缝层的进一步生长 [6,7,14,62]。不过，具体冷却速率的数值目前还没有完全确定。这些研究的目的是清除 Fe_3O_4 接缝层的生成，也就是说，想获取与钢基体粘结强度弱的、易剥落的氧化铁皮，这样便于后续传统热加工工艺的除鳞工序[137]。而用于免酸洗除鳞工序的氧化铁皮，则要求紧密粘结于钢基体的致密 Fe_3O_4 接缝层，用以保护钢基体的二次氧化。因而，需要保留 Fe_3O_4 接缝层，令其变得越来越不可或缺，而这方面的相关研究，仍有待于进一步深入探索。

此外，上述谈及的氧化物间的相转变明显有别于三次氧化铁皮，三次氧化铁皮形成在氧化温度 570℃以下时所发生的相变过程中。利用透射电镜表征的研究表明[95]，在氧化温度 570℃以下时，仅生成 Fe_3O_4 和 α-Fe_2O_3，同时观测到了 Fe_3O_4 的双相异构层，如图 2.21 所示。值得一提的是，之前所述的高温氧化物层 FeO，在这一温度下因其热力学不稳定而无法稳定存在，故并未观测到。

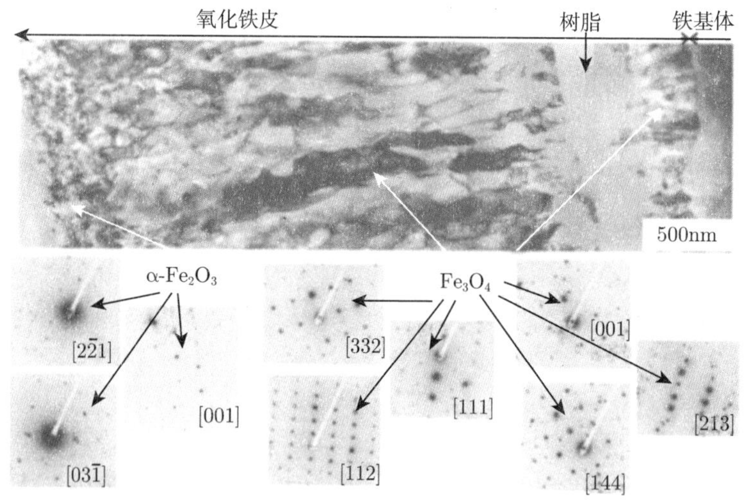

图 2.21　透射电镜的局部电子衍射表征氧化铁皮 (400℃，145h，空气加 2%(体积分数) H_2O)、两层柱状晶粒的双 Fe_3O_4 层及 α-Fe_2O_3 晶粒表层[95]

2.3.3　三次氧化铁皮的分类

在热轧生产工艺中，带钢从精轧机出来，经过层流在线冷却系统到达卷取，使轧制后的带钢形成钢卷，以易于储存和输运。在这一热轧生产工序中，在带钢表面生成的氧化铁皮称为三次氧化铁皮。三次氧化铁皮的显微组织结构演变主要涉及高温热形成的 FeO 氧化物层，在快速冷却过程中经历的 Fe_3O_4 的析出行为。这种 Fe_3O_4 从 FeO 氧化层析出的过程可以产生较大范围的不同氧化物相的氧化铁皮的显微组织结构，进而演变成为成分多样化的热轧带钢的三次氧化铁皮。为此，根据所包含的氧化物相和生成条件的不同，这些不同氧化成分的显微组织结构可以初步分为八种类型，如表 2.2 所示[112]。为进一步深入分析研究，也可将其简化归类为三种主要的形成方式类型，如图 2.22 所示[6,14]。

表 2.2 热轧带钢的三次氧化铁皮分类表 [112]

类型	电镜图片 (底侧为钢基体)	描述内容	形成氧化铁皮的工艺条件	粘结程度
1		FeO 分解后产物	卷取温度 350～550°C，钢卷中心和边部	良好
2		大部分为 FeO 分解后产物和少量 FeO 残余	卷取温度 550～700°C非淬火，卷取温度 500～620°C淬火；钢卷中心	好至良好
3		混合氧化相，α-Fe_2O_3、Fe_3O_4、FeO 分解后产物和残余的 FeO	卷取温度 >550°C；近钢卷边部区域	粘结不连贯
4		大部分为紧致 Fe_3O_4	卷取温度 550～700°C，密紧钢卷边部	好至粘结不连贯
5		紧致 Fe_3O_4，α-Fe_2O_3	卷取温度 >550°C；钢卷边部	弱粘结
6		大部分为 FeO	卷取温度 >700°C，淬火；钢卷芯部	粘结不连贯
7		内层为 FeO，外层为紧致 Fe_3O_4	卷取温度 <300°C，钢卷芯部及边部	粘结不连贯
8		Fe_3O_4、FeO 分解后产物，少量 FeO 残余，没有 α-Fe_2O_3	卷取温度 300～375°C钢卷全宽度，或卷取温度 >550°C钢卷边部，或卷取温度 550～650°C钢卷芯部	粘结连贯

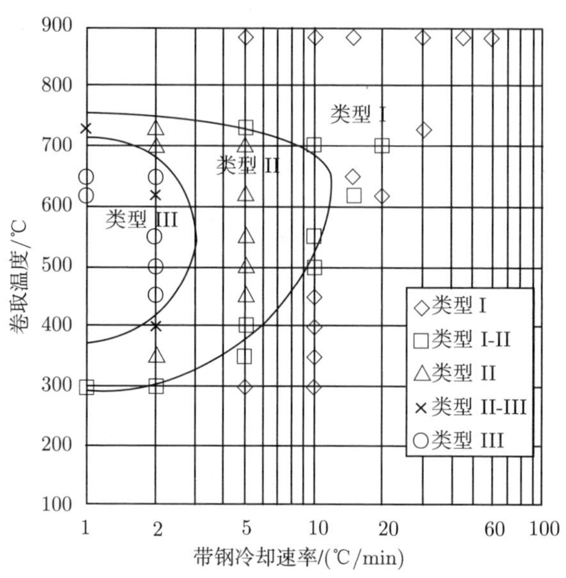

图 2.22　不同类型氧化铁皮的形成条件示意图，其取决于热轧过程卷取温度和冷却速率 [4,12]

如图 2.22 所示，热轧带钢的三次氧化铁皮类型Ⅰ，表示为氧化物的组分主要是高温氧化形成的残余 FeO，以及在近 Fe_3O_4 层界面区域产生预共析的 Fe_3O_4 析出物。氧化铁皮类型Ⅱ，包含着 Fe_3O_4 析出物，均出现在近 Fe_3O_4 和钢基体附近的区域。氧化铁皮类型Ⅲ，包含了 Fe_3O_4 和铁素体混合析出物相，高温氧化物 FeO 分解后的 Fe_3O_4 和 α-Fe 共析相及其残余的 FeO。这种三次氧化铁皮的分类方式在指导热轧工艺的实践过程中具有很强的应用价值。其中部分氧化铁皮显微结构也会在后续章节中有所论及，尤其是 5.3 节部分涉及的 Fe_3O_4 接缝层。

2.3.4　热轧带钢卷取后的氧化铁皮结构

既然以上提及的卷取温度对最终形成的氧化铁皮有如此重大的影响，那么本节将重点论述在范围不同的卷取温度下，热轧带钢在卷取后钢卷沿宽度方向上的氧化铁皮的显微结构发展变化规律。在热轧工艺中，经过精轧和层流冷却后，初始氧化铁皮的显微结构包含典型的三层结构形式，即外薄层 α-Fe_2O_3，中间层 Fe_3O_4，以及内层 FeO。这种三层显微结构的氧化铁皮，结合起始冷却温度、冷却速率和氧气可利用度，可进一步发展为各种各样的最终氧化铁皮的显微组织结构，如图 2.23 所示 [138]，在钢卷的中心和边部区域其组织结构有所差异。热轧带钢的卷取温度通常设定为 500~740℃，这时氧化铁皮的厚度随着卷取温度的增加和冷却速率的降低而增加 [6,55]。当卷取温度处于 600℃以上时，在钢卷宽度方向上的边部区域，氧化铁皮的化学组成将是一种两层的结构形式，即外层的 α-Fe_2O_3 和内层的 Fe_3O_4，如图 2.23(c) 所示。对于较低的卷取温度范围，如 500~520℃，则会形成三层的氧化铁皮结构形式，即外层 α-Fe_2O_3，中间层为 Fe_3O_4，而内层却是 FeO 的分解混合产物 (Fe_3O_4 和 α-Fe)，如图 2.23(b) 所示。

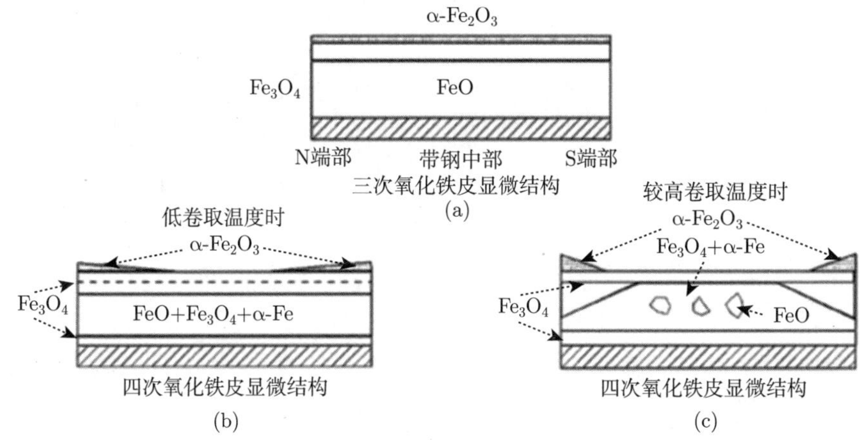

图 2.23　卷取温度对热轧后钢卷氧化铁皮的显微结构影响示意图 [138]

(a) 初始氧化铁皮；(b) 低卷取温度下的氧化铁皮；(c) 较高卷取温度下的氧化铁皮

热轧带钢卷取后的钢卷，在宽度方向上的芯部区域，可观测到残余的 FeO，如图 2.23(c) 所示，尤其是当卷取温度较高时，如 720~740℃。这主要是由热轧卷取后钢卷在芯部氧气缺乏所致，从而导致两类高含氧量的氧化物 (α-Fe_2O_3 和 Fe_3O_4) 被还原消耗掉。如图 2.24 所示为热轧卷取后钢卷芯部区域的氧化铁皮，随卷取温度变动而引发的氧化物相组成的变化情况 [63]。分解后的 FeO 具有广泛的卷取温度范围，最大值约为 550℃。FeO 分解后的混合产物占比高达 85%。这一结果表明，在这一温度范围内获得的最终氧化铁皮结构主要包含析出的 Fe_3O_4，即 FeO 分解后的产物，而这一结构与钢基体保持较强的粘结特性。

再者，在热轧卷取后，钢卷芯部区域氧化铁皮内存在游离的金属铁粒子 [138,139]。之前的几类研究机制也已提出了对这种金属铁析出现象的解释，根据其中之一所言，金属铁粒子可能是源于氧化物的还原反应，这一过程与氧化铁皮结构本身的剥落和破碎缺陷及脱碳效应相伴而生 [111,140]。这些析出的铁粒子可以作为 FeO 共析反应的产物部分，并且沿 FeO 的晶界处是这种铁粒子最优的析出路径 [141,142]。这些发现易于拓展到另外重要的研究领域，即晶界工程中的晶界扩散方面 [139,143]。基于这种沿晶界析出行为的更深层次的研究可能有助于加深理解氧化铁皮内部的复杂反应过程。

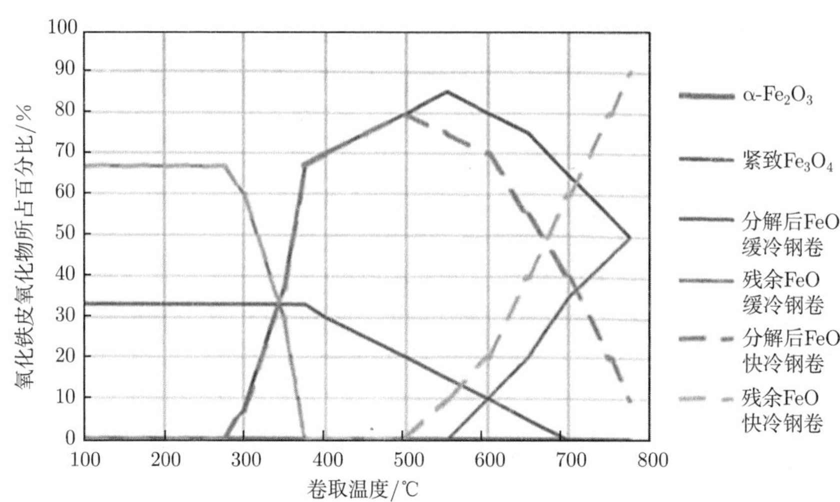

图 2.24　随卷取温度的变化而引起的氧化铁皮中物相组成变化。其中氧化铁皮采样于钢卷宽度方向上的中心区域

2.4　氧化铁皮的力学性能

上述论及热轧过程中的氧化铁皮，其各种氧化行为效应取决于氧化铁皮本身的力学性能，以及其在氧化铁皮与金属基体界面处的粘结强度。从这个角度来讲，本节不仅涉及氧化铁皮内的内应力状态和塑性变形行为，同时也探究后续的应用过程中氧化铁皮在轧辊间的摩擦学行为。

2.4.1　热轧中氧化铁皮的力学性能需求

在热轧工艺生产中，由于一次氧化铁皮或二次氧化铁皮的形成温度高于 FeO 的稳定存在温度 (约 570℃)，因而，一次或二次氧化铁皮的氧化物相多是由氧化物 FeO 组成的，这也就是为什么现有的氧化铁皮力学实验分析所针对的氧化铁皮多是 FeO 氧化物。这类氧化铁皮多属于热轧中的一次氧化铁皮或二次氧化铁皮，实验设计的目的也是将这些附着在带钢上的氧化物清除。

然而，FeO 氧化铁皮的这种情况与最后形成的三次氧化铁皮有不同之处，三次氧化铁皮多是由高温 FeO 氧化铁皮经不同的冷却速率得到的，或是生成温度低于 FeO 的稳定存在温度 (约 570℃)。从而，使得三次氧化铁皮主要是由 Fe_3O_4，或是 FeO 的共析分解产物 Fe_3O_4 和 α-Fe 组成的。三次氧化铁皮是附着在卷取之后的带钢表面上，随后这类氧化铁皮将和热轧带钢一起，要么直接生产应用，要么进入冷轧等下一道工序。

因此，三次氧化铁皮可以有两种选择：第一种选择，保留在带钢表面，与带钢结合成为一体，防止在应用过程中，或是加工过程带钢基体的进一步氧化；第二种选择，就是类似一次氧化铁皮或二次氧化铁皮，生成易于剥落、易于酸洗除鳞的氧化铁皮。相应地，根据选择方式的不同，对氧化铁皮所要求的力学属性差别很大，有时甚至相反。例如，若是保留氧化铁皮，那对与基体的粘结强度要求就很高，而若是除去氧化铁皮，则要求氧化铁皮易于剥落清洗或是与酸的溶解性好，从而有助于酸洗除鳞工序。

2.4.2 氧化铁皮的力学实验研究

氧化铁皮内部的力学应力分布，对于其本身与基体粘结的完整性、是否易于剥落或是除去，都起着很重要的作用 [144−146]。只是，这方面的很多力学特性还尚不完全清楚。通常情况下，内应力多是由氧化物相的生长、不同层间热膨胀系数的不匹配，或是所施加的力所导致的 [147,148]。其中的每个起因，均又可能是由许多更复杂的不同原因所引起的。

在早期的研究中，第 2.1.2 节提及的 PBR，常被用于解释氧化物间的生长应力 [149]。然而，应力松弛机制同时也在其他的解释中得以引入说明 [148]。近年来，形成在纯铁表面上的多层氧化铁皮，其内部生长应力的演变过程已被系统性地研究。氧化铁皮类型与弹性应变、氧化铁皮厚度及其氧化铁皮的剥落等缺陷之间的关系也可以用氧化物失效模式图来展现 [112]。

同时，氧化铁皮的生长速率符合抛物线规律，以及其由消除生长应力和轧制力所导致的热场失配，可以提出一些数值模型用以评估氧化铁皮内的残余应力状态 [147]，以及其在热轧快速冷却过程中带钢上的氧化铁皮剥落等缺陷特征 [150]。并且，同样涉及探究相关方面，如在一些用于检测的具体实验设计，或是在等温氧化过程中，由氧化物生长应力而引发的氧化铁皮的起皮缺陷 [99]。

近年来的实验结果表明，在 Fe_3O_4 形成层 (即 FeO 的分解产物，如表 2.3 所示) 中，α-Fe 析出物可以导致一个更粗糙的接缝界面层。这个界面层有助于增强氧化铁皮与基体之间的粘结强度 [63]。更深入的热轧工艺以及相关的物理实验模拟将在后续章节中逐次引入。

表 2.3 氧化物相及其在室温下的力学性能 [112]

名称	化学式	Fe/O 比	维氏硬度	抗拉强度/MPa	粘结程度
FeO	$Fe_{1-x}O$	0.93	±300	0.4	坏
Fe_3O_4	Fe_3O_4	0.75	±550	40	好
α-Fe_2O_3	α-Fe_2O_3	0.67	±1000	10	坏
FeO 分解产物	Fe_3O_4 + α-Fe	0.93	±550	>40	良好

氧化铁皮的塑性变形及其破碎或剥落特性涉及氧化铁皮本身的弹塑性力学属

性、界面粘结强度和韧性强度等 [151,152]。各种各样的实验研究开始对附有氧化铁皮的金属氧化物样本进行抗压实验 [50,51,153]、拉伸实验 [154,155] 等力学性能方面的检测 [146]。然而，在这些力学性能实验中，所针对的氧化铁皮主要由延展性较好的高温氧化物 FeO 组成。

2.4.3 FeO 氧化铁皮的塑性行为

实验表明，FeO 氧化铁皮在被拉断前有能力承受大量的塑性变形 [50,100, 154,155]，也有部分研究 [146,151,156] 利用热轧工艺实验检测较大范围、不同厚度的氧化铁皮。此外，透射电镜观测表明，氧化铁皮中的 FeO 在热轧过程中，可以随着轧件一起经受热塑性变形加工，随即高温的轧件表面覆盖一层氧化铁皮，如图 2.25 所示。由此可见，热轧过程中氧化铁皮内部，不同氧化物的塑性变形行为有所不同，FeO 更易于塑性变形，而 Fe_3O_4 延展性较弱，如图 2.26 所示。

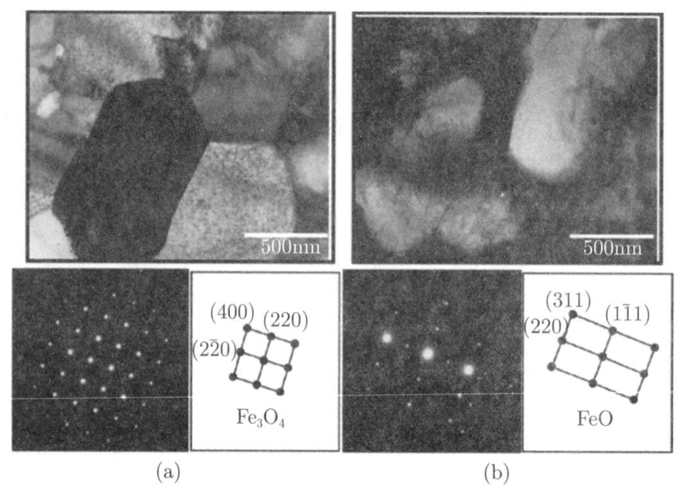

图 2.25　透射电镜的衍射斑分析氧化铁皮的晶体结构 (0.4C-5.0Cr-0.1Si 钢在 1200℃热轧后形成的氧化铁皮)[155]

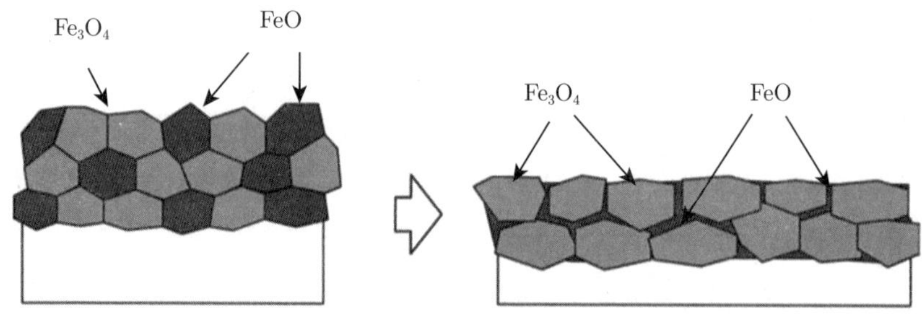

图 2.26　热轧过程中氧化铁皮内部变形行为示意图 [155]

根据氧化铁皮与基体的粘结强度及其氧化表面的完整性特征，对于形成在650~1050℃的 FeO 氧化铁皮，其相应的力学性能可以被表征分类为脆性、混合性或是韧性三个区域，如图 2.27 所示 [157]。从这些研究工作中可以得出结论，厚度较薄的氧化铁皮在高温热加工时，可以经受一定的塑性变形，但只是适应性变形，仅发生在较低的轧制压下量的情形下。

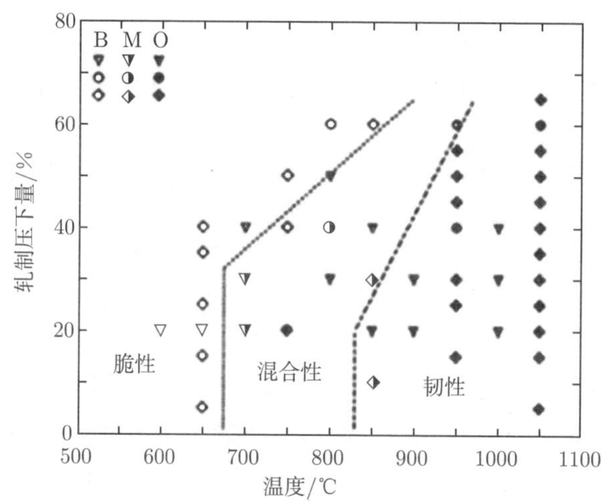

图 2.27 FeO 氧化铁皮的塑性行为及其随温度和轧制压下量的变化关系 [157]

为便于比较，某些数据来自文献 [1], [156], [157]

此外，氧化铁皮在轧机辊缝间的摩擦学行为，可以归因于以下几个方面，如热绝缘性质 [156,158]、影响摩擦和润滑 [159,160]、加速轧辊的磨损，甚至修正轧制工艺 [161−163]。在这些摩擦润滑工艺过程中，氧化铁皮所起到的作用是相当复杂多变的。这方面的深入研究尚有许多未曾理解的地方，这一切皆源于以上所提及的氧化铁皮本身的力学和物理性能。随着氧化铁皮在钢表面上不断地氧化累积，而初始条件下的氧化铁皮厚度是很薄的，那么当检测其各种力学性能中的显微结构时，就会给传统的表征技术带来不小的挑战，尤其是对于不锈钢的氧化层检测实验。近年来，纳米压痕和纳米划痕技术已经成功地用于检测半导体薄膜的力学属性，相应地也可用于此处所言的研究对象，即在高温热加工过程中形成在不同合金表面上的氧化铁皮 [164]。

2.5 氧化铁皮的分析方法

过去几十年来，铁碳合金表面上的氧化铁皮研究经历着快速的增长势头主要得益于至少两类技术的发展：①纳米高精度表征技术的推进，其可用于检测分析材料的原子结构和行为特征；②更高效的基础理论研发和计算机强大的运算能力。这些技术的不断增速发展，引发了对材料设计过程中数值模拟能力的大幅度提升。为此，本节将着重论述相关的表征氧化铁皮的实验方法和数值模拟技术。

2.5.1　氧化实验检测分析方法

任何检测分析高温氧化的研究，通常情况下，都首先要关注氧化动力学和氧化过程本身的机制，即氧化机制问题，而这些氧化动力学的曲线关系可以采取不同的实验方式得以获取。根据材料氧化过程中氧化铁皮称量是否中断氧化实验，可分为间歇式实验和连续性实验。

对于间歇式实验，将被测量的样本材料置于各种各样的加热炉或是热重分析仪 (TGA)[165] 内，在高温条件下进行不同气氛的氧化，并持续给定氧化时间。然后，被氧化的样本从中移出后，再进行称量或观测。这类间歇式实验的不足之处在于，这种方式形成的氧化铁皮，可能会在中断氧化去检测时，从样本表面成条成片地剥落下来，进而影响测量称重的数据结果。

另一种实验方法就是原位在线检测技术。在热氧化过程中，实时地检测生成氧化物的表面形貌、表面氧化状态、衍射图谱等数据信息。可以实现这一功能的实验技术平台有：①原位环境电子显微镜 (ESEM)[166,167]，如图 2.28(a) 和 (b) 所示；②配有高温加热平台的高温 X 射线仪 (HTXRD)[168]，如图 2.28(c) 所示；③配有局部加热微悬臂梁的原子力显微镜 (AFM)[169]，如图 2.28(d) 所示；这些实验加热平台的不足之处就是其最高的加热温度极限通常只能加热到 900℃。若是加热到这个温度以上，就不可避免地出现了热力学滞后效应 [168]。因此，这些原位检测分析技术，在正常情况下可被用于低温的聚合物材料及其相关的有机材料的科学研究方面。无论如何，这些现代的实验分析方法提供了一种未来科学研究在线检测热生成氧化铁皮的美好愿景。

更深入的表征检测技术已经被应用于详细地探究金属材料的氧化机制，并取得了相当的进展。具有广泛适应性的聚焦离子束切割技术可用于加工透射电镜的箔片样品，同时起到越来越重要的作用 [94,96,170]。电子背散射衍射技术现在也可被用于快速鉴别氧化物晶粒取向关系 [139]，尤其适用于聚焦离子束切割后的高精度表面的断面形貌 [19]。与此同时，电子背散射衍射技术也可用于常规显微结构制样的材料截面分析，并进一步鉴定氧化物相的最优生长晶向或织构等。这些检测表征技术的大量应用会逐步改善对于氧化铁皮形成机制与氧化物相共析反应的深入理解，更有助于深入探究不同合金元素在金属与氧化物界面间共生共长的作用关系。

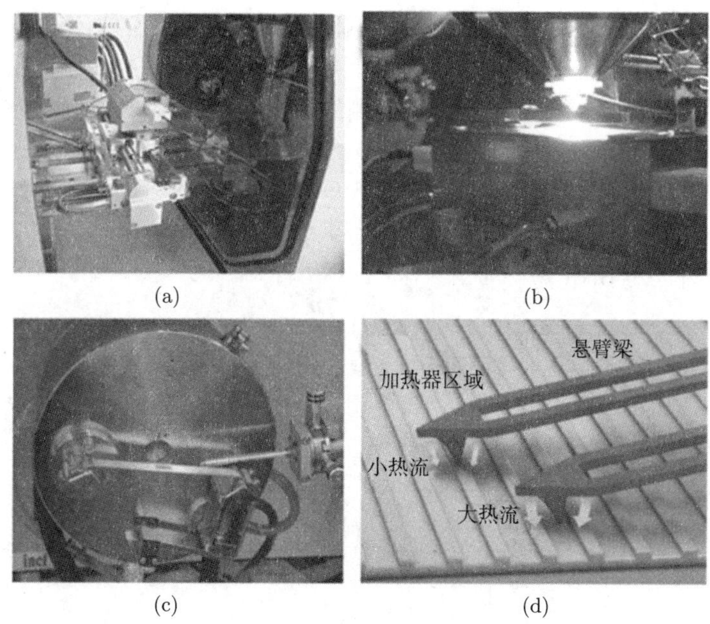

(a) (b) (c) (d)

图 2.28 可用于检测高温氧化的热加工实验平台 [169]

原位环境电子显微镜布置 [166,167](a) 及其相应的原位观测状态 (b)，配有高温加热平台 (Anton Paar HTK10) 的 X 射线仪 (c)[168] 和配有局部加热微悬臂梁的原子力显微镜 (d)

再者，由于氧化铁皮本质上的脆性力学性能特点及其与基体粘结强度较弱的天然本性，在实验表征过程中，氧化铁皮从基体表面剥落的现象时有发生。故而，在氧化铁皮样本的金相制备之前，存在着诸多保护氧化铁皮表面剥落的措施。各种保护氧化铁皮表面剥落的实验手段的主要目的是使金属基体隔绝氧气气氛，从而避免基体二次氧化过程的发生 [171]。若在实验室里，微毫米级尺寸的表面氧化测试中，Au、Pt 或 Ni 等贵金属的涂覆层，可以达到上述氧化样本的表征要求 [27]。此外，也有研究 [98] 提出利用低熔点的木质合金涂覆可以保护氧化铁皮，并用于电子背散射衍射技术的检测分析。为了完好保留在高温金属加工工艺中形成的工业氧化铁皮，有研究 [172] 提出一种特殊的氧化物玻璃粉末，它可在热加工之后立刻用于覆盖高温氧化过的工件表面，进而达到保护一次或二次氧化铁皮的要求。然而，尚未有报告提出有效的氧化铁皮的保存方法以用于室温条件下获得的氧化物相转变后的氧化铁皮状态。

2.5.2 数值模拟技术

计算机模拟通常被用于解释物理实验结果，或是进一步预测科学研究工作，甚至也可以直接用于数字实验技术。之前大部分氧化铁皮的数值模拟，大多集中于氧化铁皮在热轧工艺中两轧辊的辊缝间的氧化铁皮/带钢/轧辊的热传递行为 [173,174]。在前期系统性的研究工作中 [175]，主要是利用介观情况下的有限单元法 (FEM) 来模拟完成的。其模拟实验结果可用于预测氧化铁皮在进入两轧辊的辊缝过程中可能发生破碎或断裂等表面质量的缺陷问题。结合近来研发的离散有限单元模型，可以预测薄亚层氧化铁皮的厚度变化规律 [176,177] 及其在介观尺度下的力学行为。这种模拟情况的案例特别适合于氧化铁皮进入辊缝时所引起的金属材料表面摩擦磨损问题，如图 2.29 所示 [178]。

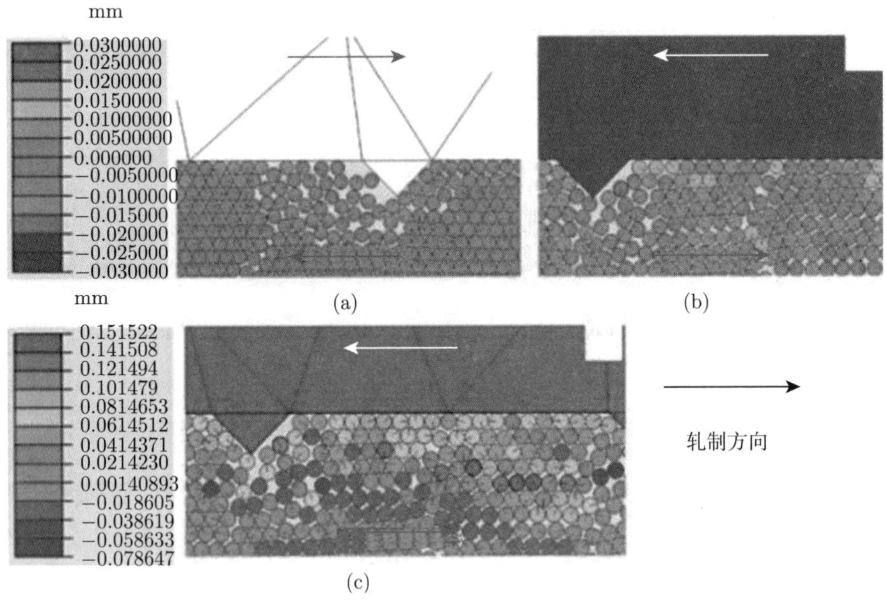

图 2.29　热轧铝合金的亚表面层数值模拟中，离散单元粒子在图 (a) 和图 (b) 垂直 (y) 方向上的位移量，(c) 径向 (x) 方向上的位移量 (后附彩图)[178]

氧化铁皮其他相关的数值模拟方法也被研发用于模拟 Fe-Cr 合金中的应力诱导扩散问题。图 2.30(a)[179] 阐释了最初氧化时，在多晶体合金的几何上表面形成的 Cr_2O_3，在这类二维数值模型中 (图 2.30(b))，主要是选取氧化铁皮样本的微区区域来进行模拟分析，如图 2.30(a) 中虚线所示，这些数值模型均可用有限单元模拟在金属与氧化铁皮界面处发生的氧化诱导的金属消耗过程 [180]。

此外，分子动力学 [180,181] 也可以用于模拟氧化铁皮内的相转变过程，只是还未曾进行系统性的研究。这是因为以铁氧化物为主的化合物，其分子势能相较单质而言更为复杂多变。鉴于纯金属分子动力学模拟，无论是 FCC 还是 BCC 密排晶格结构，仍然处于起始阶段，那么用原子设计原子的材料创新设计理念对于化合物来说，还有相当长的路要走，特别是其难点在于研发有效的势函数表达。总之，这些数值模拟方法，各有利弊，各有千秋，不同的模型中设定不同的初始假设条件，那么，要根据不同的问题需求，相应地选择不同的数值方法来进行模拟。

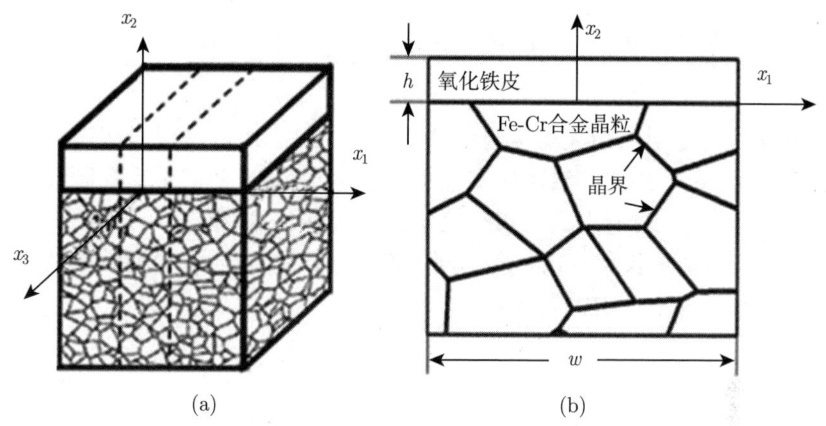

图 2.30 (a) 三维及 (b) 二维多晶体 Fe-Cr 合金及氧化铁皮的模型结构 [179]

2.6 小 结

为了更好地调控进而改善氧化铁皮的显微组织结构，需要了解之前研究所做的部分或是全部的尝试性结构分析。与此同时，也要充分意识到还有很大的研究空间可以向外围不断拓展。这些可能的研究工作包括：①氧化铁皮亚层的生长动力学行为，即 FeO、Fe_3O_4 和 α-Fe_2O_3 的生长速率常数方程，如 2.1.3 节所示；②铁合金的氧化机制，尤其是水蒸气和钢基体合金元素的影响因素，如 2.2.2 节所示；③联合连续冷却过程的等温氧化行为，特别是在不同的起始冷却温度和不同的冷却速率下的等温氧化行为，如 2.2.3 节所示；④Fe_3O_4 在低温共析反应过程中的析出行为，如 2.3.2 节所示；⑤依据不同氧化物的相转变和不同的工艺参数，研发出经由热轧工艺从精轧到层流冷却，直到最后的卷取、成卷过程的一种新型的氧化铁皮结构，如 2.3.4 节所示；⑥不同类型的氧化铁皮的摩擦学和力学性能，如 2.4 节所示。此处的研究正是用于弥合上述这些差距，并尝试着提出一种氧化铁皮的显微组织结构可直接用于钢铁的冷加工工艺过程，这样做的主要目的是免除传统工艺条件下的酸洗除鳞工艺生产线。上述这些问题将逐次在以下各章中予以列述。

第 3 章　实验检测设备与表征分析

本章的目的是引入相关的实验仪器和分析方法，用以支撑氧化铁皮的实验分析工作。首先，在不同的高温氧化实验中，如氧化实验、热轧带钢轧制快速冷却实验、摩擦学实验等，对所用到的实验仪器分别加以表述。其次，将提及用于鉴定和表征氧化铁皮的衍射仪和各式各样不同用途的显微镜。最后，简要地总结并突出强调了所做实验选择方法的主要依据。

3.1　实验检测设备

3.1.1　原位共聚焦高温氧化实验平台

原位氧化实验，可以在配有椭圆形红外成像炉 (SVF17SP) 的激光扫描共焦显微镜 (LSCM-VL2000DX) 中完成。其中，可利用专门的电荷耦合装置 (CCD) 摄像机作为探测器，进行数据和图像的实时在线采集。在典型的激光扫描共焦显微镜中，激光光学成像系统存在一个共焦针孔，用于限定成像系统景深。在原位实时氧化实验中，CCD 摄像机可以提供更高分辨率的实时在线图像，也能够弥补光散射时引起的差异性，与此同时也能扩大共聚焦显微镜视野的景深 [182,183]。

图 3.1 显示了激光扫描共焦高温显微镜的外形图，以及其包含加热炉在内的

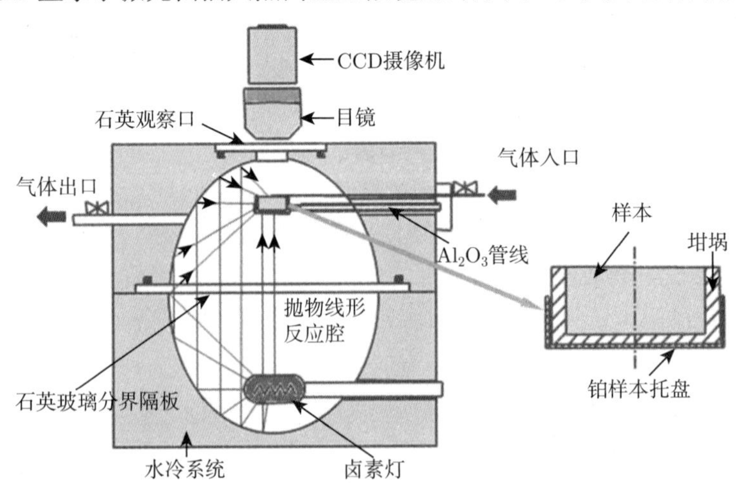

图 3.1　激光扫描共焦高温显微镜的外形图及其加热炉的实验配置示意图

实验配置方案示意图。其中加热系统包括一台 1.5kW 的卤素灯，设置在漆金椭圆小加热腔的较低焦点上，腔内反射的光正好到达椭圆腔较高焦点的位置上，氧化样本正好安放在上焦点处。样本的温度控制是由热电偶来实现的。这个热电偶环绕布置在样本托盘的外壁上，其托盘内放置待高温加热的金属材料样本，并由数字 PID 控制器 (ES100P) 来控制和决定温度变化范围。SuperClean^{TM} 气体过滤器，设置在加热炉腔上半部分的气体净化系统上，用以控制反应腔内惰性气体气氛的纯净度。从 CCD 光学探测器上可以实时采集氧化过程的视频，以 25 帧每秒的速率存储于计算机上，进而用于后期的分析研究。在原位高温氧化实验中，压缩的工业空气可作为干燥的氧化气体。整个实验过程中，在高温显微镜的加热腔内，氧化压强保持在 1atm(1atm=1.01325×10^5Pa)。将抛光后的样本放置在直径为 4mm 的氧化铝坩埚内，然后，放置在高温显微镜的加热腔上层的托盘上进行在线高温氧化实验。

3.1.2 可调气氛的热力学实验系统

可调节氧化气体气氛的热力学实验系统平台适用于不同湿度范围的潮湿空气中开展短时金属材料氧化实验分析研究。为此，可以利用 Gleeble 3500 热力学模拟实验系统来完成，并可以自定义配置可改变湿度的潮湿空气发生装置，如图 3.2 所示。

图 3.2 表示了 Gleeble 3500 实验系统平台的实验系统图片，其配有完全一体化的数字闭环反馈，用来控制热学和力学的检测系统。检测平台上，直接电阻加热系统以 10000℃/s 的加热速率对氧化金属样本进行加热，或者是保持稳态的等温氧化环境。与此同时，这样的热力学实验系统也可以完成对较高冷却速率的设置。氧化金属样本表面的冷却速率可超出 10000℃/s，而且高导热系数的夹具可有效地夹持住被测的氧化金属样本。简易热电偶可以焊接在氧化金属样本的中心部位，以此来精确检测样本温度，并进而控制反馈信号。此外，热力学实验氧化腔体，始终保持与高真空系统相连。同时还有两个水槽用于调节氧化实验腔内氧化气体的气氛组成，从而实现可以在高达 0.6MPa 的高压气体下工作，或是在特殊的氧化气氛下实施冷却，或是有效调节引入反应腔内的最优配比的氧化气体气氛。

近来研制的可控湿度气氛的发生装置也可以配置在 Gleeble 3500 热力学实验模拟系统平台上。可控湿度气氛的获得是通过将水箱里的水加热到相应的露点温度，进而合成潮湿的空气，生成的气氛经由管道以 $2.5\times10^{-4}m^3/s$ 的流速流入氧化反应腔内。在潮湿空气中，水蒸气的含量可以提前标定，这可以通过水箱内水的温度来调节。鉴于在普碳钢实际热轧工艺中，潮湿空气中的水蒸气含量在 7.0%~19.5%(体积分数)，因此，潮湿空气发生器的水箱温度可以设定为 30℃、40℃、50℃和 60℃，其对应的水蒸气含量分别为 2.8%、7%、12%和 19.5%(体积分数)[113,184]。值得注意的是，在氧化实验开始前，连接水箱和 Gleeble 3500 反应腔的气体连接管需要提前进行预热处理，这是为了防止气体连接管内冷凝气体倒流。

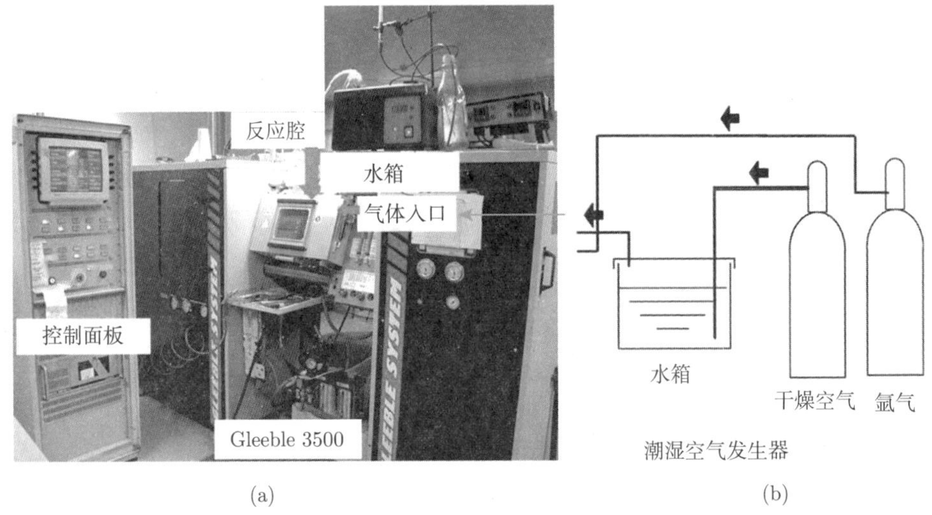

图 3.2　Gleeble 3500 热力学模拟实验系统图片 (a) 和潮湿空气发生器装置图 (b)

3.1.3　快速冷却的热轧实验轧机

热轧及连续快速冷却的实验轧机系统用于实验室模拟三次氧化铁皮的生成。原位共聚焦高温等温氧化实验和热力学实验平台可以满足模拟热轧氧化铁皮内等温氧化机制及其氧化铁皮内物相转变的分析研究。下一步骤是，如何在特定的实验轧机上获得所需的三次氧化铁皮。为此，热轧实验将在配有快速冷却的热轧实验系统上完成，同时配备有自主研制的快速冷却系统，如图 3.3 所示。

热轧半工业化实验是在两辊 Hille100 热轧实验轧机上进行的，其中热轧机由直径为 225mm 的轧辊，直径为 254mm 的支撑辊组成。上下轧辊均是由高速钢制成的，其硬度为 HRC55，辊面的表面粗糙度约为 0.4μm。实验轧机的轧制速度为 0.12~0.72m/s，可应用的支撑载荷高达 1500kN，扭矩高达 13000kN。两个负载单元配以确定轧机模量和轴承间隙所需的补偿，并且在每个轴上皆设有两个扭矩测量仪来测量单个轴的扭矩。两个位置传感器用于精确控制辊缝尺寸，在轧机出入口处设有两个 DMC-450 辐射测厚仪，配备液压自动增益控制 (AGC) 检测系统。

带钢经过热轧实验轧机后，将立即通过连接在轧机后的快速冷却系统，进行连续在线的快速冷却。这种快速冷却系统包括上下两排水蒸气喷嘴，这就是说其水流的速度要比工业上所用的层流水柱或喷雾冷却系统强大很多。在单位冷却长度上，冷却水总体流速可高达 17000L/(min·m^2)，相当于宽度为 1.8m 时，流速为 9200 L/(min·m^2)。这一数值两倍于传统的层流冷却过程的最大水流速度 [185]。两个 Raytek 热成像温度测量仪分别位于快速冷却系统的出口和入口处，用以监测氧化轧制样本的温度变化，如图 3.3 所示。在开始轧制之前，合金钢样本需要在高温电阻加热炉内进行预加热。其中加热炉腔内的具体几何尺寸为 350mm×33mm×870mm，加热功率为 30000W，电流为 40A。需要注意的是，在加热炉腔内可以引入惰性气体保护，以防止合金钢样本在加热过程中被氧化。

图 3.3 两辊 Hille100 热轧实验轧机配以快速冷却系统

图中包括在冷却系统出入口处的温度探测仪及两系统间的连接传送辊道平台

3.1.4 通用力学测试——摩擦计

经各种氧化实验生成氧化铁皮的摩擦学特性，可利用通用力学测试实验平台中的摩擦计来完成。UMT2 是以销对盘配置的接触方式，可以用来测试氧化铁皮的耐磨耗性能。该设备装置的上部销，与纵向和横向的线性运动系统相连，装置底座部分被固定在较低的旋转驱动部件上。这就涉及装置上部的金属氧化物样本，即销与下部的旋转盘之间保持滑动状态，旋转盘可以作为预设实验条件下位置更低的样本。

金属氧化样本的磨损测量精度可精确到 50nm，而且主旋转轴旋转到低位置时，氧化样本转速可以为 0.001~5000r/min。加载单元可以调控的荷载范围为 2~200N。

精确的应变仪传感器提供了与载荷扭矩在二到六轴方向上的实时同步测量。测量力的分辨率可高达全尺寸的 0.00003%。法向荷载传感器提供了连续反馈给垂直运动控制器动态实时调整金属氧化样本的具体位置，以确保在销对盘的接触界面上存在着恒定的接触压强。实验数据可动态实时采集记录，法向荷载、摩擦力、摩擦系数及其实验过程是金属氧化样本销在高度方向上的磨损量。

3.2　氧化铁皮的分析表征技术

3.2.1　光学显微镜

当需要检测氧化铁皮中断面氧化物层的厚度时，可以采用 Keyence VHX-1000E 数字光学显微镜或徕卡光镜，根据所获取的影像来评估氧化铁皮不同断面区域的厚度变化、气孔缺陷、裂纹及其氧化铁皮与钢基体之间的界面粗糙度。这台 Keyence VHX-1000E 数字光镜是常用普通光镜景深的 20 倍。这就意味着它可以精确地观测氧化铁皮含有较大坡峰坡谷的三维表面形貌，而这些影像数据是传统光学显微镜无法给予的。此外，数字光镜也提供了更宽范围的测量模式，高达 13 种屏幕测量配置方式和精确的实时测量。

3.2.2　扫描电子显微镜

扫描电子显微镜 (SEM) 可用于检测氧化铁皮样本的显微结构及表面形貌。根据氧化铁皮多相混合的实际情况，可以选用低真空扫描电子显微镜 (LV-SEM) 来观测，同时配有 X 射线能谱仪 (EDS) 进行元素分析。一般情况下，对于含有不同氧化物相的多层氧化铁皮来说，为了观测不同的氧化物相，其组成可以选定背散射图像的 BSE 模式，其形貌特征可以选用二次电子图像的二次电子模式 (SEI)。工艺操作参数一般为操作电压约为 20kV，工作距离可设定为 10mm。

3.2.3　原子力显微镜

在多模式的扫描探针显微数字仪器设备中，接触式的原子力显微镜 (Nanoscope IIIA AFM) 可用来获取氧化样本表面峰谷地貌的三维图像数据，并且比数字光学显微镜获得的形貌图分辨率更高，可至纳米级。原子力显微镜测量表面形貌的过程是当微悬臂梁探针扫描样本表面时，通过用激光束跟踪显微镜的悬臂挠度反馈变化来测量计算其所测样本的表面粗糙度。随着微悬臂梁垂直方向上的反弹，反射的激光束将显示所测样本表面在垂直方向上的高度信息。

原子力显微镜的横向分辨率可达 1~5nm，垂直方向上的分辨率约为 0.08nm。两个微悬臂梁的几何长度分别为 100μm 和 200μm。安装有 V 形纳米探针的微悬臂梁由氮化硅 (Si_3N_4) 材质制作而成，其法向的劲度系数为 0.06N/m，公称的探针半径为 20~60nm。其中，V 形纳米探针的外形是沿四边上 35° 倾斜的角锥体。探针的度量常数为 0.12m/s，可用于热轧三次氧化铁皮的粗糙度及形貌的表征。采集的图片具有 512×512 像素点，扫描频率可设定为 1Hz。配套的数字图像分析软件可被用于分析所测氧化样本的表面粗糙度及其他配置的影像数据信息。

3.2.4 聚焦离子束显微镜

更精致地表征氧化后样本的表面形貌，或是准备透射电镜的断面样本，可选用 XT Nova Nanolab 2000 工作平台，其整合双束高精度的聚焦离子束和场发射扫描电镜 (FIB/SEM)。聚焦离子束显微镜中，采用一种精细高能的镓离子束，可以精确扫描样本表面，并对不同样本开启不同的切割制样模式。当高能量的镓离子束快速地喷出样本的表面时，下表面层的断面样本就得以制备出来[186]。如果射束电流的能量降低，可以采集到高精度的影像，这主要是由离子束轰击样本表面形成的二次电子或是离子所导致的。在聚焦离子束显微镜制备断面样本时，为得到高能量的离子束，加速电压可选定为 30kV，而更低的射束电流为 1nA 和 0.5nA，其可用于纳米切割制样时选用。

3.2.5 三离子束切割制样系统

徕卡三离子束切割制样 (EM-TIC) 系统，被用于精细加工氧化样本试样，以完成后续的电子显微镜断面氧化铁皮检测。离子束切割加工过程是利用高速电压加速游离态的氩离子，以轰击碰撞样本表面，进而取代表面离子完成切割过程。这一制样系统可以产生离子的能量范围为 1~8keV。在氧化样本的切割加工过程中，需要用一个遮挡板保护加工中的样本。为此，通过掩模来屏蔽样本，从而在样本中切割成 90° 切口 (即横截面)。对于氧化铁皮的断面表征分析，氧化样本的边沿部分首先用 2000 目的 SiC 砂纸进行打磨。在试件制备时，离子束切割系统的操作参数为工作电压 6kV，制作打磨时间约 5h，因样本不同而略有差异。

3.2.6 电子背散射衍射

电子背散射衍射与 X 射线能谱仪的完全同步采集分析可利用牛津仪器 Channel 5 EBSD 系统整合的同一界面来完成。这一系统可以安装在日本电子 SM 7001F 场发射的扫描电子显微镜 (FEG-SEM) 上。氧化铁皮的显微组织结构、物相鉴定、晶体学晶粒晶界特征、织构和内应力变化均可用此 EBSD 系统得以重构表征，而且元素分布也可以通过 EDS 同步检测得到。当固定的聚焦电子束以 70° 倾角位于样本上时，可观察到电子背散射衍射图谱 (EBSPs) ，这使得在屏幕方向上获得的反向散射电子达到最大化。选择这个样本倾斜角度的目的是其可以在振荡屏幕的方向上最大化地采集获取的反散射电子的增益[187,188]。同时，这一系统也提供了透射菊池衍射转换 (TKD) 模式，其选用较短的工作距离，如在 2~3.5mm，其中背散

射电子 (BSE) 探测器作为补充装置。Channel 5 软件包完整地集成了图像采集、多样化的 EBSD 分析及其物相鉴定，由此可用于在线获取晶体学织构信息、离线分析所扫描图样。其适用于氧化铁皮的 EBSD 实验操作参数一般为加速电压 15kV，入射光束的电流 1~50nA，扫描步长依据待测样本晶粒的大小而决定，本书中 EBSD 扫描步长均选定为 0.125μm。

3.2.7 X 射线衍射仪

为了在氧化实验前后检测样本的物相组分变化，采用 GBC MMA X 射线衍射仪 (XRD)，其上配有单色分光的 Cu-Kα 辐射仪。为了鉴别衍射图谱信息，铁氧化的粉末衍射文件可以从国际标准 X 射线衍射数据卡片获得。一般用于氧化铁皮 X 射线衍射仪检测的操作参数中，X 射线的操作电压和电流分别设定为 35kV 和 28.6mA。

3.3 小 结

综上所述，本章致力于引入应用于氧化铁皮的实验研究所用到的实验设备和重要的分析技术，如表 3.1 所列。更详尽的实验操作参数和相应的检测程序步骤，将在以下各章中逐步给出。此外，还有其他实验工作，例如，用于测量表面粗糙度的轮廓曲线仪，用于测量合金钢基体力学属性的热膨胀实验会在相应的章节中必要时再另行论述。

表 3.1 实验仪器和分析方法小结

项目		选择模式	目标	备注
实验仪器设备	HTM	小于 30s 初始氧化	显微结构	
	Gleeble	960s 短时氧化	水蒸气影响因素	氧化实验
	HR-AC	热轧模拟	压下量和冷却速率	热轧和快速冷却
	UMT	销对盘配置	摩擦学属性	摩擦实验
分析方法	OM		孔洞及厚度	显微结构
	SEM	低真空电镜	表面形貌	
	AFM	接触模式	表面粗糙度	
	FIB	切割模式	样本切割制样	
	TIC	铣削方式	样本准备	
	EBSD	TKD 模式	晶体学织构	
	XRD	通用	物相鉴定	衍射测量

第 4 章　氧化铁皮的显微结构

本章的主要理念是表征晶粒细化的低碳 Nb-V-Ti 微合金钢在广泛温度范围的干燥空气内的初始氧化行为，从而建立微合金钢基体的晶体尺寸与其生成氧化铁皮之间的本构关系。在以摄像机为探测器的共聚焦高温显微镜 (HTM) 中，开展了一系列瞬时等温初始氧化实验。同时，采用各式各样的显微成像检测表征分析技术，研究分析所生成的氧化铁皮形貌及其氧化物相的本质特性。此外，分析了什么类型的合金钢基体可以产生什么样的氧化铁皮显微组织结构，并进一步深入挖掘其背后的氧化形成机制。

4.1　等温氧化实验

4.1.1　实验材料与合金钢样本制备

合金钢等温氧化实验中, 所用的材料基体是用于生产商业汽车大梁的低碳微合金钢，其具体的化学组成已经列在表 4.1 中。

表 4.1　低碳微合金钢的化学组成

元素	C	Si	Mn	Cr	P	Al	V	Nb	Ti	S	N
质量分数/%	0.1	0.15	1.61	0.21	0.014	0.034	0.041	0.041	0.016	0.002	0.003

在原位辐照的高温氧化显微镜里，金属样本放置在外径为 5mm、内径为 4mm 的坩埚内，然后将坩埚托盘整体放置在加热腔的样本支撑架里。为了能将样品刚好放入其坩埚样本托盘内，需要对氧化样本进行切割打磨等制样准备工作。利用 Struers Accutum-50 切割机，微合金钢样本被切分成尺寸为 2.7mm×2.7mm×2mm 的厚块体。其中一个金属样本的宽幅表面用 2400 目的 SiC 砂纸打磨成水平镜面，表面粗糙度约为 0.6μm。在氧化实验之前，使用超声波搅拌器在工业酒精中彻底清洗样本，然后再将其置于干燥器中存储备用。

此外，进行合金钢基体的热膨胀实验的目的是决定微合金钢的动态连续冷却转变 (CCT) 曲线。从这条曲线可以得到奥氏体化的开始和结束温度，这些数据信息均可用于微合金钢初始氧化工艺周期的制订过程。热膨胀实验的微合金钢样本为中空圆柱试样，基本尺寸为外径 5mm、管壁厚 0.75mm、长 10mm。此尺寸的样本可以从 5mm 厚的微合金钢板上截取加工制得。

4.1.2　原位共聚焦高温氧化操作流程

在以摄像机为探测器的高温显微镜中，在 550℃、600℃、750℃和 850℃等不同的氧化温度范围下开展初始氧化实验。以下的操作流程被用于每一次的氧化实验：①在高纯氩气 (Ar) 保护气氛下，以 1.7℃/s 的加热速率加热样本至 1050℃，并保温 5min 以使微合金样本的奥氏体晶粒均质化；②被加热的合金钢样本以 1.7℃/s 的冷却速率冷却至预设的温度，并在此温度下保温 0.5~2min；③惰性气体保护气氛切换为工业纯干燥空气 (air) 气氛，在恒定的温度下，以预设的流动速率吹送 30s；④关闭工业纯干燥空气气氛；⑤切换回高纯氩气保护气氛以防止进一步氧化，之后将样本以 1.7℃/s 的速率冷却至室温。这一热处理过程示意图呈现在图 4.1 中。应该指出的是，氧化时间的选择是基于工业热轧过程的时间所制订的。热轧工艺中，测定三次氧化铁皮形成的总体时间约为 26s，如表 4.2 所示。故而，在现今的氧化实验中，氧化气体暴露时间可以设定为 30s。

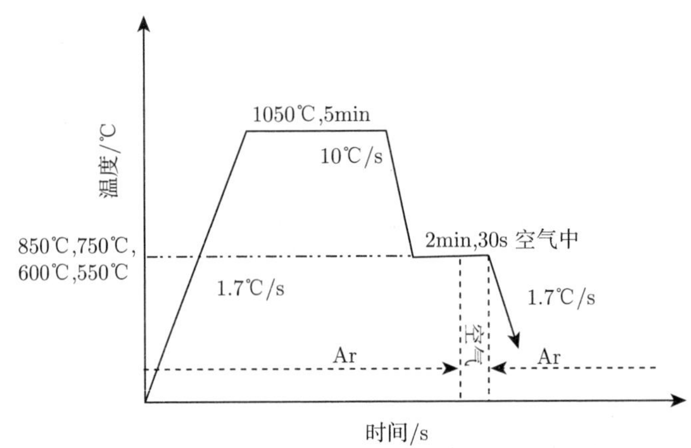

图 4.1　瞬时初始氧化实验的热处理过程示意图

表 4.2　传统热轧工艺中，带钢经过第二台粗除鳞机至 F7 精轧机架及其机架间的时间列表，其中包括轧辊咬入钢板时的接触时间　(单位：s)

	除鳞 -F1	F1-F2	F2-F3	F3-F4	F4-F5	F5-F6	F6-F7
机架间	8.2	5.7	4.1	2.9	2.3	1.7	1.2
累积时间	8.2	13.9	18.0	20.9	23.2	24.9	26.1

在等温氧化实验中，工业用压缩空气经干燥处理后，得到的工业纯干燥空气气氛用于钢基体的氧化。直径为 3mm 的不锈钢管放置在与样本支持架垂直的上空，以将压缩空气直接喷射注入抛光的样本表面上。靠直接吹制空气到待氧化的样本表面，可变的氧气部分压强对氧化动力学的影响可以被降至最小化 [182]。因此，在

合金钢等温氧化过程中，样本表面极有可能的恒定部分压强约为 0.21atm。压缩空气以固定的流速 $3.1\times10^{-5}\text{m}^3/\text{s}$ 进入加热腔内，补偿速度为 12m/s，而惰性保护气体流速在 $6\times10^{-6}\sim5\times10^{-5}\text{m}^3/\text{s}$ 变化。

此外，热膨胀实验是在 Theta Ⅱ高速热力学模拟器中完成的。具体操作步骤为：首先以 20℃/s 的加热速率将被测微合金钢样本加热到 1200℃，然后保温 180s 以充分溶解微合金钢的碳化物，直至以不同的速率冷却至室温。

4.1.3 氧化铁皮样本的制备

为了防止在初始氧化实验后可能存在的污染影响到氧化样本的表面质量，在样本被氧化后，立即将其置于 Nanoscope Ⅲ A 原子力显微镜中，初步检测其表面的微观形貌。为证实所观测特征的可重复性，在不同区域对所有被测样本采集不同的影像信息。然后，将样本在环氧树脂中冷镶后，再利用金元素对其进行沉积涂覆，以保护氧化铁皮不再被二次氧化。

对于氧化铁皮横断面的物性分析，样本是在 TIC020 徕卡三离子束切割制样机内完成准备的。首先，将样本边角部用 2000 目的 SiC 砂纸打磨，离子切割操作参数中，在氧化样本切割时选定操作电压为 6kV，打磨时间约为 5h。将制备好的氧化铁皮样本放置于通用电子 JSM-6490 低真空扫描电子显微镜和 XT Nova Nanolab 2000 FIB 高分辨率扫描电子显微镜中，对其进行表面形貌、显微组织结构和氧化铁皮厚度等方面的检测表征。氧化铁皮厚度的测量也可以用于定量化，并验证基于影像分析的氧化动力学曲线。此外，具有单色 Cu-Kα 辐射源的 GBC MMA X 射线衍射仪，可被用于检测氧化后样本的物相组成。其他相关的表征手段，如电子背散射衍射可以在第 5 章中用到时再行阐释。

4.2 氧化铁皮的显微结构分析

4.2.1 微合金钢原初材料的表征

在等温氧化实验之前，需要先分析一下微合金钢基体的材料属性。图 4.2(a) 和 (b) 呈现的是典型的微合金钢基体表面形貌的光镜和扫描电镜图片。微合金钢基体样本取自工业生产线上的热轧板卷，其开始冷却温度为 660℃，冷却速率为 20℃/s。此外，在实验表征前，微合金钢基体需用 2%硝酸溶液浸蚀约 20s。

从光镜图片 (图 4.2(a)) 中可以看出微合金钢基体的显微组织结构，其包含 94%微细粒度的多边形 α-Fe 及其 6%的珠光体。根据实验测定的标准 (ASTM: E112-10)，利用圆形截距法对光镜图片中多边形状的 α-Fe 进行了晶粒几何尺寸的测定，发现其 α-Fe 的晶粒尺寸约为 3μm。而且，精细和弥散的珠光体均布于微合金钢的基体组织中。高精度的扫描电镜图片 (图 4.2(b)) 也显示出在微合金钢基体中，大部分的

α-Fe 细化晶粒，图片中白色光亮的线条指的是钢基体中不同晶粒之间的晶界。抛光钢基体的 XRD 衍射光谱如图 4.2(c) 所示，只显示出 α-Fe 的存在，这是因为微合金钢基体中其他合金元素的含量过低，X 射线频谱仪无法检测得到 [189]。由此，这一部分缺失可以在扫描电镜中配置的电子能谱仪中进一步检测。图 4.2(d) 表明微合金钢基体样本典型的热膨胀与温度相对应的曲线，所测定的加热速率为 20℃/s。从曲线中可以发现，尽管温度增加，样本在加热过程中仍呈现收缩的现象，这正是微合金钢基体内部发生了相转变，从而使显微组织结构进行了重构。在图 4.2(d) 的热膨胀曲线中，显微相变的起始和终止温度可以很容易地标定出来，即 A_{c1} 和 A_{c3} 的温度分别是 725℃和 865℃。以往铁合金的实验 [190] 表明，α-Fe 和珠光体的相转变区域的温度为 550~750℃，而贝氏体相转变区域的温度为 410~580℃。热膨胀测试实验提供了所研究钢种具有的广泛的工艺窗口范围，以生产铁素体珠光体钢和铁素体贝氏体钢。

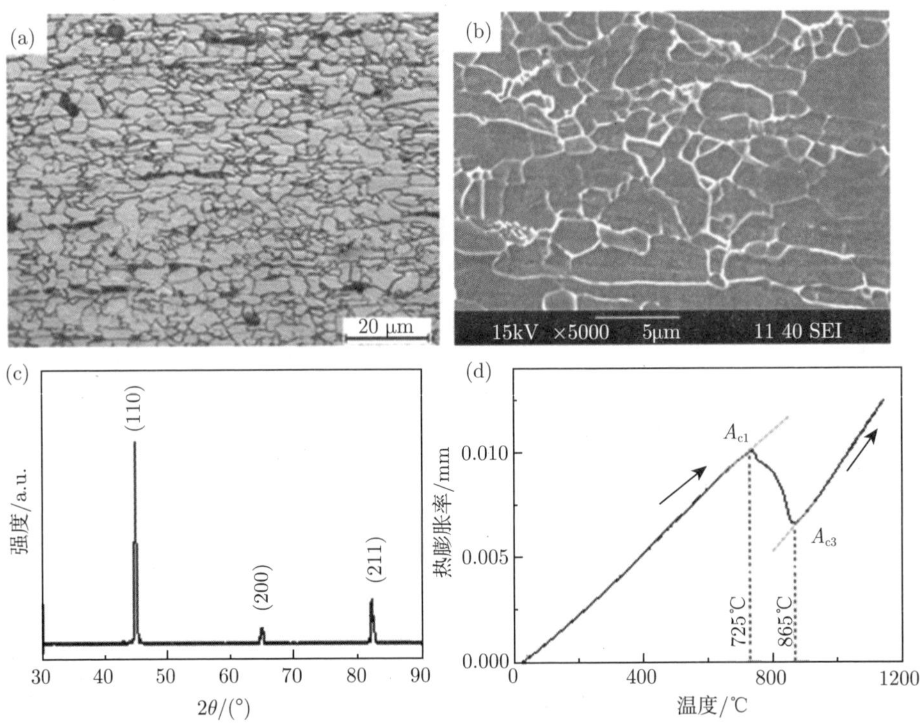

图 4.2　(a) 光镜图片显示微合金钢基体的显微组织结构，(b) 扫描电镜 SEM 图片为多边形 α-Fe 的表面形貌，(c)XRD 衍射光谱和 (d) 合金钢基体的热膨胀与温度之间的曲线关系，其中加热速率为 20℃/s，图中 A_{c1} 和 A_{c3} 分别代表加热过程中奥氏体化的起始和终了温度

4.2.2 原位高温氧化的实时检测

图 4.3 提供了 30s 内一系列初始原位氧化实验，从实时检测的氧化过程的录像中，截取到的不同帧图片。在工业干燥空气中，氧化温度为 550℃，以此来显示在微

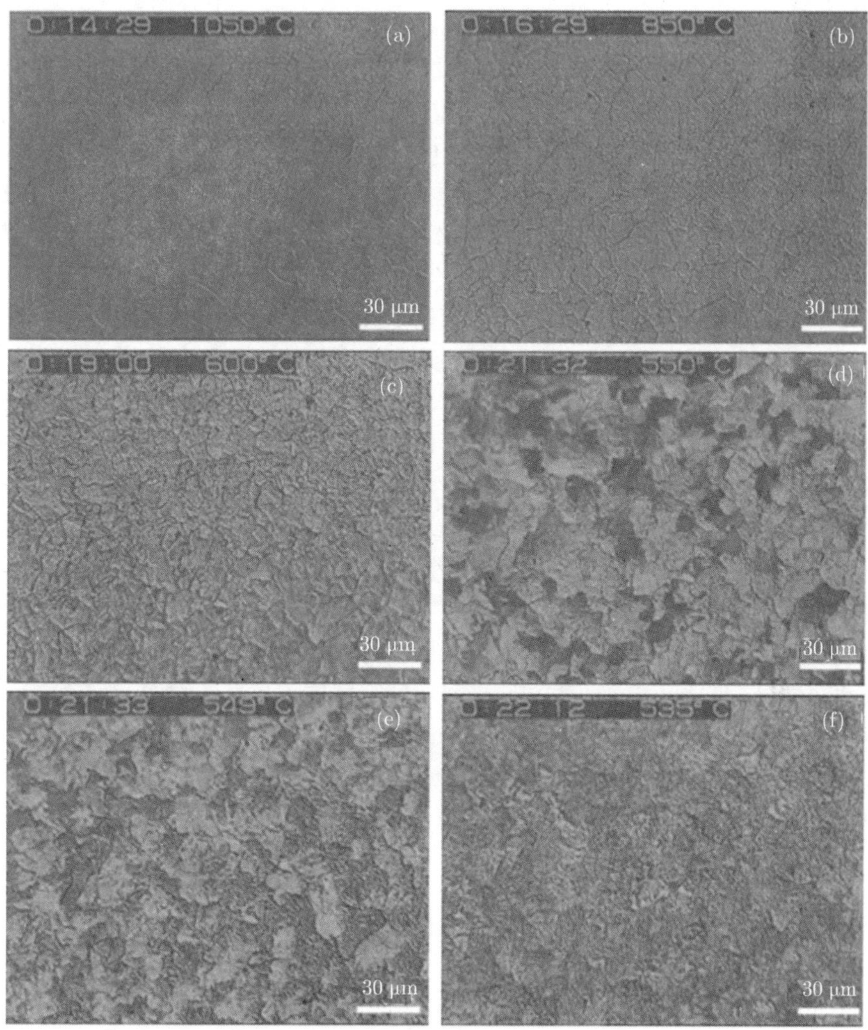

图 4.3 原位氧化实验录像中截取的序列快照，在干燥空气中，微合金钢基体在 30s 内的氧化过程及其氧化铁皮的生长

(a) 钢基体在 1050℃的奥氏体化进程；(b) 温度在 850℃时，微合金钢基体的显微组织结构；(c) 钢基体的相转变过程；(d) 温度在 550℃氧化气体被引入到加热腔时，微合金钢基体组的显微组织结构；(e) 微合金钢基体处于氧化进程时的显微组织结构；(f) 形成的氧化铁皮在惰性气体保护下的冷却过程。其中图片所显示的时间是程序的进行时间，而不是氧化时间

合金钢基体表面上的初始氧化过程及其氧化铁皮的生长路径。微合金钢样本表面的颜色随着氧化的不断进行而发生着不同的改变。这可能是由于生成的氧化铁皮的厚度相应地发生了变化，不过，其他因素也可能会影响到这一颜色的变化，如生成的不同氧化物的晶粒取向，或是氧化后样本表面的其他物性。

具体来说，图 4.3(a) 显示了在氩气密封条件下，微合金钢样本被加热到 1050℃，并保温 5min 时的显微组织结构。鉴于此时是在奥氏体单一相区的起始温度，显微结构呈现的均是薄烤饼圆形形状，这可能是因为在奥氏体的未结晶区域出现了很强的变形。仍在氩气密封条件下，引入空气进行氧化前，微合金钢基体充分奥氏体化 (温度为 600℃) 时，样本的显微组织结构如图 4.3(c) 所示，其中包括初始奥氏体晶粒清晰的晶界线。从图 4.3(d) 中可以得到证明，当氧化气体通入加热腔时，氧化首先发生在钢基体的晶界部分。之后，氧化物相迅速向微合金钢基体的其他区域展开，其中晶体晶粒的颜色也随之改变。随着氧化时间进行到 1s，如图 4.3(e) 所示，氧化铁皮继续生长着，不过大约 30s 后，致密的氧化铁皮才将钢基体完全覆盖。这一氧化过程非常类似于热轧工艺中的三次氧化铁皮的形成。在 39s 时，在惰性气体的保护下，氧化铁皮开始冷却，伴随着氧化铁皮的收缩，可以观测到明显的边界出现，如图 4.3(f) 所示。

之所以选定 550℃的等温氧化温度，正是基于对此微合金钢种以前的实验研究 [96,191]。通常在这个温度下，在干燥气氛下很难检测到氧化物的生长，尤其是此时 Fe_3O_4 稳定存在，而 FeO 无法稳定存在。同时，也观测到了在 600℃、750℃和 850℃等温度下呈现的类似的氧化行为模式。一般情况下，当惰性气体保护的氧化铁皮开始冷却时，氧化铁皮的收缩也同样伴随着整体样本本身的收缩，而在 750℃时，收缩现象并不十分明显，这可能是由于此温度下氧化过快。随着氧化温度的提高，氧化铁皮的生长速率也大幅度提升，所以在不到 1s 的时间，就可以形成充分的氧化铁皮以覆盖整个样本的表面。值得注意的是，在 1050℃以下的氧化过程中，钢基体的表面晶粒尺寸没有惊人的改变 [192,193]，这使得晶粒生长主要发生在恢复和再结晶的过程中 [194,195]。因此，设定不同的起始冷却温度的目的就是获得在样本空间上不相一致的晶粒几何尺寸的基本情况。

4.2.3　氧化铁皮的表面形貌

图 4.4 给出了在不同温度下，即 550℃、600℃、750℃和 850℃，所形成的氧化铁皮的表面形貌。扫描电镜图片中所标记的虚线部分显示了微合金钢基体的晶粒晶界情况和所形成氧化物共用的突起等边界部分。氧化温度为 550℃时，如图 4.4(a) 所示，所形成的表面多是比较平滑的，而且氧化物多出现在基体的晶界处，这就说明只有少许的氧化反应发生，其离子的扩散速度相对较慢。当氧化温度提高到 600℃时，沿着基体晶粒的某些晶界处，零星地观测到一些突起形貌，如图 4.4(b)

所示。尽管样本的氧化温度升至 750℃，但其表面形貌却变得越来越均一平整 (图 4.4(c))，依然可以观测到在基体晶粒的某些晶界处存在更高的氧化物累积突起，而且一些气孔和微裂纹弥散在整个形成的氧化铁皮区域。这可能是在 750℃时样本的快速氧化过程所导致的，而且在氧化反应之后的冷却过程中所促使的热应力梯度累积进一步引发了氧化铁皮的表面缺陷。

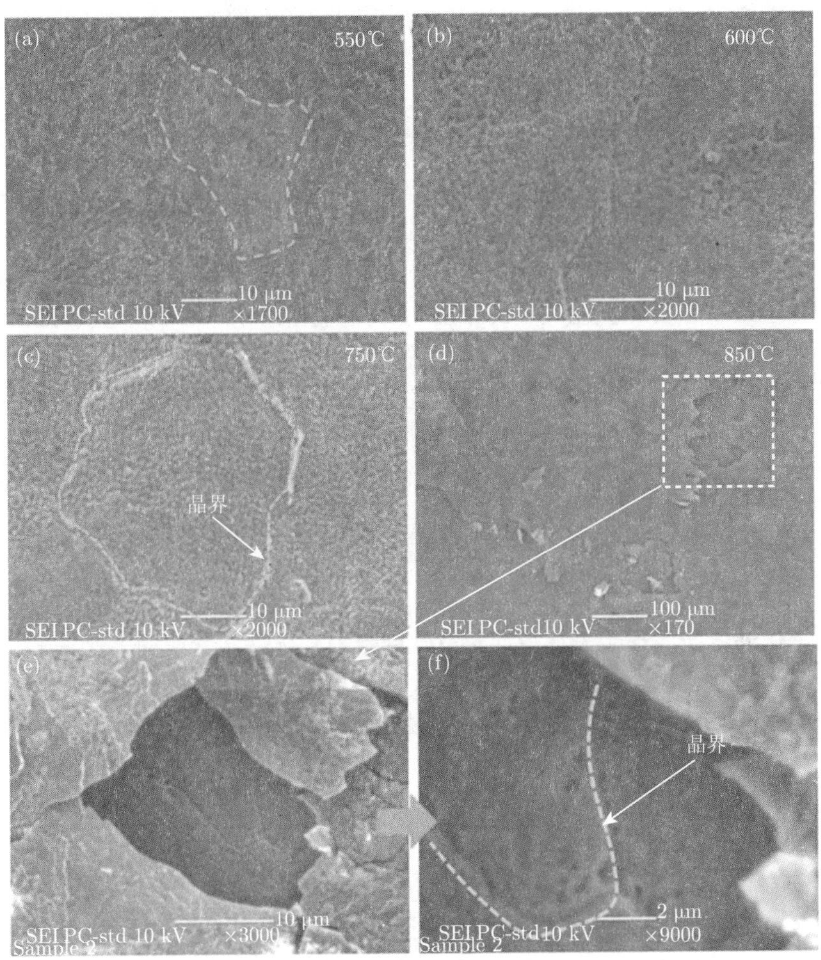

图 4.4 在干燥空气中，氧化 30s 的氧化样本的表面形貌扫描电镜图

(a)550℃；(b)600℃；(c)750℃；(d)850℃；(e) 氧化铁皮的剥落，其发生在微合金钢基体晶粒的中心区域，氧化温度为 850℃；(f) 高分辨率 (e) 图的放大形貌，图中虚线标记为钢基体的晶界氧化物堆积成脊处

图 4.4(d) 显示了氧化温度为 850℃时表面氧化物的形成外貌，从图中可以发现局部区域的氧化铁皮剥落和一些起皮等表面缺陷。图 4.4(e) 和 (f) 给出了高分辨率的扫描电镜图片，从中可以观测到，氧化铁皮的剥落多出现在微合金钢基体晶粒的

中心区域，而很少发生在基体的晶粒晶界处。如图 4.4(f) 所示，可以清晰地看到，在一些残余氧化铁皮碎片掩埋下的微合金钢基体的晶粒晶界。这充分说明了在微合金钢基体的不同区域，存在着不同的氧化物生长速率，这取决于确定初始氧化是发起于金属晶粒的中心区域，还是首先在金属晶粒的晶界处开始氧化 [182]。进一步，在微合金钢基体的氧化过程中，决定氧化反应速率限定步骤 (即扩散迁移率最慢的那一种离子) 的主要元素是晶格扩散与晶界扩散之间的比较关系，同时这也正是研究初始氧化实验的初衷。

不同的氧化物生长速率和其背后潜在的金属晶粒的氧化位置之间的本构关系，可以在不同温度下的初始氧化实验中得以证实。此外，根据上述提及的热膨胀实验的曲线结果可知，微合金钢基体在温度范围为 550~750°C时，基体中将会形成 α-Fe 和珠光体。那么，这时在其上形成的氧化铁皮必定与其钢基体的 α-Fe 与珠光体显微结构及其晶粒的几何尺寸和取向关系等相关。而且，广为周知的事实是，氧化铁皮的物相组成成分要比氧化铁皮的厚度本身更为重要地影响着氧化铁皮的表面质量或内部结构缺陷的形成 [19,63,157]。上述的研究发现提供了另一种用以深入地仔细剖析氧化铁皮的粘结强度问题的可能性，也就是说，与微合金钢基体本身相关的晶粒尺寸和晶界工程等晶体学物性，或者来自于氧化温度所致的钢基体本身的相变过程，这些都将在很大程度上影响形成在其上的氧化铁皮的粘结属性和界面行为。

4.2.4 氧化铁皮的断面粘结行为

在氧化铁皮断面形貌表征方面，与微合金钢基体粘结紧密的氧化铁皮存在着两种不同的形貌特征。这两种不同的形貌特征是指分别形成在两种不同类型的微合金钢基体表面上的氧化铁皮，一类是晶粒细化的微合金钢基体 (图 4.5(a))，抑或是粗大晶粒的微合金钢基体 (图 4.5(b))。对于晶粒细化的微合金钢基体，形成在其上的氧化铁皮出现了均匀一致的形貌，如图 4.5(a) 所示，并且与均一化的钢基体晶粒间结合得非常紧密。相比较而言，形成在粗大晶粒微合金钢基体的表面上的氧化铁皮，在局部区域出现了剥落、掉皮等表面缺陷 [196]。如图 4.5(b) 所示，在粗大晶粒的微合金钢基体表面上形成的氧化铁皮，具有局部剥落失效的区域，而且当微合金钢基体靠近表面的区域出现异常超大晶粒或是非均匀晶粒时，在其上所形成的氧化铁皮的剥落、破碎缺陷就会更加显著。因此，均一化的钢基体晶粒可能有助于增强晶界扩散，从而形成粘结紧密、完整的氧化铁皮 [55,133]。这些结果表明，在钢基体与氧化铁皮界面间的粘结强度失效和界面缺陷可能是因为跨晶粒间的氧化铁皮内部累积的压应力而触发的结构破坏。特别明显的情况是，当在粗大晶粒的钢基体表面形成氧化铁皮时，氧化物多出现并累积在晶界处，而晶粒中间部分在断面上形成了真空，这样的氧化铁皮在后续的冷却过程中，极易形成微裂纹、破坏和剥落等表面质量缺陷。

更具体地说，极具代表性的电子背散射衍射钢基体晶粒尺寸图 (在 850℃氧化实验后的样本) 如图 4.5(c) 所示。可以测定出微合金钢基体内多边形 α-Fe 晶粒几何尺寸为 10~20μm，图中大晶粒尺寸显示为红色，而小晶粒为蓝色。从这一断面形貌可以观测出晶粒尺寸的分布，在基体上方的外层区域内，异常晶粒比较多，分布也不均匀，相比而言，下方的内层区域内，晶粒几何尺寸的分布相对均一化。微合金钢基体的晶粒尺寸在空间上的非均匀性可能会促使形成在其上的氧化铁

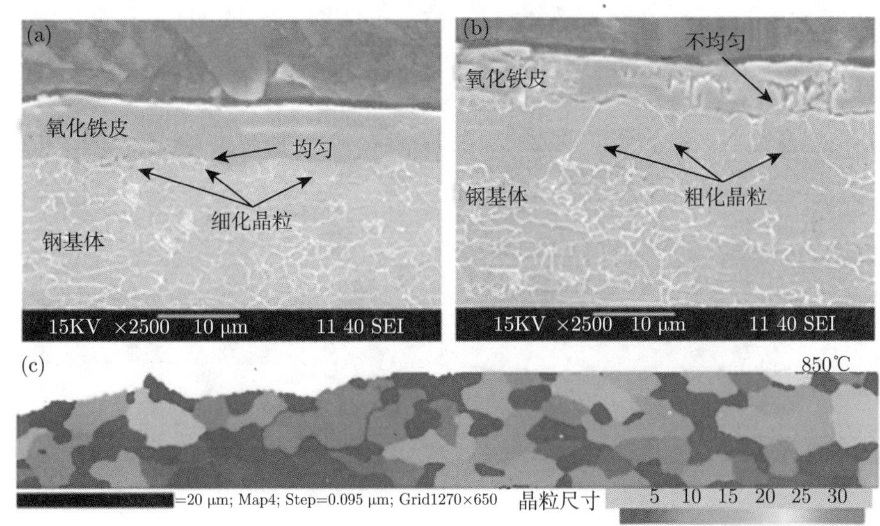

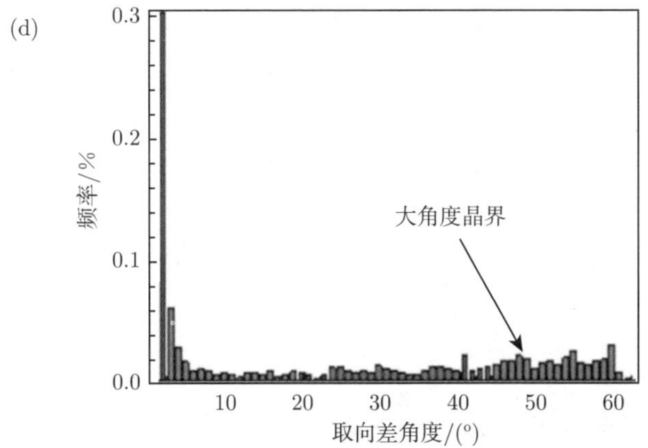

图 4.5 紧致的氧化铁皮断面形貌，形成在 (a) 细化晶粒和 (b) 粗大晶粒的微合金钢基体；(c) 极具代表性的电子背散射衍射钢基体晶粒几何尺寸图，取自 850℃氧化实验后的样本及其 (d) 微合金钢基体晶界分布的直方图

皮与基体之间的粘结强度恶化。进而，微合金钢基体的晶界类型分布，如图 4.5(d) 所示，出现了大角度晶界，这种晶界类型可能会对钢基体的氧化速率有非常重要的影响。关于晶粒尺寸和晶界对氧化铁皮的影响，将在第 6 章更为详尽地论及。

此外，对氧化样本的断面形貌进行表征也可进一步确定氧化铁皮与金属基体之间的剥落缺陷，无论其是发生在界面本身的界面粘结缺陷，还是发生在界面附近的内聚氧化铁皮层破坏 [145]。扫描电镜图片显示了聚焦离子束切割过程中氧化铁皮的断面形貌情况，如图 4.6 所示。其氧化样本是在干燥空气中，分别在 550℃和 600℃下氧化所形成的。氧化温度在 550℃时，大部分的氧化铁皮缺陷如图 4.6(b) 所示，表现在与基体结合的界面附近区域，即内聚结合破坏。因而，涉及氧化物的生长应力、氧化物和金属基体的塑性匹配和在不同热处理路径下，因氧化物与钢基体不同的热膨胀系数而引发的不同热应力的热力学收缩效应。相比而

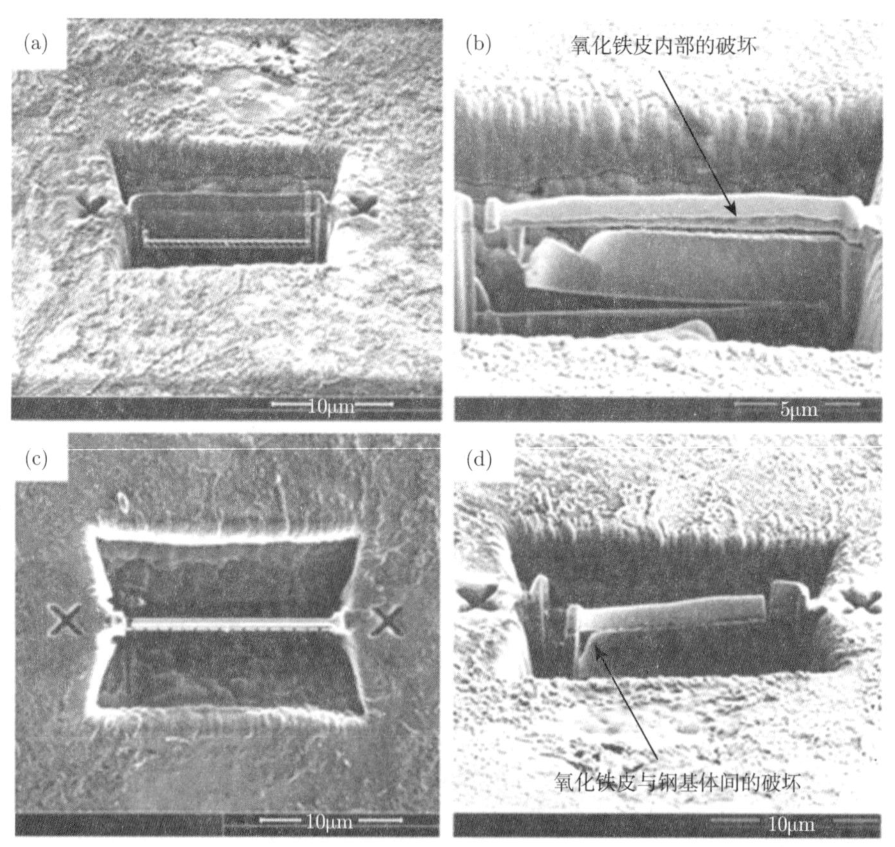

图 4.6　聚焦离子束切割氧化铁皮断面时的扫描电镜图片，显示氧化铁皮形貌的形成温度在 550℃(a) 和 (b)，600℃(c) 和 (d)

言，界面粘结缺陷出现在氧化温度为 600℃时，如图 4.6(d) 所示，此时与氧化铁皮和金属基体的界面能有关，并进而影响到稳态时的界面形貌。不过，在不同的状态下，也可以获得不同的界面形貌，例如，钢基体不纯物的析出凝聚，甚至是界面处的表面微凸而引发的物理接触。因此，这些结果表明，形成在 550℃时的氧化铁皮在很大程度上取决于氧化物的生长应力、氧化铁皮的力学属性和样本的热处理工艺。然而，形成在 600℃的氧化铁皮，则主要取决于钢基体本身所包含的合金元素种类及累积凝聚特性和钢基体的表面粗糙度。这就说明形成氧化铁皮的主要影响因素和相应的钢基体本质影响着形成氧化铁皮的破裂缺陷，或是完整性属性。

由此可见，上述论及的氧化铁皮的缺陷特征意味着，在 550℃氧化样本中，氧化铁皮内部的分离应力明显高于氧化铁皮与钢基体界面的分离应力，而这一趋势在氧化温度 600℃以上时形成了逆转。也就是说，在 600℃的氧化样本中，氧化铁皮与钢基体界面的分离应力占主导，如图 4.7 所示。这些氧化铁皮的粘结属性结果可以利用有限单元法 (FEM) 数值模拟 [1]，该结果拓展了在 850~870℃的温度范围内所形成氧化铁皮的粘结性质。影响这些内应力分布的主要因素也可能涉及微合金钢基体本身在相变过程中引起的体积变化，尤其是当样本在加热或是冷却过程时，因材料热膨胀系数的差异也可以导致氧化铁皮的分离应力。关于氧化铁皮内部晶粒的局部应变行为与宏观应力状态的具体关系将在 8.5 节更为系统地论述。

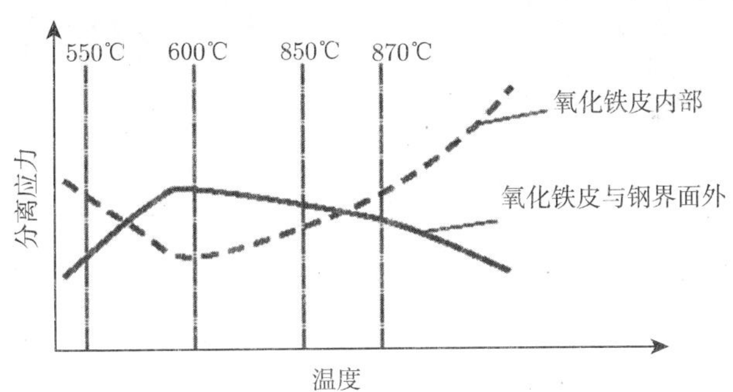

图 4.7 氧化温度对氧化铁皮内部及其氧化铁皮与钢基体之间分离应力的影响示意图

4.2.5 氧化铁皮表面几何形貌的特征分析

为了进一步量化氧化样本的表面粗糙度，可以深入测量被氧化表面的几何形貌特征。图 4.8 显示了原子力显微镜测得的样本表面的几何形貌的图片，其中如图 4.8(a) 所示为氧化实验开始前抛光的微合金钢基体。余下的图片呈现了处在干燥空气气氛下，在 550℃和 600℃时，氧化 30s 后的微合金钢基体氧化样本的表面形貌。在氧化温度为 550℃时，氧化样本表面显示了缓和的被氧化的几何特征，存在相对光滑的表面微型几何尺寸，如图 4.8(b) 所示。而在氧化温度为 600℃的进一步氧化过程中，可以观测到微合金钢基体表面出现了氧化物的各种形式的突起形貌，如图 4.8(c) 所示。图 4.8(d) 显示了在氧化温度为 750℃时，氧化样本表面的几何形貌已经超出了初始设定的最大值范围 (400nm)，较之在氧化温度分别为 600℃和 750℃时，氧化样本的表面粗糙度显著增加。

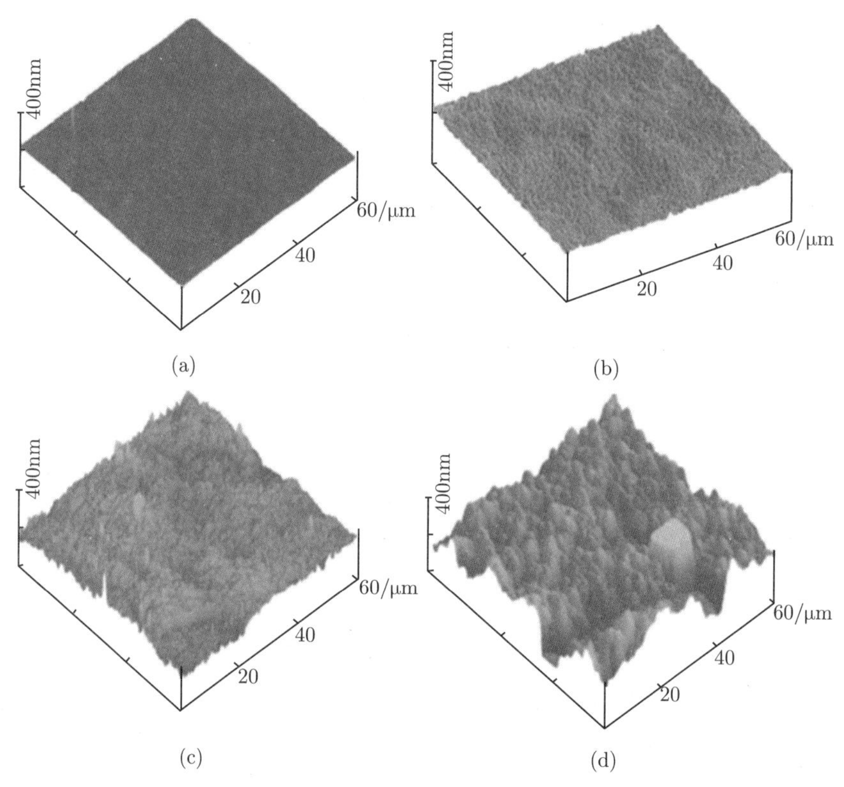

图 4.8　原子力显微镜测得的样本表面几何形貌

(a) 氧化实验前的微合金钢基体；干燥空气中氧化 30s，其氧化温度为 (b)550℃，(c)600℃，(d)750℃

从这些观测结果可以得出，随着氧化温度的不断升高，氧化样本的表面粗糙度是显著增加的。这就表明氧化温度对微合金钢基体的氧化表面形貌施加了不可估量的影响。反之，如果降低氧化温度，并且缩短在空气中氧化暴露的时间，那么，相应地就可以获得具有相对低的表面粗糙度的氧化表面。

4.2.6　氧化铁皮组分的 X 射线衍射分析

图 4.9 给出了在原位高温氧化分析实验后，针对不同氧化温度生成的氧化铁皮，利用室温 X 射线衍射技术，对其晶体结构和物相组成进行了检测。其中氧化铁皮的化学组成与在高温氧化温度时所期望的氧化行为保持一致。在初期氧化阶

段，占主导地位的氧化物是 Fe_3O_4，还存在少量的 α-Fe_2O_3 和 α-Fe。这里进一步证实了氧化温度的变化对生成的氧化铁皮的化学组成有相当重要的影响，尤其是在氧化温度为 750℃时，形成的多重氧化物相为主要特例就更加明显了。

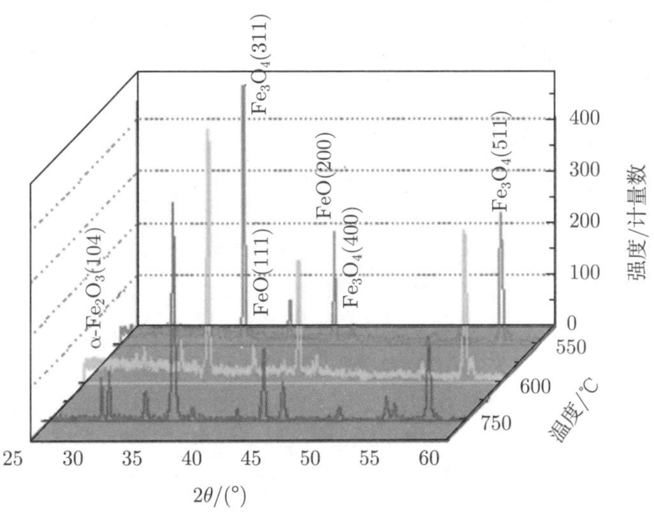

图 4.9 氧化温度为 550℃、600℃和 750℃时所形成氧化铁皮的 X 射线衍射图谱

不过，值得注意的是，在氧化铁皮的 X 射线衍射图谱中存在很少的残余 FeO，也就是作为初始氧化过程的高温氧化的生成产物。这就表明了高温形成的 FeO 分解，在等温氧化过程中可能已经全部完成。其他可能的原因在于微合金钢基体具有高密度的晶界分布，这加速了阴阳离子在晶界处的扩散，进而发生了 $Fe_{1-x}O \rightarrow Fe_3O_4$ 的相转变过程。关于氧化铁皮的不同晶界类型对扩散控制氧化的影响将在 6.5 节中进行更深入的阐释。

4.3 等温氧化过程的实验分析

4.3.1 初始氧化的机制

根据扫描电镜所得的氧化铁皮断面图片的影像分析，可以绘制出氧化铁皮厚度对氧化时间的曲线图，其曲线斜率即可表示为该条件下的氧化速率。在这种情况下，不同的氧化样本之间，氧化速率的变化幅度是比较大的，尤其是初始氧化阶段。而且，较高氧化速率的样本，通常对应着微合金钢基体具有较大的晶粒几何尺寸。图 4.10 是二次抛物线氧化速率常数的阿仑尼乌斯曲线图，其某些样本数据取自普通低碳钢 [55] 及其微合金钢的氧化行为。在这个曲线图中，实线表示的方程为

$$k_p = 260 \exp\left(-\frac{179200}{RT}\right) \tag{4.1}$$

其中，可根据最小二乘法求得晶粒细化微合金钢的直线斜率，即氧化速率常数 k_p 的具体数值。此外，氧化温度在 850℃时，曲线中不包括氧化样本的数据点。因为在这一温度下，所形成的氧化铁皮存在表面结构的不规则性和许多剥落等表面质量缺陷，具体可参见图 4.4(d) 氧化温度在 850℃时所形成的氧化铁皮的剥落情况，从而，氧化铁皮厚度的测定存在相当大的误差。这些表面质量缺陷多是由氧化物与微合金钢基体间在冷却过程中的分离应力所导致的。

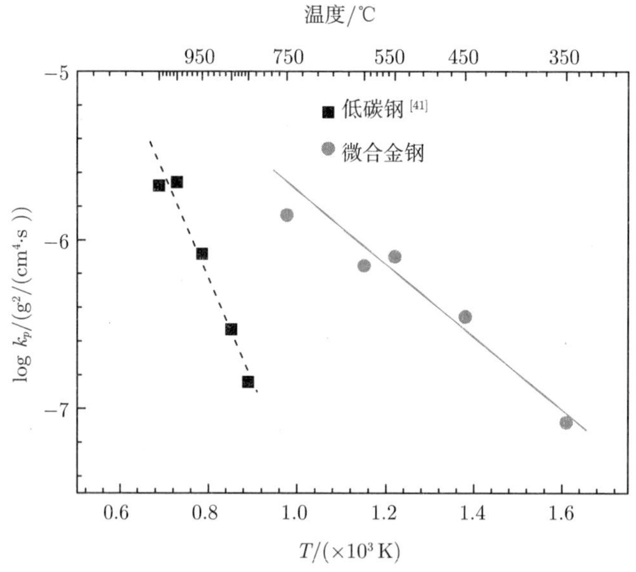

图 4.10　二次抛物线氧化速率常数的阿仑尼乌斯曲线图

实线代表活化能 179.2kJ/mol，其氧化铁皮为均匀一致、粘结良好的多层多相氧化物

因此，曲线图中的实线所代表的数据值被认为是真实地反映了均匀、无剥落、粘结良好、含有 FeO-Fe_3O_4-α-Fe_2O_3 多相氧化铁皮的氧化行为，其形成在细化晶粒的微合金钢基体表面。值得注意的是，在温度为 570℃以下时，FeO 无法稳定存在，这可能也会影响到总体氧化速率的变化。之前的一些计算研究 [72,197] 发现，与纯铁氧化相比，在 Fe-Cu 合金中，氧化速率降低的原因正是与实践生产中的氧化铁皮中 FeO 氧化物相的缺失相关。

在图 4.10 中，所标记的虚线是氧化速率常数的最小二乘解法：

$$k_p = 340 \exp\left(-\frac{50800}{RT}\right) \tag{4.2}$$

其中，离散分布的数值数据取自参考文献 [55] 的低碳钢氧化行为。图中所绘制的虚线数据值具有相当不同的活化能，这可能是氧化铁皮较弱的粘结属性所导致的。在实线曲线中，较高的氧化速率常数 k_p 值和相对较低的活化能反映了初始形成的氧化铁皮具有更精细的晶粒尺寸，并且反映了阳离子优先从晶界开始扩散氧化的事实。

与之前的研究发现 [21,55,71,72,92] 相比较，其不同之处在于所获得的抛物线氧化速率常数。如图 4.10 所示的氧化动力学曲线图中，实线数据意味着位于虚线数据值的上限，包括在离散的氧化速率常数 k_p 值之上。而且，微合金钢基体实线数据所代表的活化能数值为 179.2kJ/mol，这一数值非常接近之前所报道的，纯铁在 640℃和 805℃氧化时的活化能分别为 194.9kJ/mol 和 46.6kcal/mol[71]。再者，活化能较低的数值，完全近似于纯铁在 530℃和 650℃时的晶界扩散时的活化能 174.5kJ/mol[198]。

根据 Fisher's 扩散模型，若材料的晶界厚度为 50nm，将在晶界域处，出现元素扩散迁移的增强效应[199]。这样的晶界厚度对应于实验所观测到的氧化物内晶界的具体数值。众所周知，晶界扩散的活化能会随着晶界自由能的增加而呈减小的趋势[200]。在图 4.5(d) 中所观测到的具有高自由能的大角度晶界类型，可能会有助于晶界的扩散过程。由此可以得出，在以晶界扩散为主导的中间温度氧化实验中，对于铁阳离子和氧阴离子在钢基体中的有效扩散系数，较小的晶粒尺寸和较高的晶界自由能将会有着非常重要的作用。在这一实验调查中，更高的氧化速率常数和更低的活化能被认为出现在晶粒细化的钢基体中。这种晶粒细化的基体样本有助于加速初始氧化过程中沿基体晶界的最优氧化扩散。

4.3.2 钢基体的晶粒细化效应

1. 晶界扩散效应

对形成紧致氧化铁皮的影响，可能发生在初始氧化阶段。通过增强晶界扩散效应的方式，可以调整离子的扩散及其加速氧化过程。也就是说，可以利用减小微合金钢基体晶粒的几何尺寸，从而增加基体的晶界数量。相应地，改变总体的多相氧化物的组成成分，可能有望获得含量超过 75%的 Fe_3O_4 的氧化铁皮，也就是工业生产过程中所提出的致密氧化铁皮的化学组成。

钢基体本身的晶体学特征，对于在其上形成的氧化铁皮的影响，同时这些氧化铁皮对后续工序生产的腐蚀或电化学性能 [201,202] 也引起越来越广泛的关注。由此可以推断出，钢基体本身的特性对高温氧化可能有不可估量的影响。晶粒细化的微合金钢基体具有较大数量的晶界分布，可在初期氧化阶段充当"短路"离子扩散的捷径通道 [2,203−206]。氧阴离子沿着晶界向内的扩散涉及两种方式，一是通过氧化铁皮内部快速地向晶界扩散的方式，二是氧阴离子在微合金钢基体中的固溶度。基于这一扩散机制，氧化铁皮的生成被认为体现在两个方面：铁阳离子和氧阴离子在氧化物与空气界面处的氧化反应，发生在氧化铁皮与钢基体界面处氧阴离子与钢基体之间的化学反应。因此，与粗化晶粒的微合金钢基体相比，在晶粒细化的微合金钢基体上更容易形成具有富氧元素的氧化物相，即 Fe_3O_4 层。

而且，金属基体与氧气反应形成的厚度较薄的氧化铁皮，其化学组分或多或少地映射着微合金钢基体的化学组成，特别是在热轧工艺过程中短时高温氧化的化学反应。微合金钢基体所包含的合金元素，如锰、铬和硅，都可能有助于初期的高温氧化过程，可以参阅文献 [110], [149], [207], [208]。金属基体所包含的合金元素，如锰、铬和硅等，可能有助于初期阶段的氧化过程。普遍认为，锰和铬元素的选择性氧化多出现在基体表面的晶界附近[208]，或是弥散于氧化铁皮的所有断面 [110,208]，甚至可以进一步降低 FeO 的分解温度[149]。通常情况下，观测到硅元素累积在氧化铁皮与钢基体的界面处[43,209]。无论如何，这些合金元素离子的传输通常情况下是晶格扩散机制或晶界扩散机制[2]。因此，由基体晶粒减小而引发这些扩散路径的增加，可能会有助于这些合金元素在晶界处氧化物的累积。

为进一步解释晶界扩散效应的发生过程及其晶界扩散所起的作用，可以利用数学模型进行清晰地描述，相应地，介质等效扩散系数 (D_{eff}) 为

$$D_{\text{eff}} = (1 - f)\, D_{\text{L}} + f D_{\text{GB}} \tag{4.3}$$

式中，D_{L} 和 D_{GB} 分别为介质在微合金钢基体晶格里和沿着钢基体晶界的扩散系数；f 为晶界所占的面积比例。假定晶粒外形呈球形或是方形，其界面的体积比 f 可能被估算为 $2\delta/d$，其中 δ 为晶界的宽度，d 为平均的晶粒直径。晶界的宽度 δ 与原子间距为同一数量级的，其具体数值约为 0.5nm，它是被普遍接受的数值 [199,205,206]。在大多数情形下，既然 $D_{\text{GB}} \gg D_{\text{L}}$，方程 (4.3) 可以简写为

$$D_{\text{eff}} = D_{\text{L}} + \frac{2\delta}{d} D_{\text{GB}} \tag{4.4}$$

如果晶粒尺寸 d 非常小，D_{eff} 的数值将主要由上式方程右侧的第二项来决定。由此，D_{eff} 数值的增加取决于 D_{L} 和 D_{GB} 的相对比值的大小，而这两项同时又是依赖温度的。通常，晶界扩散比晶格扩散具有较小的活化能，以至于随着氧化温度的上升，$D_{\text{GB}}/D_{\text{L}}$ 的比率会相应地下降 [199]。因此，当氧化温度在 570°C(氧化铁皮的相变温度) 和 727°C(低碳钢基体的相变温度) 时，随着基体晶粒尺寸 d 的减小，D_{eff} 的数值将会大幅度增加。如果离子的等效扩散系数在粗晶粒基体中，并假定其晶粒直径 $d = 10\mu\text{m}$，图 4.11 给出了由于晶粒细化，D_{eff} 的比值呈现增强的趋势。该图显示了由晶粒细化所引起的等效扩散系数增强的效应。例如，如果当晶粒尺寸 d 从基准值 10μm 减小至 3μm 时，则 D_{eff} 的具体数值比 $D_{\text{GB}}/D_{\text{L}} = 10^2$ 的情况将高出近一个数量级，并且比当 $D_{\text{GB}}/D_{\text{L}}$ 为 10^3 和 10^6 的情况时高出两个数量级。

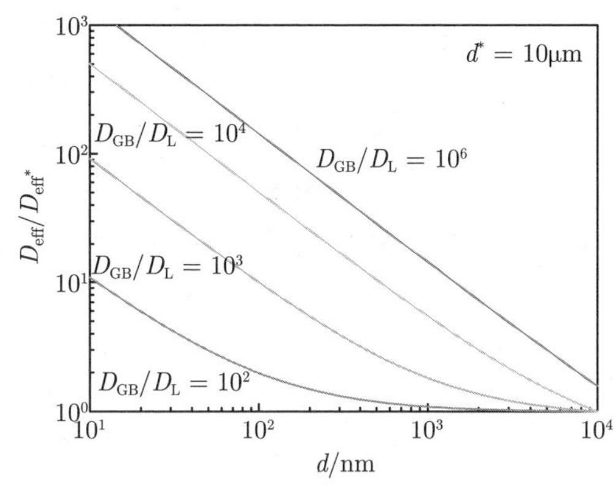

图 4.11 等效扩散系数比 D_{eff}/D_{eff^*} 和基体的晶粒尺寸 d 之间的关系图

其中 D_{eff^*} 为晶粒尺寸是 10μm 时等效扩散系数的基准值

2. 氧化铁皮的粘结属性

氧化铁皮的表面剥落失效并没有出现在形成于晶粒细化的钢基体上，如图 4.4(a) 和 (b) 所示的 550℃和 600℃的氧化情况。不过，当氧化温度为 850℃时，常观测到在粗化晶粒上形成的氧化铁皮在基体晶粒间氧化表面的屈曲效应，尤其是在冷却至室温的过程中，如图 4.4(e) 所示。

有两个因素可以解释这种表面缺陷形成的不同。首先，形成的氧化物晶粒尺寸受限于微合金钢基体的晶粒尺寸。因而，钢基体晶粒尺寸极小时，可允许塑性变形发生。其次，细化的钢基体晶粒存在大量的晶界，这就提供了足够的接收空位，进一步压制了氧化铁皮剥落缺陷的形成。尽管目前仍没有明确的趋势和关系标准来表征或是建立金属基体的晶粒尺寸和在其上形成的相应的氧化铁皮，但在晶粒细化的材料基体上形成的氧化铁皮也趋向于生成较小的氧化物晶粒 [210]。值得指出的是，这里的氧化铁皮缺陷是与相应钢基体不规则的晶粒尺寸有关的。当氧化温度为 850℃时，对应于粗化钢晶粒表面的氧化铁皮，可以在部分区域观测到其剥落缺陷，如图 4.4(e) 所示。然而，在细化钢基体晶粒形成的紧致氧化铁皮，则与基体保持完好的粘结状态，如图 4.4(d) 所示。

另一种类型是显微组织不均匀的缺陷，它可在微合金钢基体断面上表征观测到。如图 4.5(b) 所示，形成的微合金钢基体粗化晶粒多排布于基体的外层表面区域。钢基体的这种显微不均匀性对在其上形成的氧化铁皮的粘结属性有不利影响，无论其排布为何种类型都是应该避免的。基体晶粒演化的空间不均匀性可能是多种原因导致的，或者是基体晶粒的不均匀性，或是基体中分布的粒子的不均匀性，或者是二者兼而有之 [211]。通常情况下，热处理工艺的特色也在于在样本断面上应变分布的不均匀性，并且在金属样本沿断面方向上的外层表面的应变较高于其金属样本的内层应变。这主要是在热传导过程中，由表层到深层的不均匀性引起的。无论如何，这里所陈述的数据，可能与上述不同类型的显微不均匀性相关。

当氧化温度为 550℃时，氧化铁皮与钢基体的界面缺陷表现为出现在界面附近的氧化区域的内聚分离缺陷。然而，当氧化温度为 600℃时，主要表现为粘着缺陷，并发生在氧化铁皮与基体粘结的界面区域，如图 4.6 所示。这一结果进一步地暗示了钢基体本身对氧化铁皮的粘结属性及其相应的基体与氧化铁皮的分离机制都起着重要的影响作用。

基于这些研究发现，可以提出微合金钢基体晶粒细化效应对氧化铁皮粘结属性的影响机制，如图 4.12 所示，进而揭示紧致氧化铁皮的形成过程和剥落缺陷。更高的离子扩散浓度梯度出现在粗化钢基体的晶界区域，这就导致了在钢基体的整个表面上的不均匀氧化过程，如图 4.12(a) 所示。生成在这种粗化钢基体表面上的氧化铁皮导致了表面压应力的不均匀分布。这种残余应力可能会在后续的样本冷却过程中有所缓解，进而在室温状态下多观测到部分的氧化铁皮剥落的缺陷，如图 4.12(b) 所示。与粗化晶粒的钢基体相比，在细化晶粒的钢基体上形成的跨晶粒氧化铁皮可以充当一种楔子似的缓冲作用，尤其是在样本冷却到室温的过程中，如图 4.12(d) 所示。由此，均一化的压应力可以弥散地分布在形成的均匀化的氧化铁皮内。

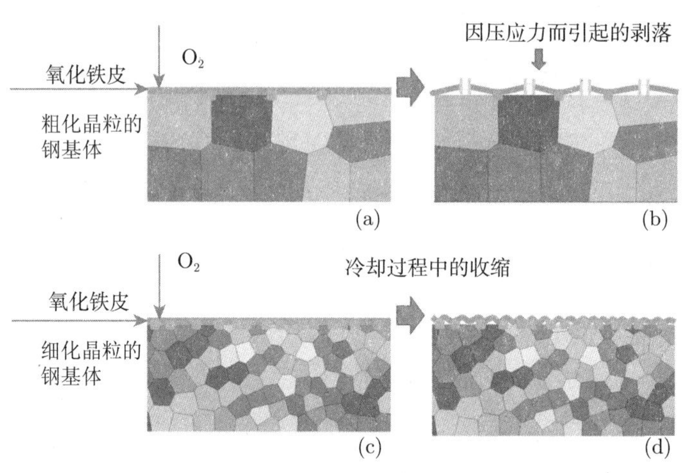

图 4.12　氧化铁皮的剥落机制概略图

(a) 在粗化晶粒钢基体上形成的氧化铁皮；(b) 样本冷却过程中，由压应力而引发的氧化铁皮的剥落缺陷；(c) 在细化晶粒钢基体上形成的氧化铁皮；(d) 当样本冷却至室温时，紧致氧化铁皮的形成变化

除钢基体晶粒尺寸外，钢基体内不同相的显微结构可能是另外一个诱因，以促使氧化铁皮的粘结属性恶化。从动态的连续冷却相转变相图 [193] 中可以发现，钢基体的显微结构是由钢素体和珠光体组成的，特别是在以 550~600℃开始，以 1.7℃/s

的冷却速率进行热处理的过程中。在初始氧化实验中，一般情况下，微合金钢基体显微组织的孕育时间约为 100s，在这里的氧化实验中，选择惰性气体的保温时间为 2min，比通常情况下的孕育时间 100s 长了很多，这样长时间的设定可以允许微合金钢基体的相变反应，从而达到充分奥氏体化，这就允许钢基体进行完全相转变过程。不过，在奥氏体单相区，钢的起始冷却温度是从 750℃到 850℃。因此，阴阳离子通过奥氏体和 α-Fe 组成的基体 [2,182,212]，进行氧化扩散的过程是不断变化的，这些也可能对初始氧化过程及其所形成的氧化铁皮的粘结属性存在一定的影响。

此外，金属基体的晶体学表面类型也可能大幅度地影响最终所形成的氧化铁皮的显微结构。之前的研究 [94] 已经提出，金属基体的晶粒取向影响氧化温度在 350℃时所形成的氧化物的生长过程。研究结果发现，氧化物在单晶的 (001) 表面上的生长速度要高于其在 (112) 表面上的生长速度。由此，可以预测相似的取向关系的影响效应可能对微合金钢的初始氧化过程施加影响，从而导致氧化铁皮粘结属性的差异变化。涉及的氧化铁皮的晶粒取向关系和最优取向关系，即织构演进，将在第 7 章中予以系统性地论述。

4.4 小　结

本章主要研究了微合金钢的原位瞬时初始氧化行为，所测样本历经 1050℃的奥氏体化，然后以 1.7℃/s 的冷却速率，冷却至 550℃、600℃、750℃和 850℃，随后在干燥空气中进行了 30s 的氧化实验。同时，提出了紧致氧化铁皮的形成机制，进而阐释了微合金钢基体晶粒细化效应对所形成的氧化铁皮的影响，以获得 Fe_3O_4 含量较高的氧化铁皮，同时提高氧化铁皮的粘结属性，即免于剥落缺陷。以下为本章研究的相关结论。

(1) 在氧化初始阶段，氧化铁皮的表面剥落缺陷主要发生在微合金钢基体晶粒的中心区域。在冷却至室温的过程中，生长于粗化晶粒的钢基体表面的氧化铁皮可能会加速粘结属性的恶化。这种钢基体的晶粒细化效应，在 550℃时形成的氧化铁皮比在 600℃时形成的氧化铁皮更为敏感可测。

(2) 紧致氧化铁皮所具有的较高并且均布的 Fe_3O_4 含量，其生成和获得可归因于增强的晶界扩散效应。这是由于晶粒细化的微合金钢基体提高了晶界密度，进而增强了离子传输过程，获得了具有更高值的氧化速率常数和相对较低的活化能。初始氧化铁皮的生成正是因为阴阳离子沿着钢基体/氧化物的晶界迁移而逐步进行的。

(3) 在初始高温氧化过程中，通过晶粒细化的晶界工程来调控所获得氧化物的含量和粘结属性的方法途径，可有助于增加氧化铁皮中的 Fe_3O_4 含量，进而形成免酸洗的紧致氧化铁皮。这种免酸洗的氧化铁皮，有望应用于汽车制造领域中的微合金钢生产。

第 5 章　参数对氧化铁皮形成的影响

在实际的工业热加工中，氧化铁皮的形成受许多工艺参数的影响，如图 5.1 所示，例如，轧制压下量 (TR)、冷却速率 (CR)、精轧温度 (FT)、卷取温度 (CT)，以及其轧制完成后钢卷存储时的冷却条件等。这些工艺参数对氧化铁皮内部氧化物相转变的影响，就是本章所要重点关注的内容。

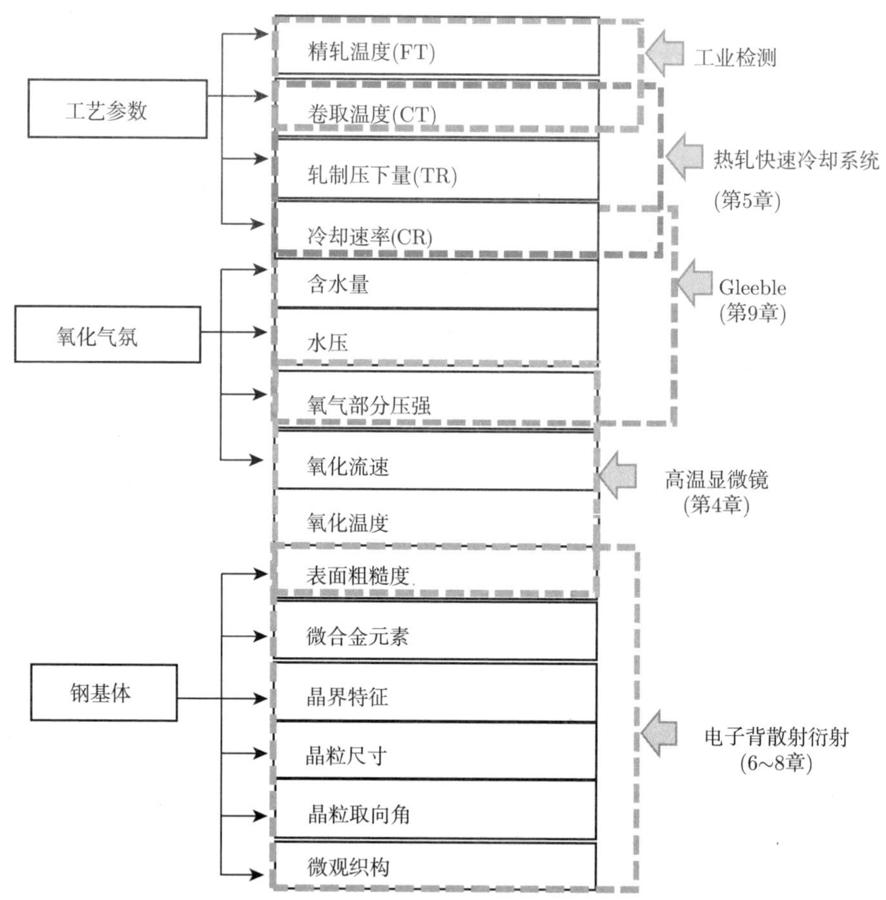

图 5.1　工艺参数对生成氧化铁皮影响的实验规划流程图

结合热轧快速冷却实验和电子背散射衍射技术的晶粒重建表征，研究了不同轧制压下量和冷却速率对不同氧化温度下微合金钢的氧化行为的影响。从而，尝试建立在钢基体/氧化物界面间形成的 Fe_3O_4 接缝层的形成机制，还有 Fe_3O_4 转变为 α-Fe_2O_3 的相变行为。这些影响机制的研究正是基于氧化铁皮内的应力释放、最小表面能效应和在 Fe_3O_4 内部沿晶界发生的裂纹扩展。为此，本章可以作为第 6~8 章后续深入研究的宏观初探。

此外，对于高温生成的 FeO 在冷却过程中所进行的分解过程的化学反应机制，也进行了深入的探讨，以此去勾勒氧化铁皮内部的相变过程，建立与氧化和温度之间的本构关系。为保证行文的严谨性，工业化过程中的精轧温度和卷取温度对生成氧化铁皮的影响在这里将不予提及，欲知其影响，可参见已发表的文献 [23] 和 [213]。

5.1 热轧快速冷却实验

5.1.1 氧化材料与热轧操作步骤

本节依次介绍了热轧快速冷却实验所用的金属材料和相应的实验操作步骤。热轧实验所采用的微合金钢基体材料是商业汽车用的微合金钢，其化学组成已分列在第 4 章的表 4.1。微合金钢板带被切割成尺寸为 (400×100×3) mm^3 的热轧试样，并且将其中一边加工成楔形导入面。在热轧快速冷却实验开始前，利用 2400 目的 SiC 砂纸将样本打磨成表面粗糙度为 0.5μm 的光滑表面，并在丙酮溶液中去油质清洗，以待实验备用。

随后，用准备好的轧制试样进行热轧快速冷却实验。如图 5.2 所示为热轧快速冷却实验的热处理曲线示意图，具体实验操作步骤如下。先将每件试样放置于氮气保护的加热炉内，再加热到 900℃，并在此温度下皂化保温 15min，以确保试样内均一的温度分布。然后将加热好的试样移出加热炉，每个试样逐一放置在轧机入口

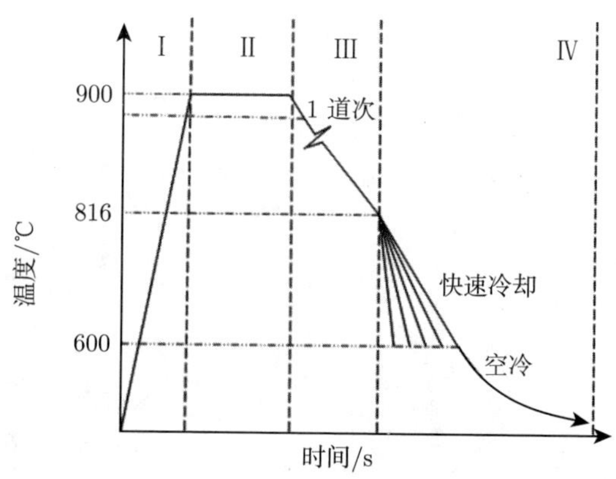

图 5.2 热轧快速冷却实验的热处理曲线示意图

的辊道平台，允许其样本在空气中冷却到预定的温度。最后，单次不往返轧制每一个钢板试样，设定轧制速度为 0.3m/s。钢板试样轧制完成后，再经过在线快速冷却系统，以不同的冷却速率冷却至相应的卷取温度，即 350~600℃。

同时，表 5.1 给出了热轧快速冷却实验的具体操作参数。轧制实验结束后，利用日本 JSM 6490 扫描电子显微镜和能谱分析技术及其 Keyence VHX-1000E 数字光学显微镜，检测并表征热轧氧化样本的显微组织结构和表面形貌。在试样轧制变形后，在带钢表面生成的氧化铁皮的表面粗糙度可利用 TR220 表面轮廓曲线仪进行测量。实验的具体样本及初步的测量结果可参见表 5.2。

表 5.1　热轧快速冷却实验的具体操作参数

工艺参数	数值
再加热时间/min	15
加热炉内气氛	氮气
加热炉温度/℃	900
轧制前的空冷时间/s	10~30
压下量/%	5~40
轧制速度/(r/min)	20
辊道速度/(m/s)	0.3
在辊道上时间/s	6

5.1.2　快速冷却系统

对于自主研发的快速冷却系统，如图 5.3 所示，图中大致展现了这种快速冷却

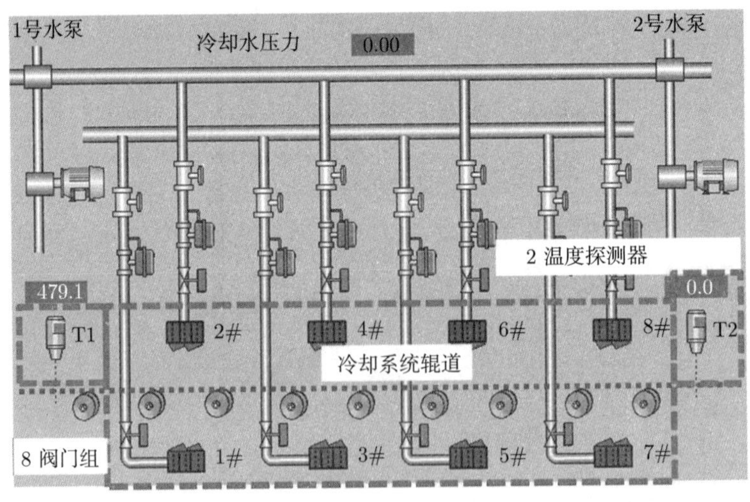

图 5.3　快速冷却系统中冷却辊道处，可控水汽喷嘴排布示意图

表 5.2 热轧快速冷却实验的部分实验结果

样本号	入口温度/°C	出口温度/°C	阀门开口度	预定冷却速率/(°C/s)	测量冷却速率/(°C/s)	预定轧制压下量/%	测量轧制压下量/%	表面粗糙度 R_a/μm
522	806	494	2, 20%	50	52	5	1.83	2.098
531	808	746	3, 10%	10	10	5	3.42	1.621
532	798	643	3, 20%	100	25	5	5.25	2.518
535	815	698	3, 5%	50	20	5	4.00	2.416
221	785	728	2, 10%	10	10	20	10.08	0.985
232	796	661	3, 20%	50	23	20	12.58	0.957
233	796	447	3, 35%	100	58	20	13.17	1.015
423	784	245	2, 3, 30%	100	90	40	28.17	1.171
431	777	726	3, 10%	10	9	40	28.58	1.024
432	783	619	3, 20%	50	27	40	28.17	0.692

注: 1. 样本号，如 531，5 指预定的轧制压下量为 5%，3 指快速冷却系统中的阀门组号，1 指阀门开口度百分数为 10%；

2. 表面粗糙度数值是在带钢轧制方向上，所测得的头部、尾部和中间部分三个不同区域上测量值的平均值。

系统实验平台的工作原理。由此可以看出，八个可调控的水汽喷嘴设置在冷却辊道上下两侧的支撑架上；两个热力学温度探测器安放在快速冷却系统出入口处的上方，以实时检测轧制冷却的样本表面温度。在通常的热轧实验中，带钢的初始温度约为 760℃，而最终的冷却温度范围为 350～600℃。通过调节水汽喷嘴阀门的开口度，可获得较大调节范围的冷却速率，其具体数值范围为 10～100℃/s。

5.2　工艺参数与氧化铁皮的生成

5.2.1　快速冷却速率的影响

在合金钢试样经热轧过程后，经由不同的冷却速率所形成的氧化铁皮呈现出不同程度的表面张裂，如图 5.4 和图 5.5 所示。轧制带钢在冷却速率为 10～100℃/s 的条件下冷却时，这些氧化铁皮的表面缺陷特征在带钢的边部区域呈现得更加明显 [214]。

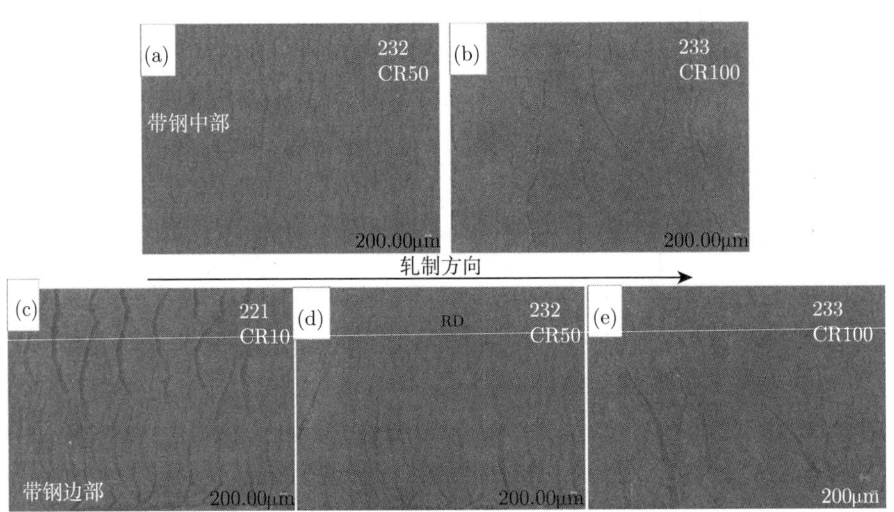

图 5.4　轧制带钢压下量为 20%，冷却速率分别为 (a)50℃/s，(b)100℃/s 时，其带钢中心区域氧化铁皮的表面裂纹；冷却速率分别为 (c)10℃/s，(d)50℃/s 和 (e)100℃/s 时，其带钢边部区域氧化铁皮的表面裂纹

轧制带钢在冷却速率为 50℃/s 时，其表面形成的氧化铁皮在带钢宽度方向上会出现少量外形窄长的裂纹，并且越是在边部处，裂纹尺寸就越大。但是，当冷却速率提高到 100℃/s，带钢边部区域氧化铁皮的二次表面裂纹比中心区域的裂纹尺寸更宽，并且在轧制方向上出现了弯曲弧状的表面裂纹。表面弧状裂纹的常规间距可能对应于不均匀的塑性变形，这是由带钢在轧辊咬入区域的表面拓宽所引起

的 [215]。对于 5%压下量的轧制带钢，可以观测到裂纹的表面间距随着冷却速率的提高而呈现增加的趋势，如图 5.5 所示。相比较而言，当带钢压下量在 20%和 40%时，表面裂纹程度相对有所缓解。

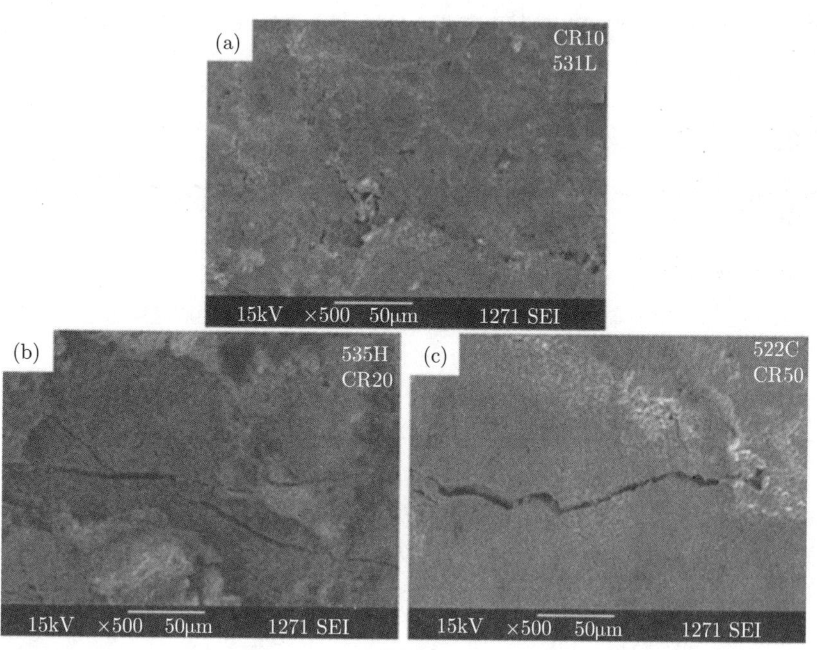

图 5.5 轧制带钢压下量为 5%，冷却速率分别为 (a)10℃/s，(b)20℃/s 和 (c)50℃/s 时，其氧化铁皮的表面微裂纹

在热轧快速冷却实验中，根据试样截面方向上的氧化铁皮裂纹，可以建立轧制带钢的冷却速率与氧化铁皮的粘结强度之间的本构关系，如图 5.6 所示。其中，右侧图片是基于不同冷却速率时，所观测到的初始扫描电镜图片，再利用二进制化处理方法生成的。氧化铁皮出现的表面缺陷特征通常可以是部分微孔，或是氧化铁皮内部产生的氧化物分离缺陷，或是产生于氧化铁皮与钢基体界面处的氧化物粘结缺陷 [145]。冷却速率为 10℃/s 的氧化样本，出现了保存完整且粘结良好的氧化物层，尽管存在部分散布的微孔。当冷却速率为 20℃/s 时，氧化铁皮的截面形貌或是良好贴合基体，或是沿着厚度方向上出现部分脆性裂纹及其分离开来的氧化物碎片残骸。当冷却速率为 40℃/s 时，氧化铁皮内部产生了大量形状微小的氧化物碎片，同时外层氧化铁皮也出现更小的氧化物碎片。当冷却速率增加到 100℃/s 时，氧化铁皮严重受损，并显示粘结缺陷。不过，一些较小的氧化物碎片滞留在氧化铁皮剥落后的一些区域范围内。这些观测结果表明，当轧制带钢冷却速率低于 20℃/s 时，氧化铁皮的粘结属性是相当良好的。

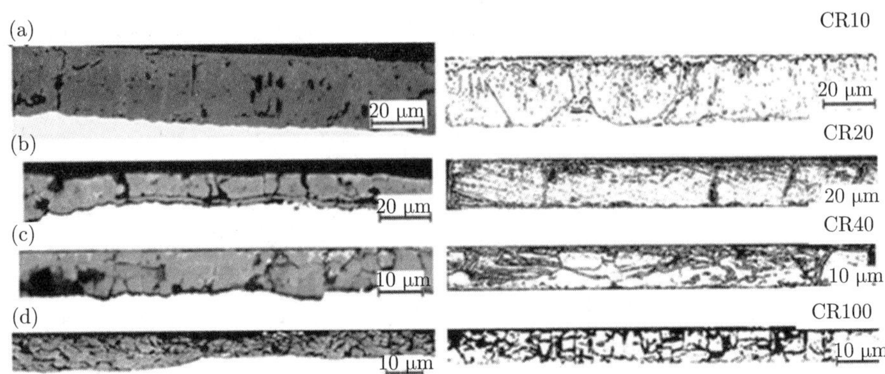

图 5.6　扫描电镜 (左侧) 和二进制 (右侧) 图片显示了截面方向上的氧化铁皮，其冷却速率分别为 (a)10℃/s，(b)20℃/s，(c)40℃/s 和 (d)100℃/s

再者，如图 5.7 所示，更高分辨率的图片显示了氧化铁皮内部可能出现的不同缺陷特征类型。图 5.7(d) 为一些微型孔洞，图 5.7(a) 和 (c) 为氧化铁皮内部的分离缺陷，图 5.7(e) 为产生在氧化铁皮与钢基体界面区域处的氧化物粘结缺陷。这些观测结果暗示了，氧化铁皮的粘结缺陷，可能源于所形成的氧化物层在随后的冷却过程中在其内部产生的压应力状态。氧化铁皮的内应力问题，将在第 8 章中更为细致地论述。

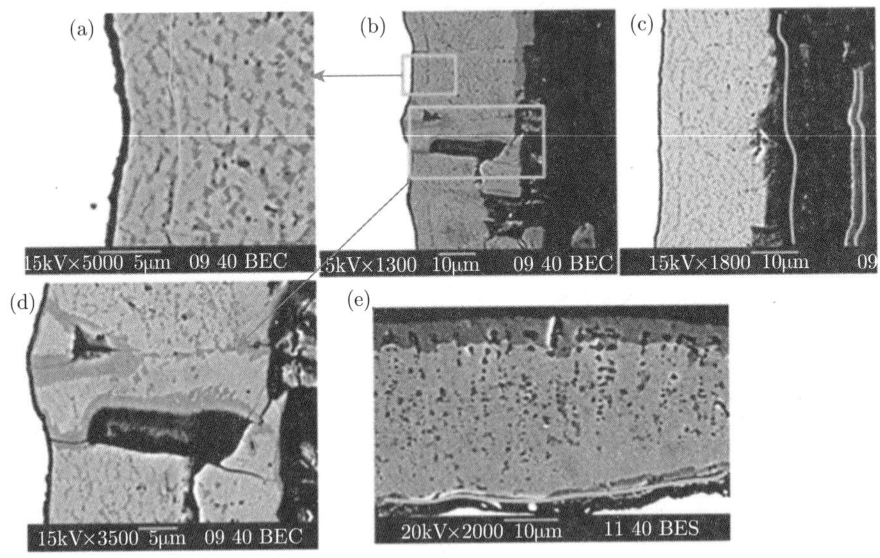

图 5.7　产生在氧化铁皮内部的缺陷

(a) 氧化铁皮的内部物相分离；(b) 氧化物层的内部缺陷；(c) 氧化铁皮外层的内部分离缺陷；(d) 微型孔洞；(e) 氧化铁皮的粘结缺陷

5.2.2 轧制压下量的影响

依据宏观氧化表面裂纹、表面形貌和截面特征检测，研究并表征了不同轧制压下量时的氧化铁皮。如图 5.8 所示，在热轧带钢宽度方向上的两边部分区域，观测到了一系列半连续的横向表面裂纹。同时，也测量统计并分析了在不同的冷却速率和轧制压下量条件下，这些裂纹的宽度和深度，如图 5.9 所示。在大多数情况下，冷却速率为 20℃/s 和轧制压下量为 12%时，可获得较小的裂纹尺寸。当冷却速率低于 20℃/s 时，所获得的氧化铁皮在其裂纹深度和宽度尺寸上存在相对小的差异。这就可以推断出，合金钢基体表面和其内部之间的温度梯度会诱导产生均布的热应力，进而导致表面裂纹的出现。当在更高的轧制压下量时，发现氧化铁皮的表面裂纹间距比较轧制压下量时的氧化铁皮表面裂纹间距窄 5%~10%。这可能是因为热轧时在轧辊咬入区域发生了带钢表面的较大的塑性延伸率。不过，在轧制带钢的厚度方向上，次级表面材料剪切将产生塑性的压应力状态。

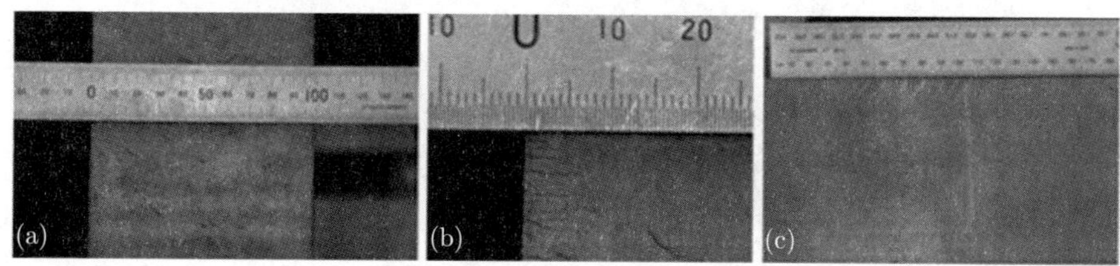

图 5.8 氧化铁皮内的宏观裂纹

(a) 整体外貌；(b) 在横向方向上的裂纹深度；(c) 沿轧制方向上的裂纹宽度

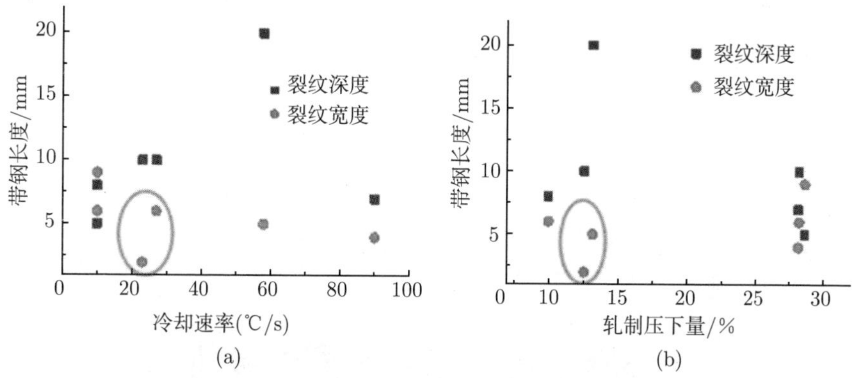

图 5.9 在不同 (a) 冷却速率，(b) 轧制压下量条件下裂纹的宽度和深度

在热轧快速冷却实验中，同时研究了在不同轧制压下量时所形成的氧化铁皮表面形貌的变化情况。图 5.10 给出了不同轧制压下量时热轧样本的表面形貌图。随着轧制压下量从 10%增加到 40%，微合金钢氧化表面呈现出较平滑的趋势。当

轧制压下量为 10%时，出现了大面积的氧化铁皮剥落。然而，当轧制压下量为 40%时，图片中更明亮的颜色显示出现了较狭窄的表面裂纹。这可能是在轧制过程中，随着带钢逐步地咬入轧辊发生氧化铁皮材料本身的塑性流动产生的。

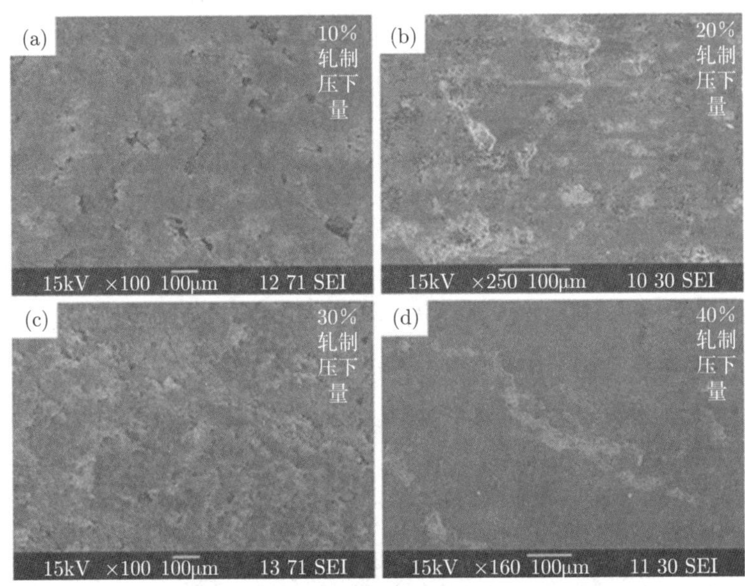

图 5.10　当轧制压下量分别为 (a)10%，(b)20%，(c)30%和 (d)40%时，氧化铁皮的表面形貌

在氧化铁皮的断面形貌检测中，基于不同轧制压下量和最终氧化铁皮厚度，可检测到各种各样的裂纹缺陷，如剥落、挤出等，如图 5.11 所示。对于氧化层厚度尺

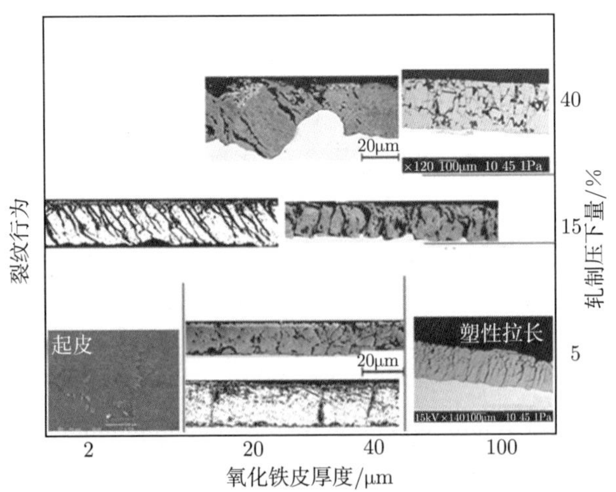

图 5.11　热轧实验中，氧化铁皮表面裂纹、氧化铁皮厚度及其轧制压下量之间的函数关系

寸小于 15μm 的氧化铁皮，当轧制压下量为 15%时，有望得到较大的塑性延伸率。然而，对于氧化层厚度大于 100μm 的较大尺寸的氧化铁皮，在较小的轧制压下量下氧化铁皮才能获得较好的塑性流动。此外，带钢的挤出效应会发生在相对较高的轧制压下量下。无论如何，轧制压下量超过 15%后，在轧辊辊缝处发生的表面缺陷，则相对更加重要。这有望用于分析氧化铁皮的延展等力学性能。在实验观测中，氧化铁皮裂纹产生和氧化铁皮和钢基体的粘结强度有关，最新的一些研究 [216,217] 也开始注意到这个问题，并不断地向前推进，以期有更透彻的理解。其中部分内容，将在第 8 章中略有涉及。

5.2.3 氧化铁皮的表面粗糙度

在热轧快速冷却过程中，在微合金钢表面形成了氧化铁皮，其具体的力学变形行为取决于氧化铁皮材料本身的塑性流动特性。为此，有必要考量热轧后氧化试样的表面粗糙度，通过比对不同的实验数据，从而进行综合性的分析研究。

图 5.12 揭示了在热轧快速冷却过程中，随着轧制压下量的增加，氧化铁皮的表面粗糙度或称表面微凹凸不平度更加倾向于平坦化。随着轧制压下量从 10%(R_a= 2.416μm) 增加至 20%(R_a=0.985μm)，平均表面粗糙度的具体数值 R_a 减小了约 59.2%。这种随着轧制压下量的增加而表面粗糙度降低的趋势，证实了我们之前晶体塑性研究的计算结果 [152]，也就是由表面微凸体的减少所致。

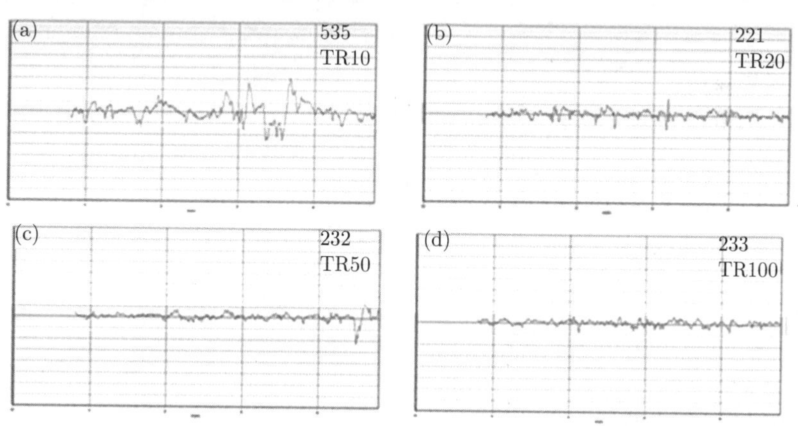

图 5.12 轧制压下量分别为 (a)10%，(b)20%，冷却速率分别为 (c)50℃/s，(d)100℃/s 时，氧化样本表面的外形特征

不过，当冷却速率从 50℃/s(R_a=0.957μm) 提高至 100℃/s(R_a=1.105 μm) 时，氧化样本的表面粗糙度仅增加 15.5%。可能的原因是在更高的冷却速率下，氧化铁皮的成核过程受到了极大的抑制，因为这时原子间的相互扩散缺少充分的融合时间。尽管轧辊与样本之间的摩擦可能存在一定程度的影响，但是样本表面的平坦化

进程主要是因轧制效应引发的材料本身塑性流动。为此，晶体表面的滑移机制可以导致在接触应力较大的一些区域出现表面刮痕，并且在这些不同区域处，金属的塑性流动也有很大差异 [218,219]。故而，那些近表面处的钢基体晶粒，其某些晶体学取向特征对于在其上形成的氧化铁皮的表面粗糙度将起着重要的作用。

5.2.4　氧化铁皮内的物相转变

图 5.13 展示了在 550°C时形成的氧化铁皮的断面形貌，利用的是背散射电子扫描模式，目的是观测到不同的氧化物相。从图中可以观测到，氧化铁皮外层为 Fe_3O_4、FeO 共析分解层及其氧化物钢基体的界面。如图 5.13(c) 所示，Fe_3O_4 呈现暗灰色，并占据着氧化铁皮的外层部分，同时，还可以观测到少量 Fe_3O_4 出现在与钢基体相连的界面处，如图 5.13(d) 所示。与此同时，Fe_3O_4 还零星地散落在中间共析层，如图 5.13(b) 所示。这些研究发现可用于阐释 Fe_3O_4 接缝层的形成机制，并且用来解释为何会在氧化物与钢基体的界面区域产生。

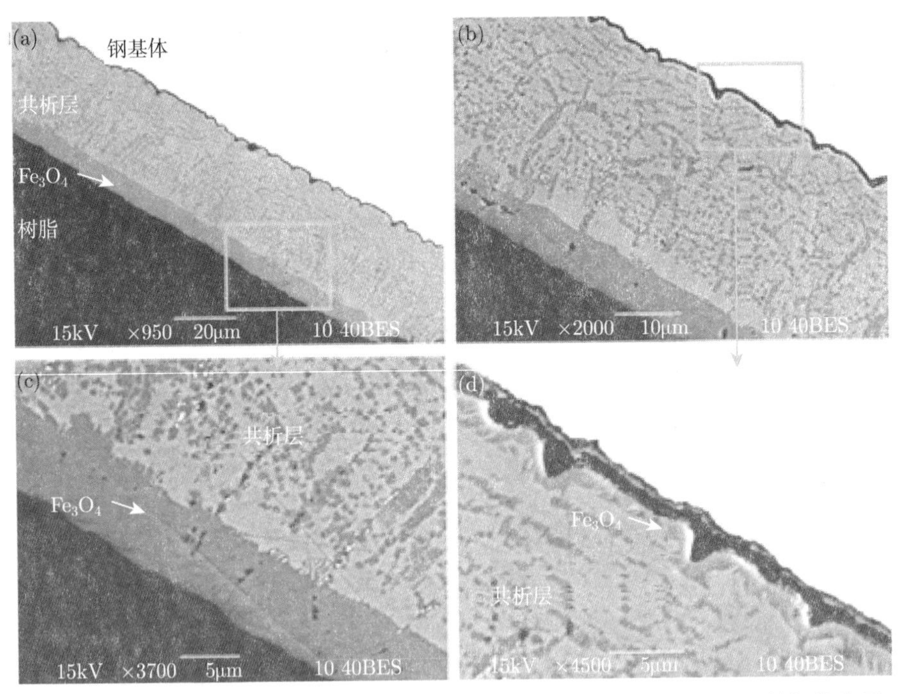

图 5.13　在 550°C时形成的氧化铁皮背散射电子扫描图片 (a) 和 (b)；(c) 外氧化物层；(d) 氧化铁皮与钢基体的界面

值得一提的是，在图 5.13 中，细心的读者可以发现，实验能够很清晰地检测到氧化铁皮中的各氧化物相，而氧化铁皮的合金钢基体，其显微组织是空白缺失的，这就是背散射电子扫描模式在检测多相氧化铁皮时遇到的物理技术瓶颈问题，这也是在后续章节中将采用电子背散射衍射技术来进行更细致化的表征与晶粒重建的原因。

此外，图 5.14 显示了外层氧化铁皮在断面方向上，沿氧化铁皮生长方向和其垂直方向上的能谱线扫描分析结果。在图 5.14(b) 中，氧化铁皮的水平方向上显示没有明显的元素含量波动，哪怕是这一水平扫描线横穿过不同氧化物的多个晶界。而对于断面方向上 (线 2) 的扫描数据，图 5.14(c) 表明锰元素扩散到氧化铁皮的上层表面区域，硅元素则累积在氧化物与钢基体的界面处。这一合金元素曲线分布形成的原因，可能是在较高的氧气部分压强下，在氧化铁皮外层的 α-Fe_2O_3 区域形成铁的尖晶石固溶体 Fe_3O_4。这样化学反应的吉布斯自由能相应地减少 [220]，就诱使锰元素经过 α-Fe_2O_3 晶粒形成晶格扩散，直至直达外层氧化铁皮的顶层表面区域。对这些合金元素分布的深入研究，如硅和锰元素，将利用更先进的同步电子背散射衍射与能谱分析技术进行探讨，这部分内容会在 6.2 节中进行深入论述。

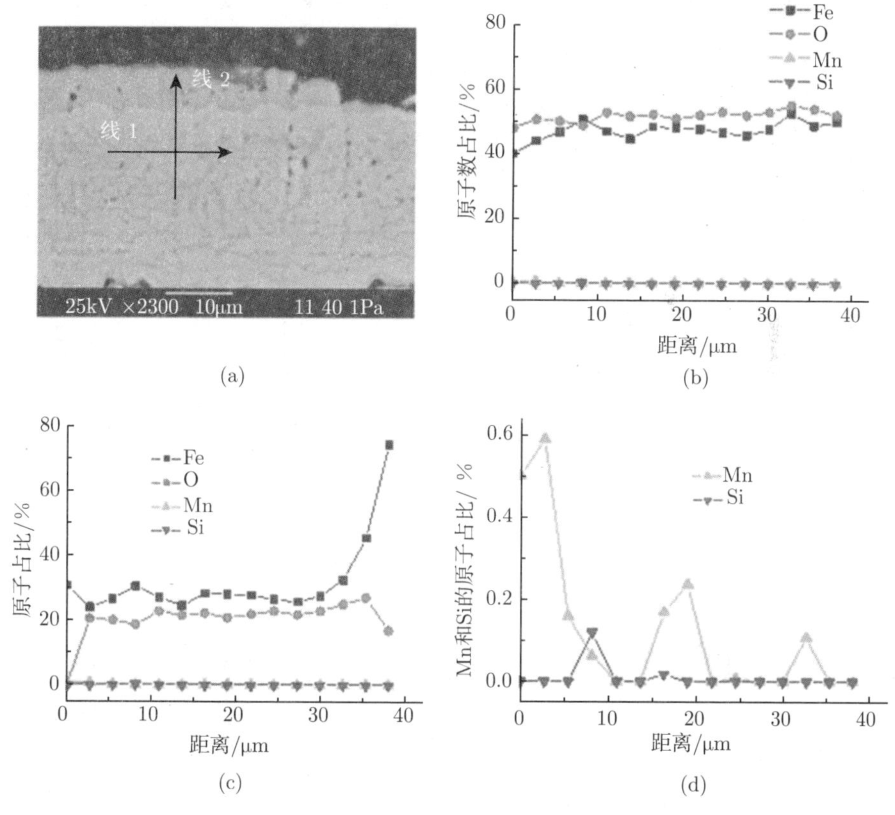

图 5.14 氧化铁皮的能谱线分析

(a) 二次电子扫描图片和数据采集位置，氧化铁皮的量化元素组分信息；(b) 在水平方向上线 1；(c) 起始于氧化物与钢基体界面处的断面方向上线 2；(d) 图 (c) 中元素 Mn 和 Si 含量的放大曲线图

5.3 一氧化铁分解反应的影响因素

5.3.1 氧化铁皮的共析反应机制

氧化铁皮层内可能发生的化学反应路径，可以导致不同含量的氧化物的化学组成。为了更好地理解这一共析反应过程，可以基于 Fe-O 平衡相图制订相应的反应路径规划，并用一系列的氧化物相转变过程进行有目的的分析解读。

通常情况下，高温形成的氧化物 FeO 的分解过程，可以根据 FeO 的共析温度 (约 570℃) 被分成两部分：①在 570℃以上发生的高温预共析反应；②在共析温度 570℃以下发生的部分共析转变，这两个共析过程已在如图 5.15 所示的 Fe-O 平衡相图中分别标注为区域 A 和 B。上述这一氧化物相共析转变的分类可以有效地用于理解在氧化铁皮内部可能发生的氧化物相之间化学反应路径 [221]。从而，有针对性地调节轧制快速冷却工艺参数以获得所需要的氧化物的组分含量。

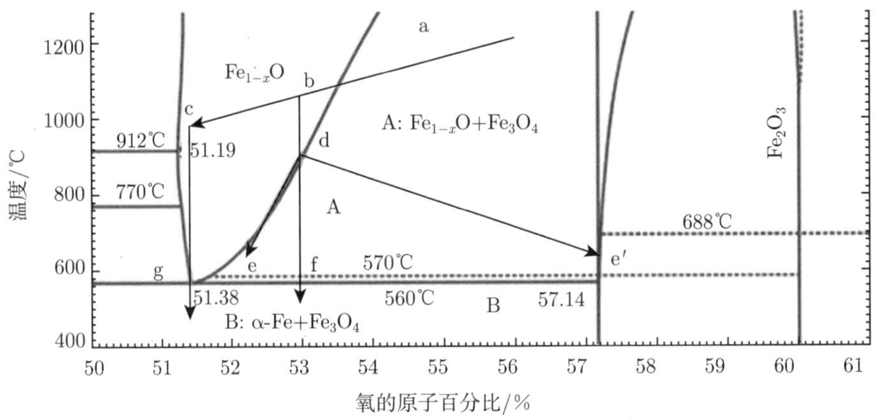

图 5.15 Fe-O 平衡相图节选以说明轧制后带钢卷取冷却后氧化铁皮内可能发生的反应路径

在图 5.15 中，贯穿 Fe-O 平衡相图区域 A 的平均化学成分点 a，用以指明热轧冷却后所希望获得的氧化铁皮的成分，即部分 Fe_3O_4 和残余的 FeO。相关实验结果揭示，铁阳离子有能力从钢基体扩散至氧化铁皮层，并发生在从足够高的温度开始冷却至室温的过程中。在这种铁阳离子向外层氧化铁皮内传输的过程中，Fe_3O_4 参与了一部分反应，直至所有的 Fe_3O_4 完全被消耗掉为止。铁阳离子扩散至 FeO，也会导致形成富铁类型的 FeO 生成物。这些现象可以利用反应路径 $a \rightarrow b \rightarrow c$ 来指示说明，并可用以下的反应方程来指示：

$$\mathrm{Fe_3O_4} + (1-4x)\,\mathrm{Fe} \longrightarrow 4\mathrm{Fe}_{1-x}\mathrm{O} \tag{5.1}$$

$$\mathrm{Fe}_{1-x}\mathrm{O} + (x-y)\,\mathrm{Fe} \longrightarrow \mathrm{Fe}_{1-y}\mathrm{O} \tag{5.2}$$

再者，图 5.15 也表明了关于富氧或富铁类型的 FeO 在分解反应上存在着的本质上的差异。富氧类型的 FeO 冷却下来可用 b 点来描绘，并在 570℃以上时，与 FeO 相平衡区域的相界相交于 d 点。随着冷却工艺过程的进行，某些物相会优先析出。如果 Fe_3O_4 在平衡相图中的 e′ 点，而 FeO 沿其相平衡区的相界边向下，由此，演变成为更多的富铁类型的 FeO 产物，如 e 点。当氧化温度在 570℃以上时，在平衡相图区域 A，从高温情形下生长的 FeO 相中，预共析反应生成 Fe_3O_4，将遵循 $b \rightarrow d \rightarrow e/e'$ 的化学反应路径。这也就暗示了 FeO 的分解反应总是涉及生成富铁类型 FeO 和 Fe_3O_4 的化学反应，即

$$(1-4z)\,Fe_{1-x}O \longrightarrow (1-4x)\,Fe_{1-z}O + (x-z)\,Fe_3O_4 \quad (z < x) \tag{5.3}$$

因此，在温度为 570℃以上的高温预共析反应中，通常发生在氧化铁皮缓慢冷却过程，其在平衡相图表中显示为 d 至 570℃之间的化学反应路径情形。至于快速冷却的情况，尤其是当卷取温度低于 570℃时，部分共析反应将生成 Fe_3O_4 和 α-Fe，即热力学最优反应方程 (5.4)，如图 5.15 所示的平衡相图区域 B。

$$4Fe_{1-x}O \longrightarrow Fe_3O_4 + (1-4x)\,Fe \tag{5.4}$$

综合起来那是可能的，高温条件可以提升铁离子从钢基体到氧化铁皮中的 FeO 的扩散。并且，富铁类型 FeO 的动力学反应进程是慢于富氧类型 FeO 的 [123]。这种情况也可以利用平衡相图 5.15 中所示的不同的化学反应路径来进一步解释。此处，富氧类型 FeO 遵循的反应路径为 $b \rightarrow d \rightarrow f$，而富铁类型 FeO 遵循的反应路径为 $c \rightarrow g$。再者，平衡相图中 d 点和与反应完成线之间的间距，往往大于 g 点与同一反应完成线之间的间距。这就提供了强有力的证据，富氧类型 FeO 的热力学驱动力是远远大于富铁类型 FeO 的。而且，平衡相图中区域 B 的实验结果同时证实了化学反应方程 (5.3) 也可能发生在 570℃以下。与此同时，尽管其热力学反应最优为方程 (5.4)，这个结论的前提条件是由于方程 (5.3) 并没有明显地出现 α-Fe 的成核过程。

5.3.2 四氧化三铁接缝层的形成机制

应力释放机制 [27,107,222,223] 控制着 Fe_3O_4 接缝层的形成，并可从两个方面支持这一结论。①在氧化铁皮与钢基体的界面处，出现了硅元素的富集；②在 Fe_3O_4 层出现了θ纤维织构组分。其中第二个原因，将在 8.7 节和 9.1.3 节中重点进行讨论。此处仅就第一个原因，进行大致的初探理解。

基于 FeO-SiO_2 热平衡相图 [107]，硅元素的氧化物生成温度一般高于热轧温度。如果说检测到硅元素累积至氧化的钢基体表面，那么硅元素的氧化反应很可能出现在热轧工艺之前相对较高的温度区间。因此，就有理由推断，晶粒形状不规则的

层状富硅氧化物层的形成将可能有助于增强 Fe_3O_4 在氧化铁皮与钢基体界面处的生成。

从氧化铁皮本质上来看，Fe_3O_4 接缝层的最优晶粒取向可能很大程度上依赖于晶体学织构，以及氧化铁皮与钢基体界面处的阴阳离子浓度的分布情况。这有些类似于那些新近发展起来的理念 [224]，即在氧化铁皮与钢基体间界面的局部区域，所发生的应力辅助晶界扩散。这与之前的研究成果 [27,225] 一致，也就是说 Fe_3O_4 的生长是由两部分控制的，一是内部氧化物的生长，二是其本身的再氧化过程。由此可见，应力辅助的氧化过程是真实存在的，但并不是由于氧化铁皮背离基体带入空气进行氧化的。到目前为止可以肯定地说，氧化铁皮织构的演变可以用于调控 Fe_3O_4 接缝层的形成：当不需要 Fe_3O_4 接缝层生成时，如何压制 Fe_3O_4 接缝层的形成？当需要时又如何借助不同的生成路径去获得所希望的特定的氧化物层结构？在上述实验中，如何在生产实践中有效地调整氧化铁皮内 Fe_3O_4 织构，这方面的相关研究工作已经逐步开展起来了。其目的正是考察 Fe_3O_4 晶粒的生成原因是否在于氧化铁皮与钢基体的应力释放。关于氧化铁皮的晶体学特征、织构演变和局部应变分析，将在第 6~9 章中分别进行详述。

5.4 小　　结

在热轧快速冷却实验中轧制压下量和冷却速率对氧化铁皮的变形行为的影响，在本章得到了详细的论述。针对在微合金钢上形成的变形氧化铁皮，本章重点讨论了其显微组织结构演变，以及它们对形成在氧化铁皮与钢基体界面间的 Fe_3O_4 接缝层的影响机制，最后，基于 Fe-O 平衡相图系统地分析了从 Fe_3O_4 析出或 FeO 的共析反应路径。

简言之，工艺参数对生成的氧化铁皮的具体影响体现在以下方面。当氧化试样冷却速率增加时，如从 10°C/s 到 100°C/s，将会导致氧化铁皮上大量的裂纹出现。当轧件冷却速率为 20°C/s，轧制压下量在 12% 以下时，可以取得均匀表面形貌和良好粘结属性的氧化铁皮。随着轧制压下量从 10% 到 40% 的增加过程，氧化试样表面的粗糙度不断降低，不过氧化铁皮的完整性却恶化了，也就是说出现了大量的表面质量缺陷。

第6章 氧化铁皮的晶粒与晶界特征

本章的行文是这样安排的：首先，分析表征氧化实验前后微合金钢基体和氧化铁皮的形貌特征和物相鉴定；其次，涉及氧化铁皮不同物相的晶粒尺寸、晶界取向差分布等晶体学特征；再次，研究氧化铁皮内部不同物相的织构演进过程，以及有关局部应变分析的力学问题；最后，简要论述了这些晶界特征和织构变化对所形成氧化铁皮的影响机制，并探讨了氧化铁皮内氧化物间的共析分解和界面层的生成机制。其中，晶界工程和织构对氧化铁皮的力学性能和摩擦学特性将在相应章节中予以提及讨论。需要指出的是，第 6 和 7 章的提纲可参阅之前发表的综述文献[226]。

6.1 氧化实验前后的微合金钢基体

6.1.1 氧化实验前

通常情况下，在氧化实验开始前，需要就待氧化的基体进行材料分析表征，用以确定氧化过程的基准参照。由此，在热轧快速冷却实验中，初始微合金钢基体同样进行了显微结构的检测分析。这样做的目的是有针对性地参照氧化实验前后的表面形貌。

图 6.1 显示出了微合金钢基体典型形貌的扫描电镜图像。其中样本在观测前，利用 2%硝酸酒精溶液浸蚀 20s。从图中可以看出，微合金钢基体的显微组织由 94%

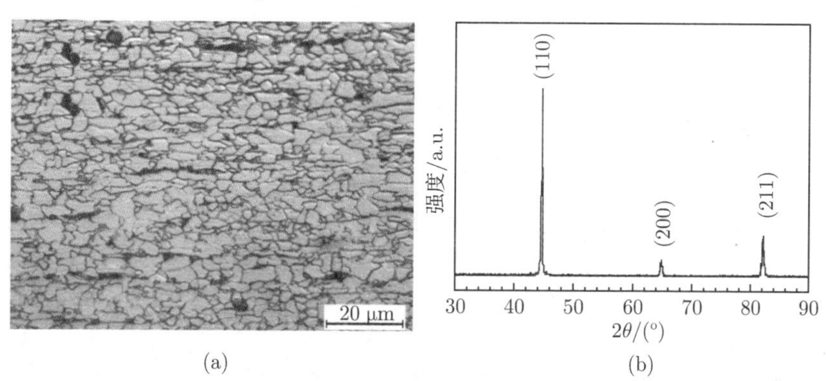

(a) (b)

图 6.1 氧化实验前，微合金钢基体的表面形貌

(a) 光镜图片；(b)XRD 衍射图谱

微细粒多边形的 α-Fe 和 6%的珠光体组成。根据国际检测标准 ASTM：E112-10，通过使用圆截距法可以测定多边形 α-Fe 的晶粒尺寸约为 3μm。这样，基于电子背散射衍射的分析，钢基体的显微组织物相可以仅限定为单一的 α-Fe 相，因为该材料中只有少量的珠光体。

6.1.2　热轧快速冷却氧化实验

微合金钢基体在热轧快速冷却实验后，也可以利用电子背散射衍射进行检测分析。图 6.2 给出了经不同轧制压下量而得到的不同厚度的钢基体的电子背散射衍射晶界图。其中，取向差在 2° ~15° 的小角度晶界，用浅灰色高亮显示；取向差大于 15° 的大角度晶界，用蓝色高亮显示。图 6.2 还给出了不同轧制压下量时与初始钢基体的定量比较，进而呈现了晶粒扁平化的渐近过程。当轧制压下量从 10%增加到 28%时，钢基体的晶粒已经开始拉长，并且大量的亚晶粒也出现增加的态势。特别地，随着轧制压下量从 13%(此时晶粒的扁平化百分比为 28.5%) 增加到 28%(此时晶粒的扁平化百分比为 37.45%)，钢基体中晶粒的延伸率增加约 31.4%。这个增加比率的比较基准，正是在热轧快速冷却实验前所测得的初始晶粒尺寸，如图 6.1 所示。由此可以发现，钢基体的晶粒扁平化程度随着轧制压下量的增加而增加，而对于在钢基体上形成的氧化铁皮，也可能会出现类似的晶粒扁平化过程。

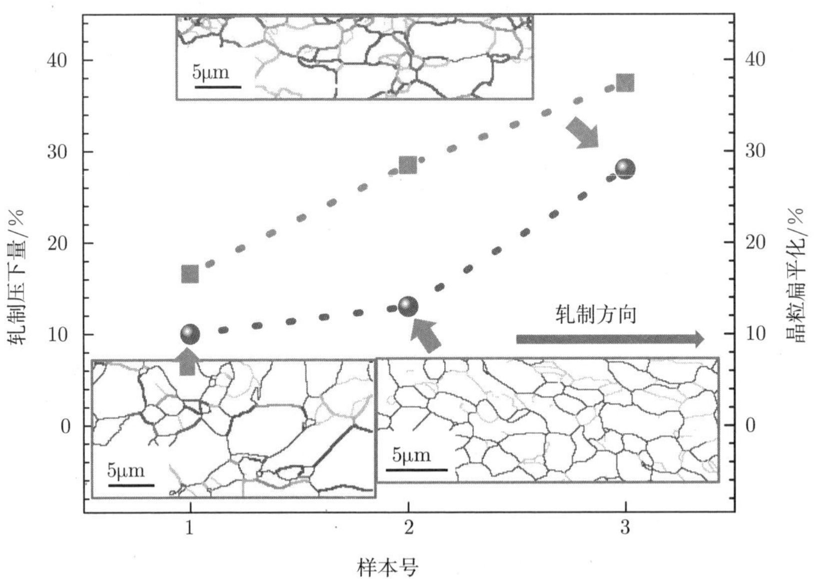

图 6.2　热轧快速冷却实验后，不同轧制压下量和冷却速率时微合金钢基体的电子背散射衍射晶界分布图 (后附彩图)

6.1.3 电子背散射衍射技术的晶粒重构

在热轧快速冷却实验后，精选三件氧化铁皮样本，用于电子背散射衍射技术的晶体学扫描和晶粒重构。并且，将之用于分析氧化铁皮的晶粒晶界特征和织构演变，进而更深入地理解 Fe_3O_4 到 α-Fe_2O_3 等不同氧化物之间的物相转变过程。电子背散射衍射技术的应用，可以获得关于氧化铁皮形貌和晶体学等特征信息，深入量化相关晶体学数据，如晶体学氧化物相、晶体学织构和晶界工程等。

1. 氧化铁皮的制样

在表 5.2 列出了精选的氧化铁皮样本，用于电子背散射衍射技术的晶粒重构。表中给出了 221、232 和 432 号的氧化铁皮生成时的具体工艺情况。在热轧后的钢板样本上，从中间部分沿轧制与法向方向 (RD-ND) 的平面内，切割小尺寸的待测试样品。这些小试样首先需要喷金涂层，然后选择一边进行断面分析。被选择的这边侧面，需要用 2400 目的 SiC 砂纸打磨后，利用三离子束切割制样系统 TIC020，在 6kV 操作电压下，进行抛光打磨近 5 个小时，从而获得可供电子背散射衍射表征断面分析的样本。其中，氧化物生长方向的样本表面被定义为法向方向 (ND)。样品的公称长度和宽度分别平行于热轧带钢的轧制方向 (RD) 和横向方向 (TD)。

2. 电子背散射衍射技术扫描操作

利用通用日本电子 JSM 7001F 场发射扫描电子显微镜 (FEG-SEM) 及其配备的 Nordlys-II (S) EBSD 探测器，完成样本的同步电子背散射衍射技术和能谱分析，其中包括 80mm^2 X-Max 能谱探测器和牛津仪器的 Aztec 数据采集软件系统集成。在表征实验中，样本倾斜角度为 70°，采集相应的电子背散射衍射扫描图时，加速电压为 15kV，探针电流为 2~5nA，工作距离为 15mm。根据热轧快速冷却实验中所获得氧化铁皮厚度尺寸的不同和相应的平均晶粒尺寸，对轧制压下量分别为 10%、23% 和 28%的样本，其精细的扫描步长可以分别设定为 0.125μm、0.095μm 和 0.125 μm，从而得到相应的电子背散射衍射扫描图的面积分别为 $(120\times90)\mu\text{m}^2$、$(120\times62)\mu\text{m}^2$ 和 $(160\times105)\mu\text{m}^2$。

3. 氧化铁皮晶粒的重构

可以利用牛津仪器配备的 Channel 5 软件包，对经过电子背散射衍射技术所采集的氧化铁皮晶体学数据集合行数据的后处理和结果分析解读。所有的电子背散射衍射扫描图，需要做相应的降噪后晶粒重建的前期处理。首先，清理移除明显奇异的取向峰值，通过高达六个相邻点的差分以填充零解。为了减少晶粒取向的降噪处理，同时保留晶粒取向的比较信息，对于晶粒重构过程中的角度分辨率应保持在 2° 的恒定数值范围。由此，$2^\circ \leqslant \theta < 15^\circ$ 的晶粒取向差被定义为小角度晶界

(LAGB)，而大角度晶界 (HAGB) 设定为 $\theta \geqslant 15°$。

其次，要完成电子背散射衍射的组织相分析，需要输入涉及晶体学对称的结构数据及其被考察物相的晶格尺寸参数。以氧化铁皮为例，氧化样本中的每一物相经鉴定都具有不同的空间群，例如，钢基体的 α-Fe 为 $Im\bar{3}m$，FeO 为 $Fm\bar{3}m$，Fe_3O_4 为 $Fd\bar{3}m$，α-Fe_2O_3 为 $R\bar{3}c$(表 2.1)。同时，这些物相也具有不同的晶格参数，即 α-Fe、FeO 和 Fe_3O_4 呈现立方晶格对称，其晶格常数 (a) 分别为 0.287nm、0.431nm 和 0.840nm。不过，α-Fe_2O_3 却是三角结构晶体学对称结构，其晶格常数为 a=0.504nm 和 b=1.377nm [98,134,227,228]。

最后，则是涉及晶体学的织构分析。电子背散射衍射组织物相扫描图可以根据物相的不同分解成四个子集合，其包括钢基体的 α-Fe、FeO、Fe_3O_4 和 α-Fe_2O_3。这四个物相子集合的晶粒取向分布，可以从采集的单个晶粒的取向信息中进行模拟计算来获得。单个晶粒的取向 $g=(\phi_1,\Phi,\phi_2)$，可以由 Bunge 指示法中的三个欧拉角来表达 [228]。α-Fe 和 Fe_3O_4 具有立方对称结构，并且其取向密度分布函数 (ODF) 的二维断面切片，可以借助 $\phi_2=0°$ 和 45° 进行勾勒并描绘出来。而相较于三角对称结构晶系的 α-Fe_2O_3 而言，取向密度分布函数的二维断面需要用 $\phi_2=0°$ 和 30° 来表示。值得注意的是，取向密度分布函数的二维断面切片图是利用离散过程的分箱 (binning) 过程来进行模拟计算的，其中离散的步长为 5°，并进行高斯平滑处理。

6.2 氧化铁皮的物相鉴定

6.2.1 电子背散射衍射氧化物相扫描

经热轧快速冷却实验后，对微合金钢及在其上形成的氧化铁皮，进行了电子背散射衍射的检测分析。图 6.3 给出了电子背散射衍射物相鉴定扫描图。其中所测氧化铁皮样本是经 900℃再加热后并冷却至 860℃进行热轧快速冷却实验后所获得的，带钢试样的轧制压下量和冷却速率分别为 10%，10℃/s; 13%，23℃/s; 28%，28℃/s。图中显示了在不同轧制压下量和冷却速率情况下的钢基体上形成的氧化物相的分布状况。

从图中可以看出，氧化铁皮的显微组织结构主要由三层氧化物组成，外层为厚度较薄的 α-Fe_2O_3 氧化物，内层为双相异构的 Fe_3O_4，呈现球状微小晶粒的 Fe_3O_4 接缝层紧紧贴合于微合金钢基体附近。在氧化铁皮双相异构的 Fe_3O_4 内层，具体包括残留的高温氧化物 $Fe_{1-x}O$ 及其共析分解产物 α-Fe，它们均分散在 Fe_3O_4 基质上，而且高温氧化残余的 FeO 和共析产物 α-Fe 零星地散落在所有可见的 Fe_3O_4 基体物相内。与此同时，从图中也可以发现，在氧化铁皮与钢基体的界面处形成的显著的具有细小晶粒的 Fe_3O_4 氧化物层，并且随着轧制压下量和冷却速率的增加，逐步趋于平坦化，如图 6.3(c) 所示。

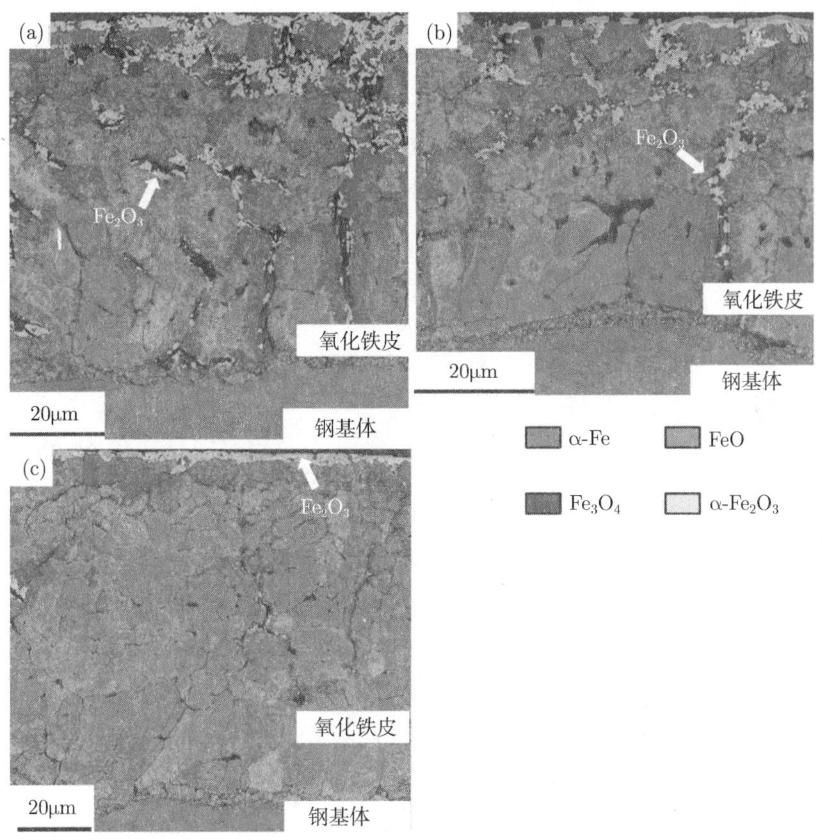

图 6.3 不同轧制压下量和冷却速率 (a)10%，10℃/s，(b)13%，23℃/s，(c)28%，28℃/s 时，氧化铁皮的 α-Fe、FeO、Fe_3O_4 和 α-Fe_2O_3 的电子背散射衍射物相扫描图

此外，如图 6.3(a) 和图 6.3(b) 所示，氧化铁皮的外层附近，靠近空气表面的 α-Fe_2O_3 氧化物逐渐渗透到氧化铁皮内的裂纹中。这些 α-Fe_2O_3 的弥散分布量随着孔隙和微裂纹等缺陷的减少而大幅度减少，在轧制压下量为 28%，冷却速率为 28℃/s 时，相应的 α-Fe_2O_3 在氧化铁皮内层的 Fe_3O_4 基体中的分布达到最小化，如图 6.3(c) 所示。由此可以推断，轧制压下量增加可抑制热轧快速冷却过程后氧化层中 Fe_3O_4 向 α-Fe_2O_3 的转变。这部分是由于在 28%的高轧制压下量条件下，形成了精细的 Fe_3O_4 晶粒尺寸 (2~3μm)(图 6.3(c))。这些大量细小的颗粒状 Fe_3O_4 的排列相对密集，可以有效地抑制 Fe^{2+} 氧化成 Fe^{3+}，以此来缓解 Fe_3O_4 向 α-Fe_2O_3 的转化。

6.2.2　氧化铁皮的能谱分析

当通过电子背散射衍射扫描样本时，需要不断地切换用于检测表面形貌或是物相鉴定等不同的表征模式来确保所测物相的精准性。为此，当检测表征氧化铁皮样本时，可采用电子背散射衍射与射线能谱仪 (EBSD-EDS) 完全同步的采集分析技术。

通常情况下，在微合金钢基体表面上形成的具有尖晶石晶体结构的氧化物，可能是立方晶系的 Fe_3O_4，也可能是硅的其他高温氧化物。不能仅从单一方面的数据信息来决定氧化物相的本质，因此需要更加多样化、多元化地对待所研究的对象。也许可以说，氧化物相的存在与不存在，在很大程度上取决于检测使用的实验手段，更确切地说是实验设备的检测精度，正如用放大镜看到的图像与同一物质在同一视域内用电子显微镜所观测到图像是完全不同的。为此，在这里氧化铁皮内靠近微合金钢基体附近的尖晶石晶体结构的氧化物，以目前的实验手段来说，多鉴定为 Fe_3O_4 氧化物。对于氧化铁皮而言，若是钢基体中包含诸多的合金元素，如锰或铬，依据扩散氧化的机制，氧化铁皮中的元素分布必定会映射着钢基体中的这些合金元素。而这些合金元素是以某种氧化物的形式存在的，这就要取决于氧化温度、氧化气氛和保温时间。当然，这里考虑的金属热加工过程并未涉及氧气部分压强的问题。钢基体含有的许多其他合金元素，在高温热成形时，会生成各种各样的混合氧化物，这样检测表征的结果也会变得更加多样化。不过，影响氧化铁皮材料性能的本质因素依然是朴素的。因此，通过 EDS 进行的氧化铁皮横截面扫描用以验证尖晶石氧化物的化学成分组成，正是需要完成的工作。

如图 6.4 所示，通过 EDS 对氧化铁皮进行横截面的斑点扫描，从而加以验证尖

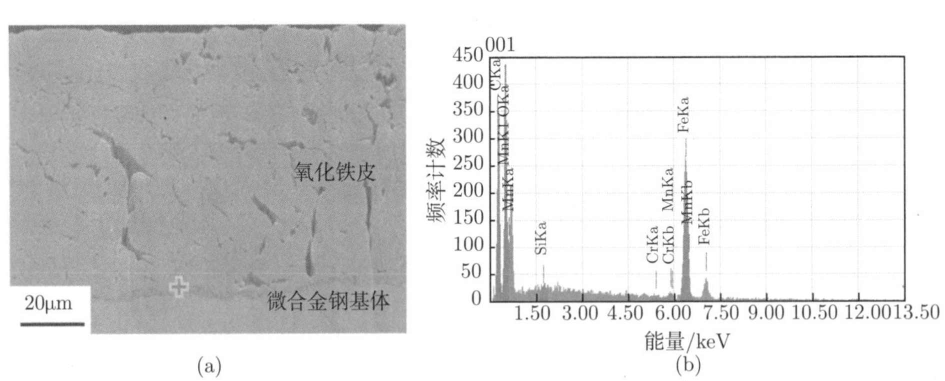

图 6.4　氧化铁皮的点分析 EDS 能谱图

(a) 电镜 SEM 图片指示数据采集位置；(b) 氧化铁皮与微合金钢基体界面处的能谱图，其中氧化样本的轧制压下量为 10%，冷却速率为 10°C/s

晶石氧化物的化学成分。图中所检测的氧化样本，轧制压下量为 10%，冷却速率为 10℃/s。在氧化铁皮与微合金钢基体界面处的 EDS 能谱表明，Fe/O 原子比率为 0.83，而众所周知的是 FeO 氧化物的 Fe/O 原子比率为 0.75，其他 Fe/O 具体数值可以参见表 2.1。在氧化物/钢界面上，仅聚集相对较小量的硅原子百分比 (0.14%) 和锰 (0.15%)。为此，针对这种类型的钢种来说，可以初步推断附着在钢基体上的这种微细晶粒可能是立方晶系的 Fe_3O_4。

与此同时，之前各章所论及的氧化铁皮及其与钢基体界面处的 Fe_3O_4 接缝层，还有 α-Fe_2O_3 向氧化铁皮内部楔入氧化的形貌特征，这些都可以利用同步电子背散射衍射与能谱 EDS 化学成分进行断面扫描分析，并经由色彩解码，最终得到进一步的证实，如图 6.5 所示。从图中可以看出，硅元素被检测到富集在氧

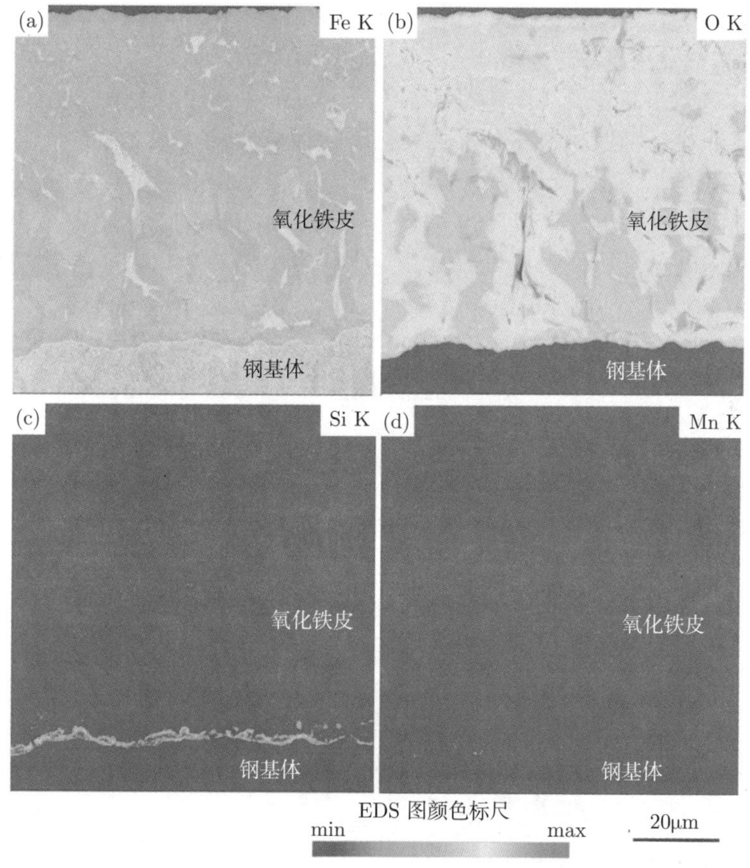

图 6.5　氧化铁皮内 (a) 铁，(b) 氧，(c) 硅，(d) 锰元素的能谱面扫描图 (后附彩图)

其中氧化样本的轧制压下量为 10%，冷却速率为 10℃/s

化铁皮与钢基体的界面处，如图 6.5(c) 所示，也就是说其形成在晶粒细化的 Fe_3O_4 接缝层的生长区域。此外，α-Fe_2O_3 沿着 Fe_3O_4 晶粒的微裂纹处生长，如图 6.5(b) 所示，正因为如此，这些区域的氧元素具有相对高的分布强度。至于锰元素的分布如图 6.5(d) 所示，锰元素大部分散落在整个氧化铁皮截面。

经过氧化铁皮的物相鉴定分析，可以对构成氧化铁皮的相关组分的形貌特征进行表征并分析。从电子背散射衍射物相鉴定扫描图中可以发现，氧化内层为双相异构的 Fe_3O_4 层紧紧贴合在微合金钢基体表面，这样内层的微小晶粒的 Fe_3O_4 层对氧化铁皮生长速率的影响可能相对较小。先前的一些研究 [27,42] 表明，在低纯度金属上形成的氧化铁皮层，也会出现这种类似的双相异构氧化物的层状显微结构，其中这两层金属氧化物通常具有不同的化学组成。但若在纯金属表面上形成氧化铁皮的情况下，这个双层氧化物通常呈现相同的化学组成，比如都是 Al_2O_3，但是其晶体显微组织结构完全不同，例如，外层的晶粒较大于内层的氧化物晶粒。具体地说，若往纯金属铁中添加仅 0.1%(质量占比) 的 Si，就足以使得在氧化温度为 500℃时，生成双层 Fe_3O_4 显微组织结构 [42]。这种 Fe_3O_4 双层氧化物显微组织结构的出现还取决于金属材料基体本身的化学组成成分及其显微组织结构，特别是对于氧化速率较小、生长较为缓慢的氧化物，如 NiO、Fe_3O_4，而这种双层异构氧化物结构不会出现在氧化速率较大的 FeO 和其他快速生长的氧化物中。事实上，这种双相异构的氧化结构的形成机制及其对生成氧化铁的影响尚不清楚。值得一提的是，从氧化物相的鉴定分析中可以得出，高温热加工过程中形成的 FeO，在连续冷却完成后，残余的一部分 FeO 会分散在以 Fe_3O_4 为主的基体氧化物相的晶界位置处。与之不同的是，在氧化铁皮表面附近的 α-Fe_2O_3 沿着氧化物的晶界会呈现逐渐渗透到氧化铁皮内的裂缝内的趋势。

6.3　氧化铁皮晶体学特征分析

氧化铁皮的晶体学特征，如晶粒尺寸和晶界分布等，是研究其织构变化的前提条件。这是因为晶体学分析中的晶粒大小分布和晶界特征的重构可以进一步推演出不同晶界间的取向差分布，进而深入提取织构和局部应变等力学性能。也就是说，织构分析所利用的晶粒是具有最优取向分布的一类特殊的晶粒组合。因此，这正是本节——氧化铁皮晶体学特征分析在行文结构上进行如此排序的出发点所在。

6.3.1　氧化铁皮的晶粒取向分析

图 6.6 所示显示了电子背散射衍射相应的氧化铁皮的晶粒取向分布图 (反极图，IPF)。随着逐渐加大的轧制压下量和冷却速率，所形成的氧化铁皮的显微组织

结构不断地开展演化。而且，电子背散射衍射晶粒晶界扫描图也覆盖在相应的晶粒取向分布图 (IPF 图) 上，其中将大于 2° 的小角晶界设定为灰色，而大于 15° 的大角度晶界设定为黑色。拥有颜色编码的晶粒表示单个晶粒的取向关系，其与极图的立体三维角度相关。例如，图 6.6(d) 给出了 FeO、Fe_3O_4 和 α-Fe 的立方晶系材料的编码规则，相应地，图 6.6(e) 给出了三角晶系的 α-Fe_2O_3 的情形。

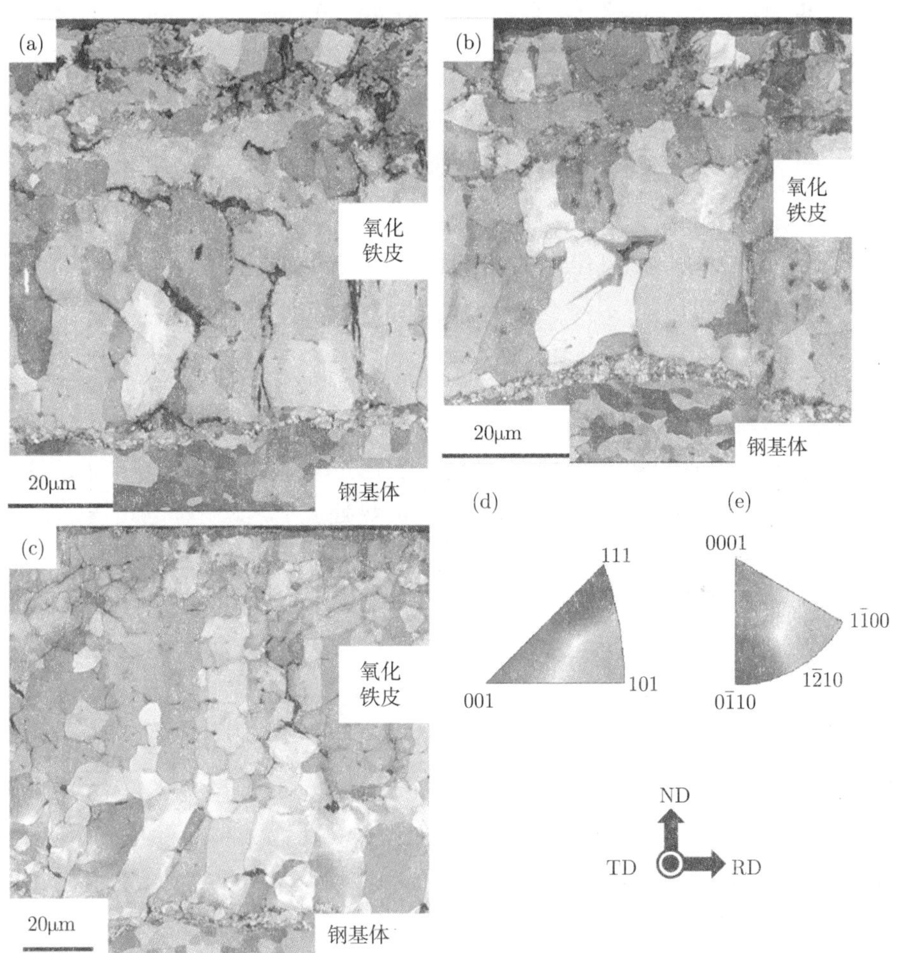

图 6.6 电子背散射衍射 EBSD/IPF 晶粒取向分布扫描图，其氧化样本的轧制压下量和冷却速率分别为 (a)10%，10℃/s，(b)13%，23℃/s，(c)28%，28℃/s；图中颜色键控分别为 (d) 立方对称晶系的 α-Fe、FeO 和 Fe_3O_4 及其 (e) 三角晶系的 α-Fe_2O_3(后附彩图)

从氧化铁皮晶粒取向分布图中可以发现，氧化铁皮内的双层 Fe_3O_4 的显微组织结构是不同的。氧化铁皮外层为柱状晶粒结构分布，而内层 Fe_3O_4 的晶粒更加细化，晶粒外形呈现等轴状。氧化铁皮中 Fe_3O_4 中间层的晶粒取向分布 IPF 扫描图，显示了晶粒外形为柱状的显微组织结构，并且存在于外层颗粒状晶粒与 Fe_3O_4 接缝层之间。这一双相异构显微组织结构的形成，可能是在高温氧化条件下[15,227]，氧化铁皮晶粒侧向生长而导致的残余 FeO，进而转变为 Fe_3O_4 这种具有晶粒柱状外形的显微结构。氧化样本在较高的轧制压下量 28%和较高的冷却速率 28℃/s 时，会产生大量的颗粒状外形的 Fe_3O_4 晶粒，如图 6.6(c) 所示，其晶粒尺寸为 2~3μm。从晶粒取向分析上来看，随着轧制压下量和冷却速率的增加，大部分 Fe_3O_4 呈现平行于法向方向上的 $\langle 001\rangle$ 最优取向分布，其中法向方向也就是氧化物的生长方向。

此外，在氧化铁皮晶粒取向分布图里，依据每个单一晶粒，因取向不同而产生不同的颜色分布，从中也可以推断出 Fe_3O_4 的晶粒生长。按颜色解码，初步断定氧化铁皮中 Fe_3O_4 的晶粒呈现着 $\langle 001\rangle$//ND 的纤维织构。这种最优取向分布的出现，在很大程度上可能取决于氧化物材料表面能的最小化效应。其中，Fe_3O_4 在不同晶体学表面上的表面能分别为 SE(100)=1.5J/m^2，SE(110)=1.8J/m^2 和 SE(111)=2.2J/m^2[227,229]，并皆平行于氧化物的生长方向。然而，在较低轧制压下量与冷却速率时的氧化样本中，如图 6.6(a) 所示，其 Fe_3O_4 的织构缺少强烈的峰值，这就表明轧制工艺过程和后续的快速冷却将会影响到所形成的氧化铁皮的晶粒尺寸和取向关系。确切地说，之前有研究结果[38] 也揭示了 Fe_3O_4 与 (001) 晶面相关的物性在很大程度上取决于样本的准备过程和试样经历的热处理工艺。倘若是 α-Fe_2O_3，其强有力的最优晶体学取向是在 (0001) 基准晶面的法向方向，这一织构强度是 α-Fe_2O_3 在 (0001) 晶面上存在较低的表面自由能 (1.52J/m^2) 所驱动的。

6.3.2 氧化铁皮的晶粒尺寸分布

利用电子背散射衍射技术，对所检测的氧化铁皮进行晶粒重建。为此，电子背散射衍射会生成相应的不同形式的衍射扫描图。一般情况下，可以提取电子背散射衍射反极图 IPF 与晶界图相互覆盖，如图 6.6 所示的晶粒取向分布图来显示晶粒尺寸分布。当然，也可以调用晶粒尺寸分布图，利用不同的颜色编码来表示不同的晶粒大小。电子背散射衍射技术中常用的后处理软件是 Channel 5，它是可以进行晶粒大小分布的数据处理分析，并显示相应的晶粒大小分布图。不过，这样的晶粒尺寸分布图在实际结果表达过程中并不是常用的表征手段，而只在需要印证所重构材料时才会用到。与其说，这是电子背散射衍射技术的后处理程序上的惯例，不如说，认真地静下心来思考为什么我们会这么做，从而求得理解在数据过程中的为什么，哪怕只是猜想或是推断，那也能证明思考行为曾经进行过。因此可以说，读者也有自己的猜想，笔者可能会不同意，但还是会尊重个人思考的权利。有些人会说，这样是不是将问题想得太复杂了呢。天才的哲学家时常会责怪普通人，只是让我们做个水车，结果费了好多时间和精力，做出结构如此复杂的机器来。对这种观点我不敢苟同，也许科学研究在某些情况下，的确是要求去繁存简，但是在由繁至简、大道至简的过程中，怎么可能不经历繁芜的阶段呢？正如阅读学习时所发生的过程一样，在什么书也未曾翻阅时，所引起的内心无知的恐惧，与那种翻阅书山题海之后，所体会到的内心无知的恐惧，这两种所谓的无知，怎么可能是相同的呢？那么，在论文写作中的简短也是同样的道理，简短不是最初什么也写不出来的简洁，而是在长篇累牍之后，进行大刀阔斧地删减修改之后的简洁，这才是真正意义上的简洁。在这样的思索之后，就会开始想为什么不设置晶粒大小的尺寸分布图，而只是利用直方图来显示呢？不过也存在一种可能，对本无意义的某件事，思考过多而荒废了些时日。然而，不经思考的日子，如何可活呢？

在这里，利用如图 6.7 所示的晶粒尺寸分布直方图来显示氧化铁皮内不同氧化物相的晶粒大小，也可以采用晶粒大小的尺寸分布图，用不同的颜色编码来显

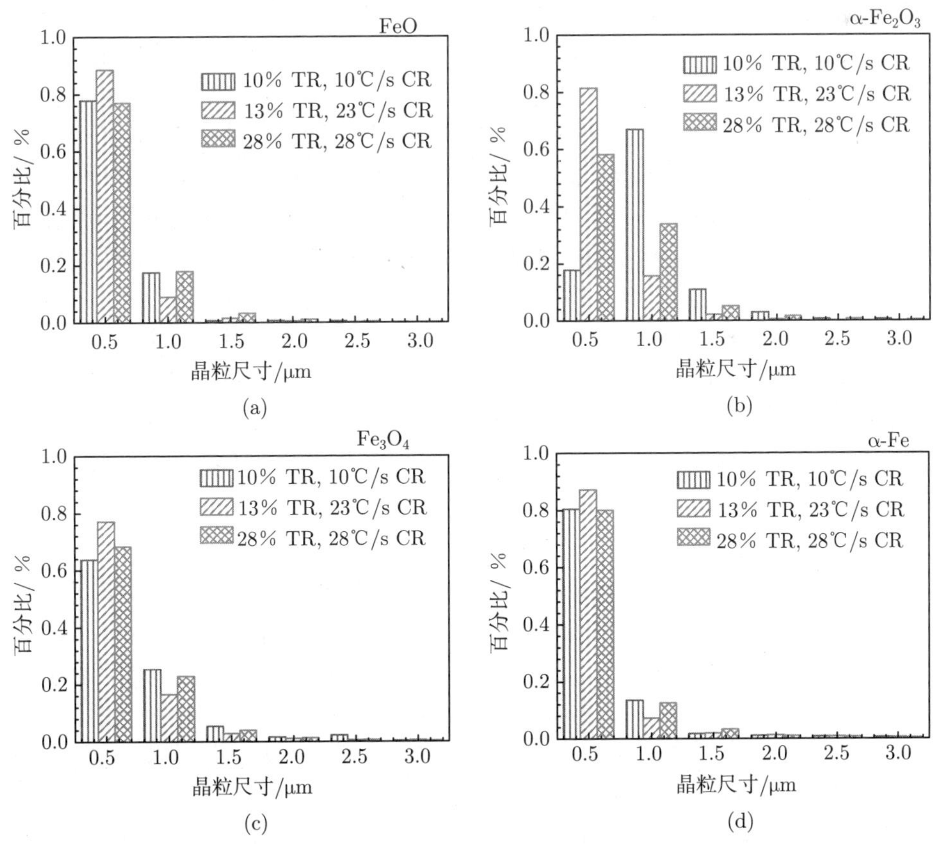

图 6.7 氧化物相的晶粒尺寸分布直方图

(a)FeO；(b)α-Fe_2O_3；(c)Fe_3O_4；(d) 微合金钢基体 (α-Fe)。TR，轧制压下量；CR，冷却速率

示晶粒尺寸的大小。不过，颜色编码比较容易与晶粒的取向分布 IPF 反极图相混淆，为避免图像上不必要的混乱，这是可能的原因之一。也可以查证电子背散射衍射技术 Channel 5 后处理软件其配有的相应说明书，可能也会有所发现。但有些问题也不能过于依赖后处理软件的手册，在每一个实验操作的背后，是具有普适性的特征，然而针对氧化铁皮这种特殊的分析材料时，只有研究人员自己才有话语权。

如图 6.7 所示为在不同的轧制压下量和冷却速率的条件下，氧化铁皮内不同氧化物相的晶粒大小的直方图。从图中可以看出，每一氧化物相的晶粒尺寸通常小于 3.5μm，尽管也存在晶粒尺寸大于 12μm 的异常晶粒，如图 6.7(a) 和图 6.7(b) 所示。α-Fe 和 Fe_3O_4 与钢基体具有相似的晶粒尺寸分布, 如图 6.7(c) 和图 6.7(d) 所示。而 α-Fe_2O_3 在低的还原性下具有较大的晶粒尺寸，如图 6.7(b) 所示。值得一提的是，在氧化铁皮中不同晶粒大小的氧化物相的具体分析，将在第 8 章分析氧化铁皮的局部应变时作为类型分类的重要依据。

6.3.3 不同晶粒尺寸时的取向分布

氧化铁皮中的不同氧化物相存在着不同晶粒大小的具体分布状态。在电子背散射衍射的后处理分析技术中，可以根据晶粒大小的不同，将电子背散射衍射显微组织的取向分布图分解成不同的子集合，就像在 6.2 节所提到过的，对不同氧化相进行分组并对结果进行分析那样。此处，可以依据氧化铁皮内晶粒尺寸的不同，将不同大小的晶粒尺寸进行分组，然后分别对其取向分布进行研究。电子背散射衍射技术是基于晶体学的表征方式来自动检测单个晶粒尺寸的，用以确定氧化物晶粒的晶体学特征，因此电子背散射衍射表征检测方法完全不同于传统意义上化学检测用的蚀刻方法 [6,171]。因此，氧化物相的分布和不同晶粒的最优取向分布图也可以与氧化物样品中的晶粒尺寸相关联，现在已经分析了四种不同的晶粒尺寸和取向分布以定量描述晶粒尺寸和织构演变之间的关系。

如图 6.8~图 6.11 所示，氧化物样品的氧化物相和晶粒 IPF 取向分布图显示了随着晶粒尺寸逐渐变大的显微组织结构的演变。从图中可以看出，通过已经建立了氧化铁皮中不同氧化相中的四个不同晶粒尺寸的子集，来分析不同晶粒尺寸和取向分布之间的关系。其中所选取的氧化铁皮样品，其轧制压下量为 28%和冷却速率为 28℃/s。按晶粒直径的顺序进行分类，这些晶粒大小的子集为 1~5μm，5~10μm，10~15μm 和大于 15μm。相应地，四个晶粒大小子集的取向分布由收集的各个晶粒取向的数据计算。

与余下的三幅 (图 6.9~ 图 6.11) 图中的 Fe_3O_4 晶粒大小相比，图 6.8 中氧化铁皮的晶粒尺寸在 1~5μm 内时，在氧化物晶粒的周边主要围绕相对较大的晶粒。或者可以说，晶粒尺寸较小的细化晶粒，可以在氧化铁皮沿晶界裂纹开始的附近生长，如图 6.8 中的氧化物/钢基体相连的界面，或是晶粒尺寸较大的外层氧化铁皮附近。在连续快速冷却过程中空气冷却到室温之前，热轧样品的表面温度有时仍会高于 570℃，其依据不同的氧化铁皮样本工况而有所不同，有些具体研究中其表面温度约在 619℃。这样温度的氧化铁皮在随后空冷至室温的过程中，经热轧高温塑性变形后的氧化物层会进一步地共析转变成 Fe_3O_4，并且是从预先共析的 Fe_3O_4 处发生共析反应的，最后通常共析反应以完成高温形成的 FeO 的分解过程，进而形成 Fe_3O_4 和 α-Fe 组成的混合物。然后，由于氧化铁皮内表层和内层的温度梯度，还有带钢钢卷沿宽度方向上与氧气可接触条件的差异变化，在此冷却到室温期间，可能形成诸多类型的三次氧化铁皮显微组织结构。这部分内容已经在 2.3 节的表 2.2 中仅就热轧带钢的三次氧化铁皮进行了不同的分类。此外，在靠近氧化铁皮/钢基体界面的晶粒细化的 Fe_3O_4，在这层氧化物中，晶粒的外形尺寸较小，并且晶粒外形呈现了细小等轴晶的晶粒形貌。

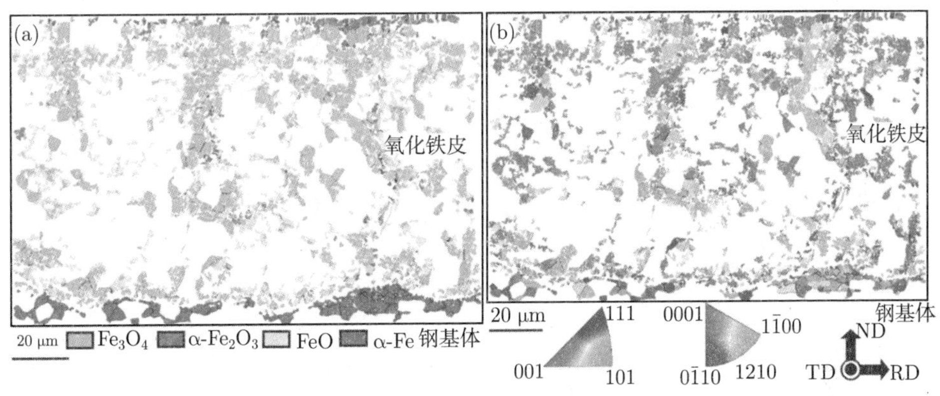

图 6.8 氧化铁皮晶粒尺寸在 1~5μm 时，电子背散射衍射 (后附彩图)

(a) 物相分布图；(b) 晶粒取向分布图

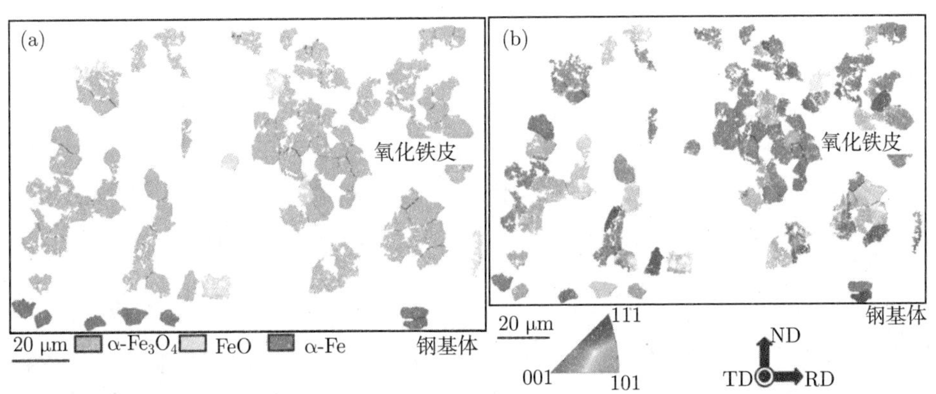

图 6.9 氧化铁皮晶粒尺寸在 5~10μm 时，电子背散射衍射 (后附彩图)

(a) 物相分布图；(b) 晶粒取向分布图

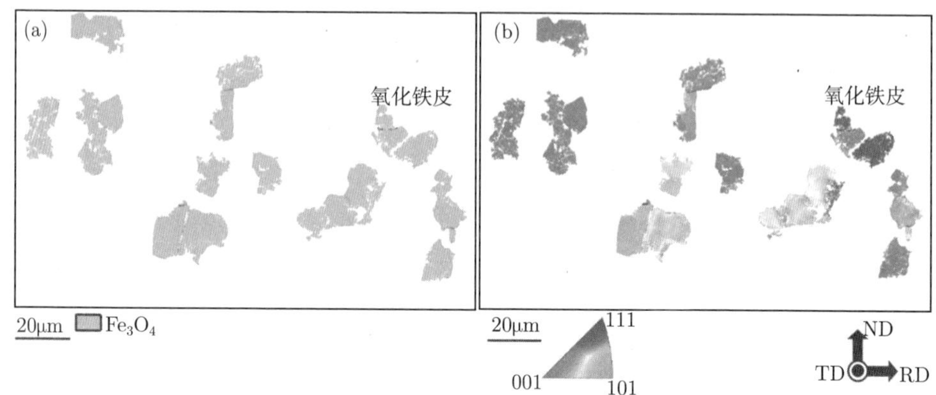

图 6.10　氧化铁皮晶粒尺寸在 10~15μm 时，电子背散射衍射 (后附彩图)

(a) 物相分布图；(b) 晶粒取向分布图

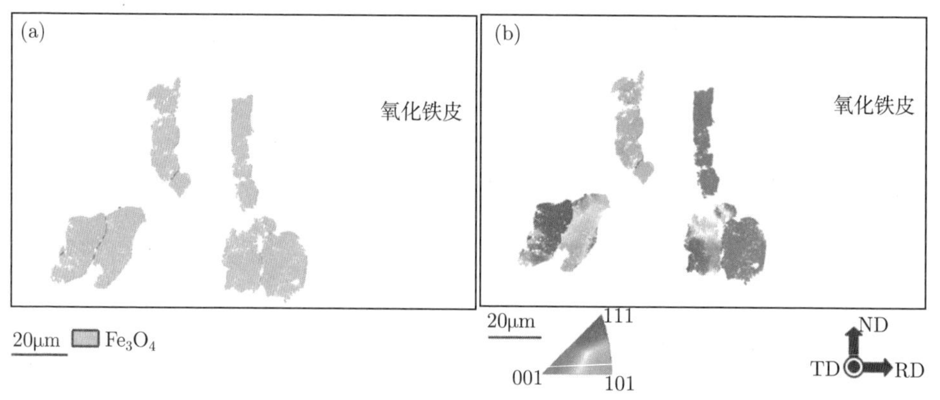

图 6.11　氧化铁皮晶粒尺寸大于 15μm 时，电子背散射衍射 (后附彩图)

(a) 物相分布图；(b) 晶粒取向分布图

此外，对比图 6.8~图 6.11 可以得出，氧化铁皮中 α-Fe_2O_3 晶粒和 α-Fe 晶粒的尺寸相对较细，晶粒直径皆低于 10μm。这样的结果与第 7 章所描述的 α-Fe_2O_3 和 Fe_3O_4 晶格失配的结果一致。在微合金钢基体中，微合金钢中铌、钒和钛等微合金元素的添加，也会使钢基体的晶粒细化，从而也会部分地映射到氧化铁皮的氧化物晶粒。

在图 6.11 中，氧化物晶粒尺寸大于 15 μm 的情况时，可以发现诸多的晶粒均为 Fe_3O_4 氧化物相。这种晶粒尺寸相对粗糙的 Fe_3O_4 晶粒表明，在氧化铁皮冷却至室温的存储期间，氧化铁皮内部出现了不同程度的晶粒状的析出物。为此，可以进一步推断出，氧化铁皮内部的物相转变过程，可能是 Fe_3O_4 从高温塑性加工中形成的 FeO 基本晶粒中的歧化过程，或者是氧化物相的表面氧化过程，或者是两

者情况都有 [11,13,131]。另外，当氧化物的晶粒尺寸大于 15μm 时 (图 6.11)，从图中可以发现，氧化铁皮的晶粒沿着带钢试样的轧制方向有规律地移动。这可能意味着在带钢进行热轧的塑性加工过程中，氧化铁皮内部晶粒间的晶界滑动效应，可能对氧化层中的析出过程作出了重要贡献。

此外，在氧化铁皮利用电子背散射衍射进行晶粒重构表征时，需要考虑到的问题在这里稍作简述，以期加深对实验表征手段更深入的洞悉。要注意的是，在表征具体的氧化铁皮样本时，氧化物晶粒内的最优取向会累积扩展，也可能相对比较大，如图 6.11(b) 所示。这种情况常见于高温塑性变形材料，尤其是对于晶粒异常大的扫描试样。考虑到这一点，使用定向映射来定义晶粒的更微妙的结果是，取向分布图中的晶粒规格是基于相邻晶粒间的不同取向，并控制在彼此某个较小的公差内 [230,231]。也就是说，在利用电子背散射衍射的后处理技术进行氧化铁皮的晶粒重构时，选择不同的算法技术和误差范围，对所获得的扫描图的表征效果存在一定程度的影响。这方面的内容可以参见相关的书籍 [188]，有助于加深理解。

6.4 氧化物相的晶界特征

“晶界” 这两字对于材料科学的研究人员来说再熟悉不过。但在这里还是要稍微简略地提及一下。在图 6.6 的电子背散射衍射 EBSD/IPF 晶粒取向分布图中，可以发现氧化铁皮是由许多单个小晶粒组成的，这些不同外形的微小晶粒之间的取向也是不同的 (正如图 6.6 的 IPF 图中所示的颜色是变化的)。在这种类似氧化铁皮的多晶材料里，晶粒与晶粒之间的过渡区域，也就是每个晶粒相连的边线，就称为晶粒边界，简称晶界。若是相邻的多个晶粒之间的化学组成不同，那么这样的晶粒边界有时也称为相界。目前存在各种不同的晶界模型来刻画晶界的类型。若是相邻晶粒之间的位向差，也就是取向角度很小时，如小于 3° 时，这时的晶界可称为小角度晶界；大于这个值时，就称为大角度晶界。晶界模型涉及的内容很多，特殊的晶界类型也很多，可以参见相关的经典书籍 [232,233]。不过，一种特殊的晶界类型就是重合位置点阵 (coincidence site lattice，CSL) 晶界，在金属材料、晶界工程中比较常见。

此外，在研究氧化铁皮的晶界特征时，可能也会遇到 “晶界工程” 这一研究领域的相关知识。这是因为在多晶体金属材料中，晶界的结构和性质直接影响着晶界滑移、合金元素在晶界处的偏聚等现象。这些在晶界发生的诸多状态，直接关系到金属材料本身的力学属性和物理性能。为此，可以通过调节所需要的晶界类型，进而改进并设计材料不同的性能。在晶界工程里，主要的措施就是针对重合位置点阵晶界，调整其在多晶金属材料中的比例，或是选择不同的重合位置点阵晶界的类型并分析其对材料力学性能的影响。这是较为宽泛且研究得比较深入的领域。在分析金属材料氧化铁皮时可以借鉴这方面的内容以理解不同的晶界类型在氧化铁皮中所起的作用。

因此，本节将逐步引入氧化铁皮不同的晶界类型和晶界特征。这些初步的检测分析，可以与第 7~8 章的内容相互衔接。对于氧化铁皮这种多相、多晶体混合物来说，主要关注的方面是小/大角度晶界、重合位置点阵晶界类型及其不同氧化物相之间的相界。结合高温塑性加工过程中形成的氧化铁皮的不同特征，本节将重点论述这三方面的主要研究结果。在正常情况下，多晶氧化铁皮材料的不同氧化物相的相界分布也应该放在此节中进行阐释。不过，值得说明的是，为保持文章中所述信息的完整性，关于氧化铁皮内不同氧化物 Fe_3O_4 与 α-Fe_2O_3 的相界分布情况，将在 8.1.3 节中对氧化物间的相界关系展开论述。

6.4.1　氧化铁皮的晶界分布

如图 6.12 所示，在氧化铁皮样品中，可以根据氧化物相的不同，将 EBSD 显微组织的晶界扫描图分解成不同的子集合，其包括钢基体的 α-Fe，氧化铁皮内的 FeO，Fe_3O_4 和 α-Fe_2O_3，然后再进行数据的后处理分析，与此同时，将晶界类型分类为大角度晶界和小角度晶界两部分。氧化铁皮的电子背散射衍射晶界扫描图表明了最初的柱状晶粒结构逐渐被压平的发展过程，也就是说，Fe_3O_4 氧化物层的柱状晶界结构开始逐渐均匀塌陷的过程。在相对较高的轧制压下量和冷却速率下，即 28%，28℃/s，将出现大量的颗粒状 Fe_3O_4 晶粒，其晶粒尺寸为 2~3μm。

事实上，在高温塑性加工时，在金属材料表面形成的氧化铁皮，在后续的连续快速冷却中，氧化铁皮层内晶粒细化的 Fe_3O_4 会受到高温下形成的 FeO 在室温分解的影响。如图 6.12(a) 所示，当氧化铁皮受制于较低的轧制压下量约为 10%，在较低的冷却速率约为 10℃/s 时，在氧化铁皮的晶界图中可以发现更多的小角度晶界出现了。值得注意的是，图中晶粒重构中不同晶粒间的取向角度小于 2° 时，设定为小角度晶界。如图 6.12(b) 所示，在低轧制压下量约为 13%，冷却速率约为 23℃/s 时，除出现大角度晶界的发展外，还可以发现氧化铁皮中的 Fe_3O_4 包含有较少量的小角度晶界。更大部分的小角度晶界出现在高轧制压下量的氧化样品里，如图 6.12(c) 所示。这就可以说明，在这种类型的氧化铁皮中，较低的冷却速率和较高的轧制压下量可以有助于增强小角度晶界的存在。在多晶金属材料的晶界工程分析中，通常认为这些小角度晶界使得金属材料在高温塑性加工过程中，可以有效地抑制沿晶界扩展而产生的裂纹的向外扩展。进一步说，在金属材料高温塑性成形的过程中，若考虑到轧制压下量和冷却速率的多耦合效应，采用晶界工程的研究，可以有目的地调节生成氧化铁皮的力学属性和物理性能，甚至可能会使得高温下形成的 FeO 分解过程在低于共析点 570℃的条件下完成。确实，晶粒细化的 Fe_3O_4 的晶界特征可能受制于高温形成的 FeO 的影响，这主要是因为在氧化样本从高温冷却到室温的过程中 Fe_3O_4 所发生的共析分解反应过程。

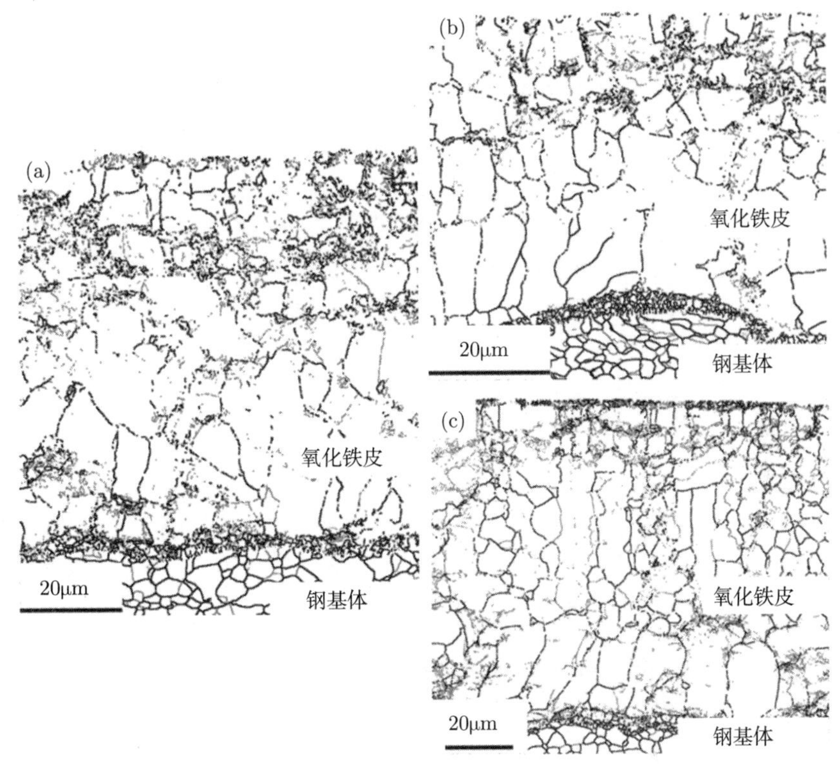

图 6.12 氧化铁皮的电子背散射衍射 EBSD 晶界扫描图

(a)10%，10℃/s；(b)13%，23℃/s；(c)28%，28℃/s

相应地，可以选取图 6.12 中的氧化铁皮样本进行更进一步的晶界分析。如图 6.13 所示的氧化物相的晶界取向差分布图，所选择的氧化铁皮样本的轧制压下量为 13%和冷却速率为 23℃/s。从晶界取向差分布图中可以看出，以立方晶系为主的 Fe_3O_4，其取向角度分布在 60° 处有第二大峰值，在取向角度为 62.8° 处有截止点。相比较而言，对于三角晶系的 α-Fe_2O_3(图 6.12(b))，可以发现在 30°、60°、85° 和 95° 处有明显的峰值变化。如图 6.12(b) 所示的晶界取向差分布图中，尽管 α-Fe 和 α-Fe_2O_3 的高强度峰值在 54° 和 60° 的取向差处又返回低峰状态，但高密度的小角度晶界还是出现在了取向差分布里 (图 6.12(b))。一般对于多晶金属材料来说，在显微组织结构中，出现类似的这些小角度晶界可以提供阻碍裂纹扩展的障碍，也就是说因为这些小角度晶界的出现，金属材料中的溶质效应最小化，并且晶界界面与易裂变的位错之间的相互作用也减小了 [234]。由此就可以推断得出，氧化物 α-Fe_2O_3 具有的这些类型的小角度晶界，可以有效地改善与 Fe_3O_4 晶格失配而引起的氧化铁皮的表面质量缺陷。

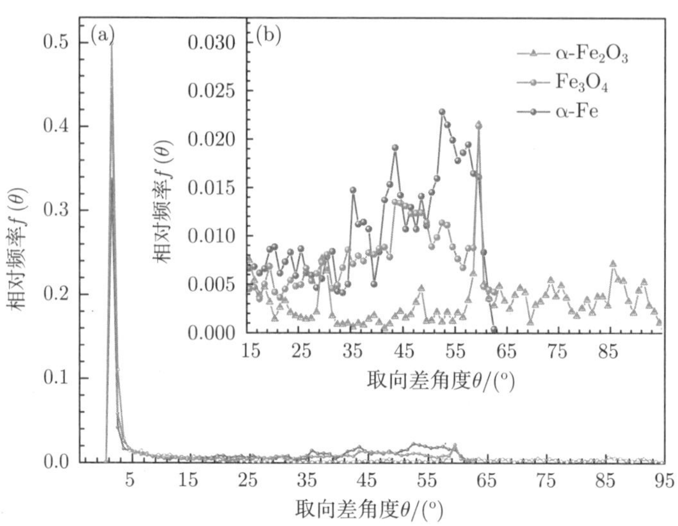

图 6.13 氧化铁皮中，各氧化物相的晶界取向差分布图

(a) 大、小角度晶界；(b) 大角度晶界。其中氧化样本的轧制压下量为 13%，冷却速率为 23℃/s

6.4.2 重合位置点阵晶界类型

为了量化分析氧化铁皮内部不同的晶界类型和重合位置点阵晶界的分布情况，可以选取图 6.12 中的氧化铁皮样本，更进一步地对这些晶界类型进行解析表征。图 6.14 给出了氧化铁皮样本中 Fe_3O_4 和 α-Fe_2O_3 的晶界取向差分布图 (取向差 $\geqslant 15°$)，与此同时，在相应的取向差分布图中，给出了高比例的重合位置点阵晶界的类型。其中所选择的氧化铁皮样本的轧制压下量为 10%，冷却速率为 10℃/s。在如图 6.14(c) 所示的立方晶体 Fe_3O_4 氧化物层中，轴取向差分布的角度范围在 45° 时出现了最大值，而 62.8° 为截止角度。而对于三角晶系的 α-Fe_2O_3，其角度取向差分布在 60° 时出现最大值，而其截止角度为 95°，如图 6.14(d) 所示。

对氧化铁皮中的氧化物晶界数据进行归类分组可以发现，存在着高比例的低维重合位置点阵晶界。例如，在氧化物 Fe_3O_4 中，如图 6.14(a) 中轴取向差落在 57° ~ 63° 尖峰断面，对应的重合位置点阵晶界类型就是图 6.14(c) 中的 $60°/\langle 111\rangle$ $(\Sigma 3)$ 的轴取向差。如图 6.14(b) 所示，氧化物 α-Fe_2O_3 沿轴取向差尖峰，靠近 $\langle 0001\rangle$ 晶向存在的角度范围为 27° ~63°，并且在 $\langle 1\bar{1}02\rangle$ 晶向所在的角度范围为 63° ~ 83°。对于 α-Fe_2O_3，相对较高轴取向差尖峰的分布密度强度，氧化物中的重合位置点阵晶界类型则对应于 $57.42°/\langle 1\bar{2}10\rangle(\Sigma 13b)$ 和 $84.78°/\langle 0\bar{1}10\rangle(\Sigma 19c)$。无论如何，氧化物 Fe_3O_4 和 α-Fe_2O_3 中的这些高比例的低维重合位置点阵晶界特征，可以为热轧连续冷却直到空冷至室温的过程中，氧化物相 α-Fe_2O_3 渗入 Fe_3O_4 氧化铁皮的机制提供更加深入的洞悉与理解。

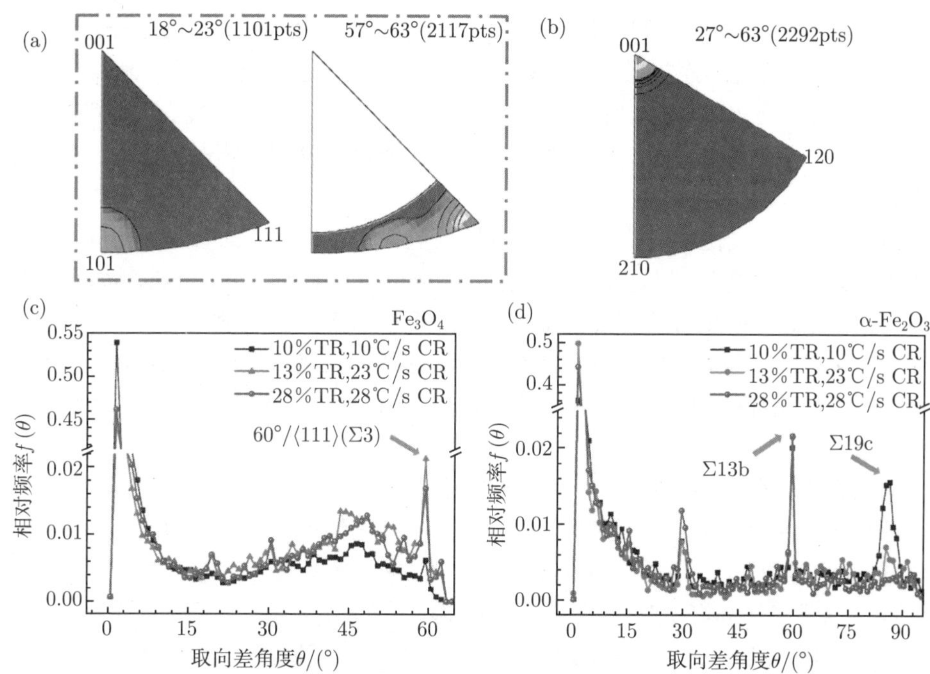

图 6.14 氧化铁皮中氧化物相的晶界取向差分布图 (a)Fe_3O_4 和 (b)α-Fe_2O_3，其中氧化样本的轧制压下量为 10%，冷却速率为 10℃/s；氧化物相的晶界取向角度差分布图 (c) 立方晶系 Fe_3O_4，角度 2° ~62.8° 和 (d) 三角晶系 α-Fe_2O_3，角度 2° ~95°

此外，图 6.15 给出了在不同轧制压下量和冷却速率的条件下，氧化铁皮中氧化物 Fe_3O_4 和 α-Fe_2O_3 的重合位置点阵晶界分布图。从图 6.15(a) 中可以发现，立

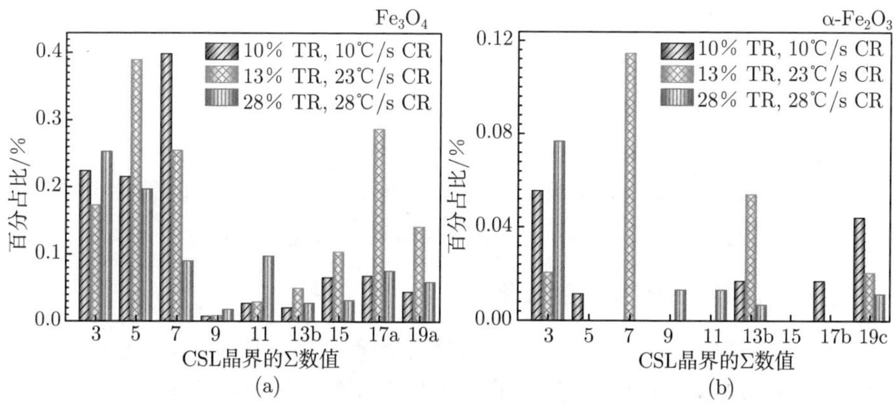

图 6.15 不同轧制压下量和冷却速率下，氧化铁皮中氧化物相的重合位置点阵的晶界分布图 (a)Fe_3O_4；(b)α-Fe_2O_3

方晶系的 Fe_3O_4 具有高比例的重合位置点阵晶界 Σ3，Σ5 和 Σ7。相比较而言，对于高阶三角晶系的氧化物 α-Fe_2O_3，则呈现出相当高占比的重合位置点阵晶界类型是 Σ7，Σ13b 和 Σ19c。不过值得注意的是，孪晶晶界在后处理过程已被排除在该重合位置点阵晶界分析之外，这自然而然地会导致重合位置点阵晶界 Σ3 占比的显著降低。

因此，从这些氧化铁皮的重合位置点阵晶界类型数据分析可以清晰地得出，氧化物 Fe_3O_4 和 α-Fe_2O_3 都呈现出较低维的重合位置点阵晶界。对于多晶体金属材料而言，这样低维的重合位置点阵晶界特征，可以用于提高耐热裂纹性，并且进一步改善氧化铁皮在热轧过程中的摩擦学性能。这些在氧化铁皮内部出现的、不同的重合位置点阵晶界类型，对氧化铁皮的摩擦属性的影响，将在 10.3 节更为细致地分析论述。

简而言之，在 Fe_3O_4 和 α-Fe_2O_3 内的这些重合位置点阵晶界特征，可以用于深入理解热轧制后连续冷却到室温时，α-Fe_2O_3 渗入到 Fe_3O_4 氧化铁皮的过程。在氧化铁皮冷却过程中，高温形成的 FeO 可以低温分解生成 Fe_3O_4，在这一过程中，氧化铁皮承载着从高温氧化中获得的 FeO 的某些晶体学属性。随后，再从 Fe_3O_4 基体中氧化涌现出来的高阶氧化物 α-Fe_2O_3，其形成机制可以解释为立方晶系的 Fe_3O_4 到三角晶系的 α-Fe_2O_3(FCC 至 HCP 的物相转变)。以上提及的这两种相转变过程，也可能受制于在氧化物相 Fe_3O_4 内部沿着不同晶界类型而发生的裂纹扩展。因此可以表明，高温塑性加工时的轧制压下量与后续冷却过程中的冷却速率，这两种工艺参数的双重耦合效应可能是最基本的影响因素，并可用于解释在轧制快速冷却实验中，变形的氧化铁皮内发生着的织构演变和晶界等。

6.5 晶界在氧化铁皮中的作用

不同的晶界类型，氧化铁皮中的 FeO、Fe_3O_4 或 α-Fe_2O_3 都在金属氧化和高温塑性加工过程中起着非常重要的作用 [235]。本节将从三个方面来考察晶界类型在金属材料氧化铁皮中发挥的效能。这三方面分别为：①金属材料基体中合金元素的扩散控制氧化；②在基体晶界附近的塑性变形机制以及氧化铁皮的裂纹扩展；③金属高温塑性加工过程中由各种不同晶界组成的氧化铁皮的摩擦学性能。

6.5.1 氧化物晶界处的扩散控制氧化

由于固体材料中存在着晶体缺陷和显微结构不完整，因而会发生扩散效应。晶体材料内的点缺陷或晶格缺陷，如空位和间隙离子等，这些负责晶格扩散过程，因而也称为体积扩散或体扩散。材料中的线缺陷和表面缺陷，包括晶界、位错、内部和外部表面缺陷，沿着这些缺陷，如晶界、短路径和表面缺陷所引起的扩散效应，称为表面扩散。在多晶材料中，扩散性氧化的类型取决于氧化温度、氧气部分压强、晶粒尺寸、孔隙率等。通常情况下，沿晶界表面的扩散比体积扩散具有更小的活化能，从这个角度来说，在氧化温度较低的条件下，晶界扩散就会变得尤为重要。

更具体地来说，在扩散控制氧化过程中存在着两种扩散类型，可以发生在材料的晶界处，或是晶粒内部。与晶界扩散相比，表面扩散发生在较低的温度，并且体积扩散仅在非常高的温度下才起作用。当材料的晶粒尺寸较小时，较高密度的晶界区域，自然会增加晶界扩散。与体积扩散相比，晶界扩散对晶粒尺寸更为敏感。为此，控制晶界处合金元素的扩散，可以有效地在 Fe-Cr 合金表面形成薄且致密的氧化铁皮 [236]。这些研究结果表明，晶界扩散被限定在金属材料氧化的初始阶段，并且形成的氧化层相对较薄。第 4.3 节考虑了晶界扩散并计算了钢在初始氧化过程的扩散系数。

为此，多晶金属材料基体的晶粒特征，如晶粒尺寸形状、晶界特征等，对纯金属及其合金的氧化动力学有很大影响。在高温条件下纯铁金属的氧化中，晶界扩散更占主导优势。不过在低温下，与其他扩散路径相比，沿着晶界的扩散作用仍然难以理解且未成体系，尚待研究。为了更深入地理解金属材料基体的晶界在高温扩散控制氧化中的作用，有必要检测在不同的热加工路径下，到底涉及哪些不同类型的晶界分布。电子背散射衍射与射线能谱仪同步采集分析技术可以扫描并分析元素组分，与此同时，与晶界特征相关联着研究，能够可视化不同种类的易受热腐蚀或氧化影响的晶界类型。

如图 6.16 所示，显示了某种类型的热腐蚀合金 617 样本，在横断面上的电子背散射衍射晶界扫描图，以及各种合金元素的 EDS 元素分布图 [237]。从图中可以看出，在基体晶界处发生了合金元素的优先偏聚/析出。随着基体材料热腐蚀，在随机大角度晶界处出现了合金元素 Mo、S、Co 和 Ni 等的偏聚现象，而相应地，Cr 不断地被消耗掉。在完整的基体和氧化物晶界处也存在着元素 S 的偏析，这可能会影响到氧化物的生长机制 [238]。重合位置点阵的 Σ3 晶界，呈现出很少的任何合金元素的优先富集。由此可以表明这种类型的晶界，对热腐蚀具有较好的抵御能力。

此外，在循环蒸汽氧化的不锈钢中，先前的结果 [239] 表明，晶界不仅促进了 Cr 元素向外扩散，而且为氧元素的渗透提供了快速扩散路径。晶界促进了铁的向外扩散，在所形成氧化铁皮内的两个氧化层之间的界面孔洞，也会加速扩散控制的氧化过程。在 Ni-5Cr 合金中，出现了晶间的选择氧化，还伴随着局部铬元素的消耗及其由离子扩散而引起的晶界迁移。最近，利用透射电镜与原子探针层析 TEM/APT 的耦合技术，可以有效地鉴定表面和晶界氧化物的组成，例如，可以探测到在氧化物周围呈现出 Ni 元素的富集。这些研究数据同时也提供了 304 不锈钢在初始氧化物形成过程，微量合金元素在晶界附近所起到的作用 [240]。然而，也有例外的情形，比如纯铜金属沿晶界的扩散，并不是扩散控制氧化的主要机制。氧化物/金属界面的高分辨率表征影像结果表明在晶界处存在着许多富 Fe 的氧化物，却有很少的富 Cr 氧化物 [220]。在较高氧气部分压强下，在 α-Fe_2O_3 氧化物内形成的尖晶石固溶体 Cu 的吉布斯自由能降低，可以诱发 Cu 元素通过 α-Fe_2O_3 氧化物的晶粒到达外层氧化物层。也就是说，Cu 元素经过 α-Fe_2O_3 时，穿过 α-Fe_2O_3 晶格而发生的占主导作用的是晶格扩散，而不是晶界扩散机制 [241]。

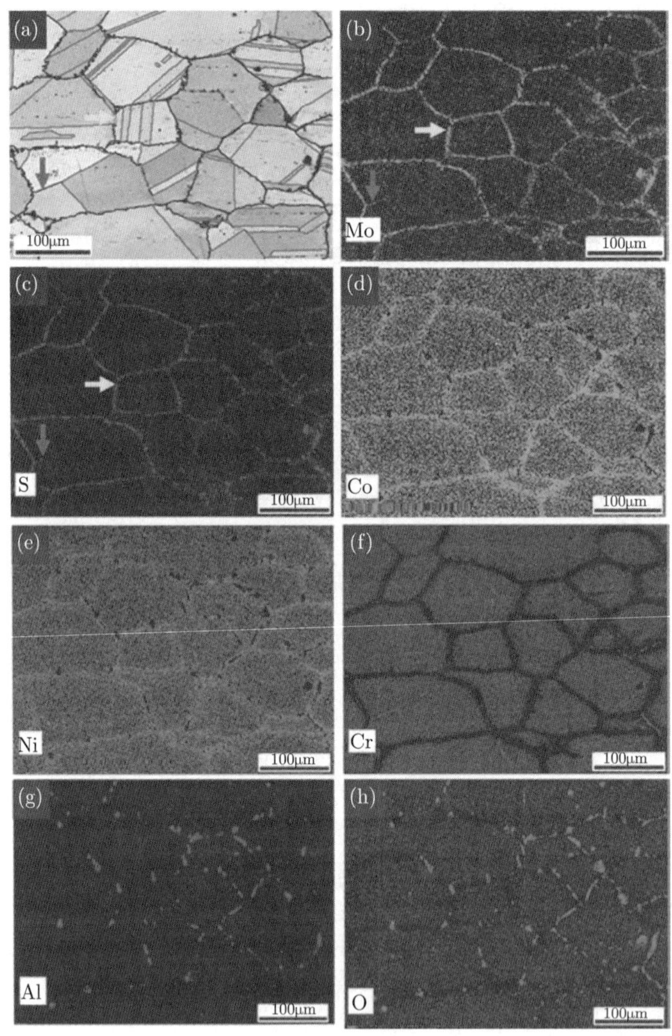

图 6.16 合金 617 样本经热腐蚀实验后 [237](a) 电子背散射衍射 EBSD/IQ 和晶界扫描图及元素能谱图 (b)Mo，(c)S，(d)Co，(e)Ni，(f)Cr，(g)Al，(h)O

综上所述，各种扩散氧化机制依据不同的金属材料基体晶界类型而有所不同。例如，重合位置点阵特殊晶界，对铁素体不锈钢中的扩散控制氧化影响较为重要 [242]。然而，在 Al_2O_3 中，高角度晶界的扩散效应要比特殊晶界更好一些。通过扩散控制氧化原理，在金属表面高温形成的氧化物，类似于块状陶瓷中的纯氧化物，从点缺陷扩散机制到不连续滑移、晶界边缘缺陷等 [243]。

6.5.2 氧化物晶界处的变形机制

本节将讨论金属合金扩散控制氧化后的内应力状态，以及在金属高温塑性加工过程中，在带钢表面上形成的氧化铁皮的塑性变形行为。在热生长的氧化物中伴生晶界滑移的出现，可以有效地证明，在氧化和加工过程，氧化铁皮内部发生了相应的微观应变。由 Fe_3O_4 氧化成 α-Fe_2O_3 的过程而引起的局部应变变化，可能导致材料内的晶间微裂纹。这些微裂纹，可以在氧化铁皮冷却收缩时而引发塑性变形，从而进一步沿晶界进行表面扩散。关于氧化铁皮在不同晶粒条件下局部应变的分析，将会在第 8 章更为深入地进行案例分析。

氧化铁皮中微裂纹的扩展，可以粗略地归因于合金元素在晶界处的偏聚。为此，需要研究哪些类型的晶界会发生这些合金元素的累积，哪些类型的合金元素会对裂纹扩展有害。例如，Co 的氧化物就容易富集在高堆垛层错 (SF)/低 SF 的晶粒 [244]，而富 Ni/Ti/Al 的氧化物，通常会沿着晶界富集。但是这些合金元素的富集偏聚，只是略微影响到 Ni 超合金的裂纹发起与扩展。

氧化铁皮中的机械应力对其表面的完整性起着重要作用。在第 2.4 节已经提及，一般来说，氧化铁皮的内应力是由氧化物的生长、氧化物层与基体间热膨胀的不匹配及其施加的外力引起的 [225]。氧化铁皮内裂纹的形成和扩展，通常沿着氧化铁皮的晶界处发生。通常情况下，金属多晶材料中微小裂纹尖端处的集中应力最大，因此，扩散控制的氧化反应也会从这些尖端部分以最大的氧化速率进行。为了缓解微裂纹的向外扩展，通过利用晶界工程来提升显微结构中的低角度和低维重合位置点阵晶界。这些低角度晶界和特殊晶界类型，可以提供晶界滑移的障碍使溶质效应最小化，并减少界面与易裂变位错之间的相互作用。在氧化铁皮为 Fe_3O_4/α-Fe_2O_3 的情况下 [245]，与 Fe_3O_4 和 $\Sigma3$ 相比，当在 α-Fe_2O_3 中存在 $\Sigma13b$ 和 $\Sigma19c$ 时，氧化铁皮更容易开裂。为此，在目前情况下，所能做的是调整特定的晶界类型，并提供相应的指导性建议。从而，可以利用适当的晶界工程方法，来提升所需要的晶界类型，以达到抑制裂纹扩展的目的。

值得一提的是，还是要厘清钢基体本身的晶界强化与形成氧化铁皮内部的晶界强化效应，大量广泛的研究多集中在钢基体中晶界氧化的作用。例如，晶界强化和沉淀硬化被认为是提供机械合金化、氧化物弥散强化 (ODS) 铁素体合金 (其中纳米尺寸 <3.5nm 氧化物分散体) 高强度性能的最大因素 [246]。在氧化物弥散强化

ODS Fe-12Cr-5Al 合金 (Y_2O_3 + ZrO_2) 中，如图 6.17 所示的晶界处发现了比基体中尺寸更大的高密度氧化物颗粒。晶粒细化可以用来解释这种类型的强化过程。无论晶界如何运作，其运行的基本机制应该是相似的。所不同的是，含有反应性元素的保护性氧化铁皮，可能不仅仅是由于晶界中的位点阻挡效应 [246]。掺杂离子对多种电子和离子过程所起的作用，将为阐明形成在微合金钢上氧化铁皮的变形机制提供有价值的科学指导来阐明铁合金上热形成的氧化铁皮的变形机制。这就是为什么要注意它们之间的差异，即在晶界处氧化物晶粒的存在及这些晶粒的形成温度。

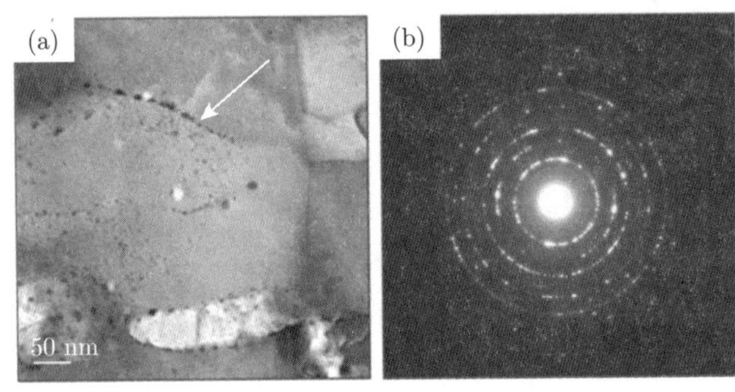

图 6.17　(a) 透射扫描电镜暗场图片显示 Fe-12Cr-5Al 合金的晶界；(b) 衍射图谱 [246]

6.6　小　　结

利用电子背散射衍射与射线能谱仪完全同步的采集分析技术，对高温塑性加工过程中，带钢表面形成的氧化铁皮进行了深入的晶粒重构和后处理分析，同时也探讨了不同的晶界类型在氧化铁皮中所起到的作用。主要的结论分列如下。

(1) 从电子背散射衍射的物相鉴定中，可以得出氧化铁皮显微组织结构主要由三层氧化物组成，外层为厚度较薄的 α-Fe_2O_3 氧化物，内层为双相异构的 Fe_3O_4 层，呈现球状微小晶粒的 Fe_3O_4 接缝层紧紧贴合于微合金钢基体附近。在氧化铁皮双相异构 Fe_3O_4 内层，具体包括残留的高温氧化物 $Fe_{1-x}O$ 及其分散在 Fe_3O_4 基质上的共析分解产物 α-Fe。

(2) 氧化铁皮的晶粒尺寸分布特征是研究其他织构变化和晶体塑性或局部应变的前提条件。分析了在不同的轧制压下量和冷却速率条件下，氧化铁皮内不同氧化物相的晶粒大小的分布，可以得出每一氧化物相的晶粒尺寸通常小于 3.5μm，尽管也存在晶粒尺寸大于 12μm 的异常晶粒。与此同时，依据晶粒尺寸的不同，将氧化铁皮的晶粒分成了四个子集以备后处理分析，分别为晶粒直径 1~5μm，5~10μm，10~15μm 和大于 15μm。

(3) 该种氧化铁皮形成了高比率的小角度晶界和低维重合位置点阵晶界，包括 Fe_3O_4 的 $60°/\langle 111\rangle(\Sigma 3)$，$\alpha$-$Fe_2O_3$ 的 $57.42°/\langle 1\bar{2}10\rangle$ $(\Sigma 13b)$ 和 $84.78°/\langle 0\bar{1}10\rangle(\Sigma 19c)$。氧化铁皮中 Fe_3O_4 的晶粒细化效应表明，在轧制压下量为 28%时，Fe_3O_4 的晶粒尺寸为 2~3μm。这样的晶粒尺寸可以有效地抑制 α-Fe_2O_3 渗入氧化铁内部，加速氧化铁内部裂纹的形成。

(4) 这种类型的氧化铁皮中，较低的冷却速率和较高的轧制压下量，有助于增强小角度晶界的存在。Fe_3O_4 氧化物层在 45° 轴取向差分布时出现了最大值，而对于三角晶系的 α-Fe_2O_3，其角度取向差分布在 60° 时出现最大值。氧化物 Fe_3O_4 和 α-Fe_2O_3 中的这些高比例的低维重合位置点阵晶界特征，可以采用晶界工程技术，进一步地调控氧化铁皮的力学属性和物理性能。

第 7 章　氧化铁皮的织构演变

通常情况下，将 X 射线衍射得到的织构变化图称为宏观织构，而将电子背散射衍射所重构的织构变化图称为微观织构。本质上而言，二者在测得晶粒最优化取向分布时所利用的统计方法是不同的，前者是总体晶粒的统计规律，而后者是针对单个晶粒进行的，详情可参见相关综述或书籍 [188]。本章主要侧重于电子背散射衍射晶粒重构的微观织构。其次，对于织构的外在图形表达，也有多种不同的参考体系和描绘方式。本章首先选用极图描绘织构的方法，初步定位可能出现的织构类型。然后，再利用在欧拉空间中进行切片显示的方式来构建氧化物相的取向密度分布函数 ODF 的截面分布图，辅以织构强度曲线图进行说明。

7.1　极图描绘的织构变化

极图 (pole figure，PF) 的描绘方式，类似在地球仪上将极点从基准球投影到极点圆上。给定极点在球体上的位置，通常用两个角度来定位。为了表征所研究晶体的晶粒取向，相应的空间排列必须依据外部参照系，即样品或样品坐标系，以确定角度 α 和 β 的极点。例如，对于轧制的对称性，带钢的法线方向 ND 通常选择在球体的北极，因此对应于 ND，$\alpha= 0°$，对于轧制方向 RD，旋转角度 β 为 0°，以及其很少在极图描绘中出现的样本横向标志 TD [188]。这就是在 6.1.3 节对电子背散射扫描数据进行后处理分析时，需要对于氧化铁皮的变形模式建立适当的三维坐标系的原因。本研究采用的是右手坐标系。

通常情况下，当用极图来描绘织构变化时，可以用三个或多个晶面的织构信息来显示。在表达氧化铁皮内的 Fe_3O_4 时，所选用的极图可以是不同研究中所采用的重点晶面。也就是说，在第 10 章图 10.13 的极图中，是为了分析织构与纳米粒子润滑之间的影响而设定的。而在本章图 7.1~ 图 7.3 的极图中，是为了展现不同物相之间的织构差异。因此，在进行科学研究中，必然是有针对性地提取并分析数据集合。从这个角度来推演，科学研究的客观性是受到质疑的。即便如此，也不能遮蔽科学客观性的存在，正如量子力学中所测量的手段对实验结果的影响机制是类似的。感兴趣的读者，可以多涉猎些康德的客观唯心主义，将有助于对这方面的理解。

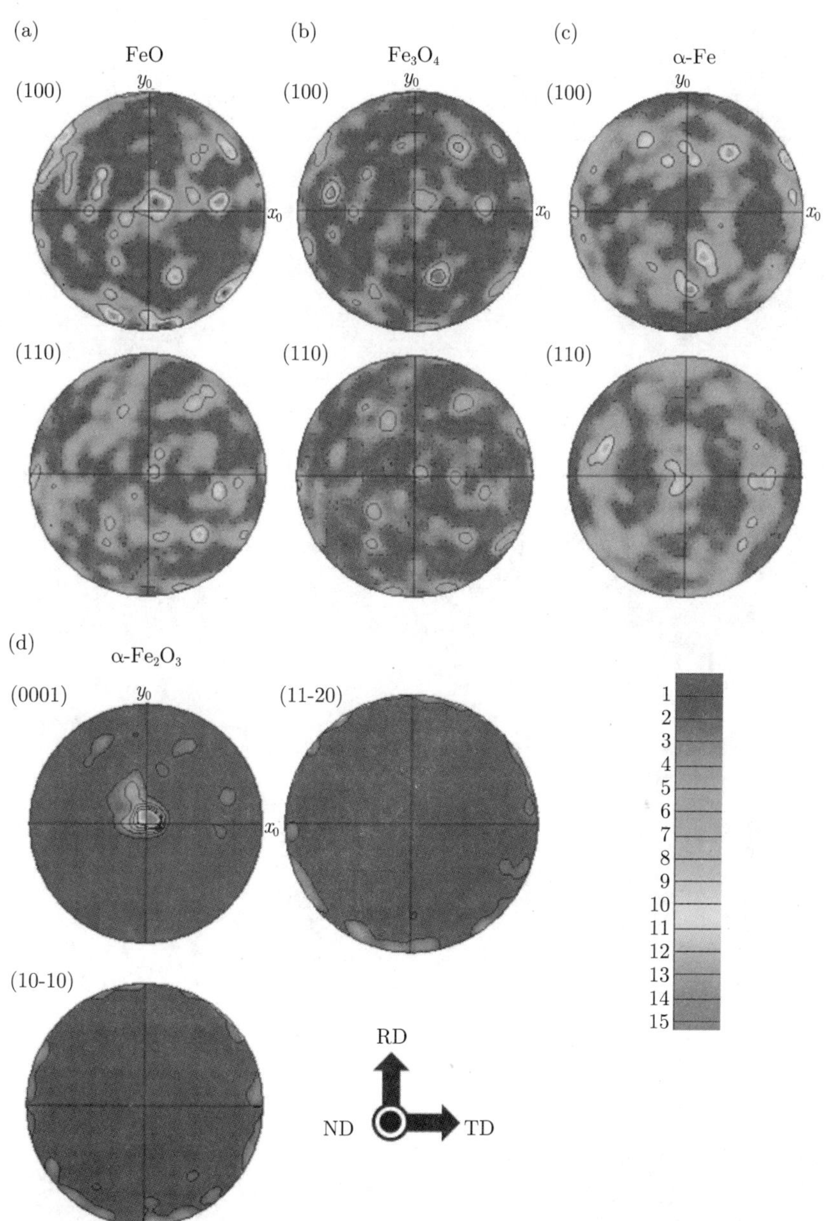

图 7.1 氧化铁皮中 (a)FeO，(b)Fe_3O_4 和 (c) 钢基体 (α-Fe)，(d)α-Fe_2O_3 在不同晶面上的极图 (后附彩图)

其中氧化样本的轧制压下量为 10%，冷却速率为 10℃/s

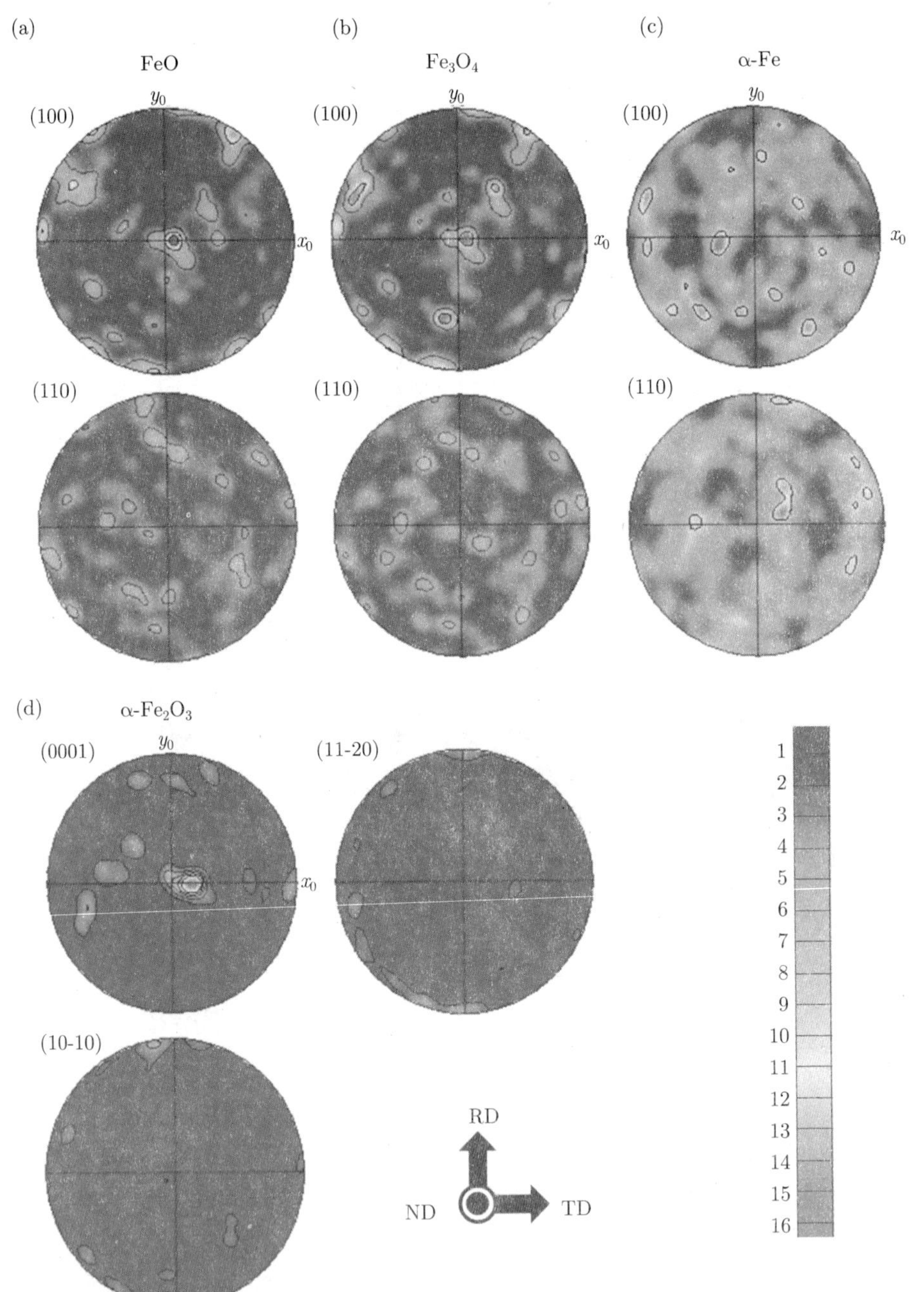

图 7.2　氧化铁皮中 (a)FeO，(b)Fe_3O_4 和 (c) 钢基体 (α-Fe)，(d)α-Fe_2O_3 在不同晶面上的极图 (后附彩图)

其中氧化样本的轧制压下量为 13%，冷却速率为 23℃/s

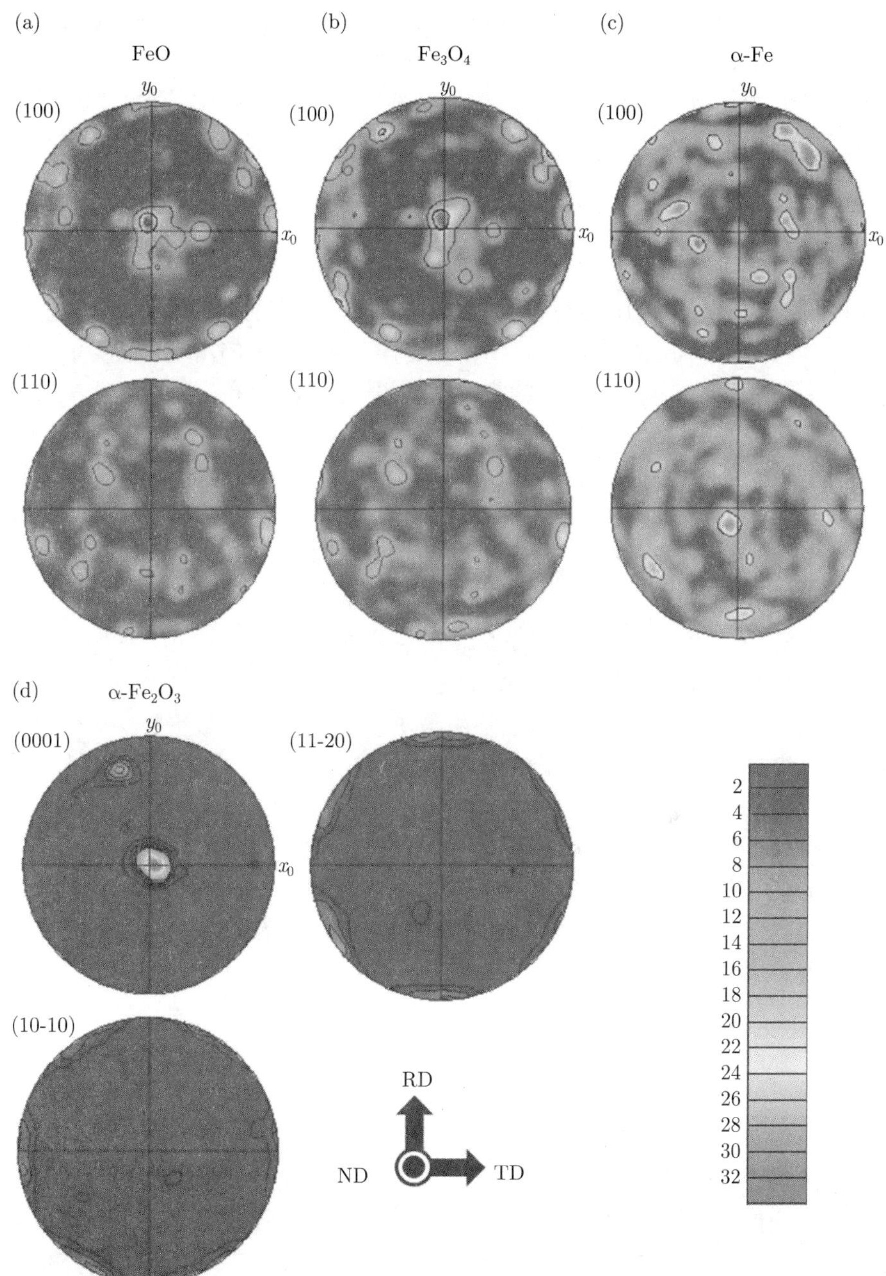

图 7.3 氧化铁皮中 (a)FeO，(b)Fe_3O_4 和 (c) 钢基体 (α-Fe)，(d)α-Fe_2O_3 在不同晶面上的极图 (后附彩图)

其中氧化样本的轧制压下量为 28%，冷却速率为 28°C/s

图 7.1～图 7.3 给出了不同轧制压下量和冷却速率时，所获得的氧化铁皮内的三种氧化物相和钢基体的极图。从图中可以看出，在所有情况下，FeO 似乎都遵循钢基体的面外取向，在氧化铁皮表面法线方向上形成较强的{001} 纤维织构 (图 7.1(a), 图 7.2(a), 图 7.3(a))。而且，在较低的轧制压下量时 (图 7.1(a))，FeO 的织构强度远高于其他条件下的织构强度，其中也包含了较弱的{110} 纤维织构成分。

如图 7.1(b) 所示，氧化铁皮中的 Fe_3O_4 在较低的轧制压下量为 10%和冷却速率为 10℃/s 时，形成了{110} 纤维织构组分，然而在更高的变形条件下，也出现了较强的{001} 纤维织构，如图 7.3(b) 所示。这样，织构类型的出现，证实了与铁单晶相比，多晶钢基体材料需要更长的氧化时间 [225]，或者更高的变形过程来发展清晰的{001}纤维织构组分。

在图 7.1(c), 图 7.2(c) 和图 7.3(c) 中可以发现，钢基体的晶体学织构显微结构就会较弱，主要表现出剪切成分。这种类型的织构，正是在轧制板带的表面区域经常出现的现象 [17]，或者是在经受各种冷却条件时，变形奥氏体的动态相变过程也会出现这样的织构类型 [134]。

图 7.1(d), 图 7.2(d) 和图 7.3(d) 呈现了氧化铁皮中的 α-Fe_2O_3 在各种不同的轧制压下量和冷却速率下的织构变化。从图中可以发现，α-Fe_2O_3 表现着几乎相同强度的织构类型。α-Fe_2O_3 的{0001} 基面与 Fe_3O_4 的界面大致平行，从而沿着表面法线方向建立了纤维轴线，然而在较高的变形压力下发生了织构类型的分裂，如图 7.3(d) 所示。α-Fe_2O_3 的 $\{11\bar{2}0\}$ 和 $\{10\bar{1}0\}$ 的棱柱面几乎垂直于 Fe_3O_4 的表面。这样的织构分布与之前的研究略有不同，其中 α-Fe_2O_3 显示为 $\{11\bar{2}0\}$ 和 $\{10\bar{1}0\}$ 纤维织构。可能的原因是，在 Fe_3O_4 的表面上形成氧化物 α-Fe_2O_3，并且呈现片状的显微组织形貌 [225]，这样的氧化物中会包含由低温氧化而生成的磁赤铁矿 (γ-Fe_2O_3) 而不是赤铁矿 (α-Fe_2O_3)。

7.2　取向密度分布函数的分布

将多晶体晶粒的三维取向分布投影到一个二维的极图上 (如第 7.1 节所示)，这样不可避免地会导致数据信息的损失。也就是说，在提炼采集到的实验数据，进而表示成极图的这一过程中，所获得的多晶样品中晶粒的取向密度分布存在着一定的模糊性。为了对织构数据进行定量化分析，需要采用三维取向密度分布函数 ODF 来描述。与极图不同的是，取向密度分布函数 ODF 不能通过 X 射线衍射技术直接测量，而是需要从所采集的极点数据中计算出来，这些数据通常来自一组从给定样本中获得的极点数据。要显示三维的取向密度分布函数 ODF，需要在适当的三维帧中进行表示。

对给定织构进行定量化描述，需要适当的三维取向空间来表示。欧拉空间是最常用于显示宏观织构数据信息的，并且用三个欧拉角表示定向密度。然而，三维空间中的取向密度分布函数 ODF 表示通常不适合在印刷页面上发表。为此，通过这种三维定向空间，以切片的形式来表示取向密度分布函数 ODF 也就成为常见的做法。正如已经提及的极图，单个部分的密度强度分布可以通过不同的颜色、不同的灰度值来显示，或者最常见的是通过等强度线显示 (图 7.5～ 图 7.7)。通常情况下，沿着 5° 为一个等距部分来切片显示。原则上讲，三个欧拉角的所有部分都可以进行检测和评估。不过，为了研究所计，一般文献中显示 FCC 材料的取向密度分布函数 ODF，通常以 ϕ_2 截面表示。而 BCC 材料的织构，通常以 ϕ_1 截面表示。而对于六方形材料，用 ϕ_1 和 ϕ_2 截面表示的都有，但几乎没有发现使用 Φ 截面表示。为此，本节的取向密度分布函数 ODF 的表达方式，将在 7.2.1 节单独列出，用以表述依据不同的氧化物晶体类型而采用不同规则来进行表达纤维相关织构组分。

7.2.1 理想的纤维相关的织构组分

大部分立方晶系 FCC 材料，在经历一定程度的力学变形行为之后，常见的织构组分尖峰类型比较容易被观测到。相比较而言，BCC 材料，如 α-Fe 和大部分铁氧化物，其变形后的织构就不那么容易被检测到，大部分时候为天然的纤维织构。也就是说，这样的纤维织构多集中在平行于坐标线的直线上，并贯穿于整个欧拉空间 [180]。

图 7.4 概要地描绘了立方晶系材料的理想纤维织构及其取向密度分布函数 ODF 所在的位置。其中取向密度分布函数 ODF 的获取操作主要是在欧拉空间中先固定 ϕ_2 角，然后选定相应的截面 [99,126,180,211−216]。在大多数情况下，对

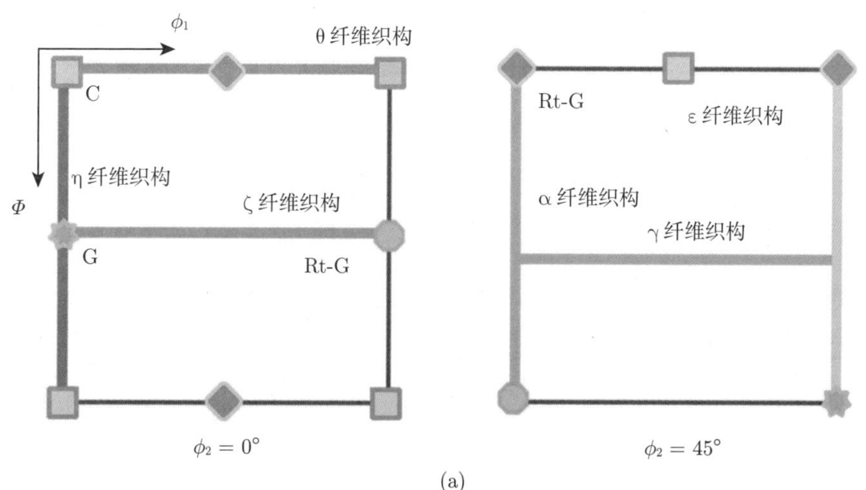

(a)

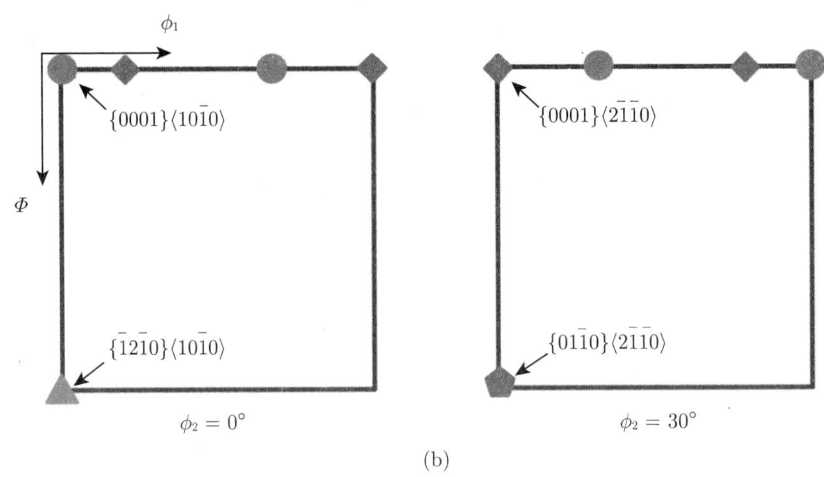

图 7.4　取向密度分布函数 ODF 截面分布概略显示了理想纤维织构在 (a) 立方晶系和部分织构组分在 (b) 三角晶系的金属或其合金

于立方晶系材料，大部分相关的纤维织构是位于 ϕ_2=45° 截面上的 α，γ和ε纤维，其分布角度分别为 ϕ_1=0 ，Φ=55°，ϕ_1=90°，并分别对应于三个晶体学纤维织构组分，⟨110⟩//RD，⟨111⟩//ND 和 ⟨011⟩//TD。还有，居于 ϕ_2=0° 截面上的η，θ和ζ纤维，其分布角度分别为 ϕ_1=0 ，Φ=0° 和 Φ=45°，并分别对应于三个晶体学纤维织构，⟨100⟩//RD，⟨100⟩//ND 和 ⟨110⟩//ND。对于三角六方晶系材料，依据 Bunge 表示系统，其主要的织构组分特征为{0001}⟨10$\bar{1}$0⟩ 和{0001}⟨2$\bar{1}\bar{1}$0⟩ [180,208,213−217]。表 7.1 列出了与这些常见织构成分相对应的欧拉角和米勒指数，更详尽地，表 7.2 给出了立方及三角晶系结构材料，出现在 ϕ_2 为 0° 和 45° 或是 30° 截面上的部分重要纤维织构组分及其在简易缩减欧拉空间上的相应位置。

表 7.1　立方晶系材料中，部分织构组分的欧拉角和米勒系数

织构组分	符号	欧拉角/(°)			米勒系数	纤维织构
		ϕ_1	Φ	ϕ_2		
立方 (C)	■	45	0	45	{001}⟨100⟩	⟨100⟩
高斯 (G)	◆	90	90	45	{110}⟨001⟩	⟨100⟩
旋转高斯 (Rt-G)	✸	0	90	45	{011}⟨011⟩	⟨110⟩
旋转立方 (Rt-C)	⯃	0/90	0	45	{001}⟨110⟩	⟨110⟩

表 7.2 立方及三角晶系结构材料，出现在 ϕ_2 为 0° 和 45° 或是 30° 截面上的部分重要纤维织构组分及其在简易缩减欧拉空间上的相应位置 (ϕ_1，Φ，$\phi_2 \leqslant 90°$)[103,134,188,257−262]

材料	纤维织构	纤维轴 [a]	欧拉角度/ (°)	重要的织构组分
BCC 相	α_{BCC}- 纤维织构	⟨011⟩//RD	0, 0, 45–0, 90, 45	{001}⟨110⟩, {112}⟨110⟩, {111}⟨110⟩
	γ 纤维织构	⟨111⟩//ND	60, 54.7, 45–90, 54.7, 45	{111}⟨110⟩, {111}⟨112⟩
	η 纤维织构	⟨001⟩//RD	0, 0, 0–0, 45, 0	{001}⟨100⟩, {011}⟨100⟩
	ζ 纤维织构	⟨011⟩//ND	0, 45, 0–90, 45, 0	{011}⟨100⟩, {011}⟨211⟩, {011}⟨111⟩, {011}⟨011⟩
	ε 纤维织构	⟨011⟩ //TD	90, 0, 45–90, 90, 45	{001}⟨110⟩, {112}⟨111⟩, {4411}⟨11118⟩, {111}⟨112⟩,{1111} ⟨4411⟩, {011}⟨100⟩
	θ 纤维织构	⟨001⟩//ND	0, 0, 0–90, 0, 0	{001}⟨100⟩, {001}⟨110⟩
FCC 相	α_{FCC} 纤维织构	⟨011⟩//ND	0, 45, 0–90, 45, 0	{011}⟨100⟩, {011}⟨211⟩, {011}⟨111⟩, {011}⟨011⟩
HCP 相	{0001}⟨$10\bar{1}0$⟩	⟨$10\bar{1}0$⟩//ND	0/60, 0, 0.60/0.60[b]	{0001}⟨$10\bar{1}0$⟩
	{0001}⟨$2\bar{1}\bar{1}0$⟩	⟨$2\bar{1}\bar{1}0$⟩//ND	0/30, 0, 0.90/0.60[b]	{0001}⟨$2\bar{1}\bar{1}0$⟩
	{$\bar{1}2\bar{1}0$}⟨$10\bar{1}0$⟩	⟨$10\bar{1}0$⟩//ND	0/60, 90, 0	{$\bar{1}2\bar{1}0$}⟨$10\bar{1}0$⟩

a RD，轧制方向；ND，法向方向；TD，横向方向。

b 对于三角晶系密排六方结构中的理想晶轴比率 (c/a)。

7.2.2 取向密度分布函数截面分布

在热轧快速冷却实验后，利用电子背散射衍射技术，所采集到的氧化铁皮物相数据包括 α-Fe、Fe_3O_4 和 α-Fe_2O_3 的织构演进及它们沿着相关纤维织构或织构组分的不同分布强度等均已在图 7.5～图 7.7 中分别给出。值得指出的是，α-Fe 只限定于钢基体部分，鉴于氧化铁皮内部的共析反应产物中的 α-Fe 量较少，并不予以考虑。

在图 7.5～图 7.7 的子图 (a) 钢基体的织构中可以看到，主要呈现的是强度较弱的剪切织构组分。通常这种织构类型会出现在热轧带钢的表面区域，可能的生长类似于图 7.8(a) 和图 7.8(b) 中的ζ和ε纤维织构 [19,95,126,180]，或者是在带钢再加热和热轧过程中微合金钢基体中变形奥氏体及其动态相转变过程后的生成物，也呈现相似的 ζ 和 ε 纤维织构 [126,218]。不过，图 7.7(a) 中，当氧化试样的轧制压下量为 28%和冷却速率为 28℃/s 时，其钢基体的 α-Fe 织构却非常类似于之前的研究检测。也就是说类似于未变形的间隙钢基体在自由流动的空气中 900℃氧化时所获得的织构组分，为此，存在着高强度的法向方向 ND 旋转立方织构组分 [21]。很显然，钢基体内的晶体学织构随着氧化温度的提高、轧制压下量和冷却速率的加大，其分布强度均可以得到有效增强 [18,19,95,202]。

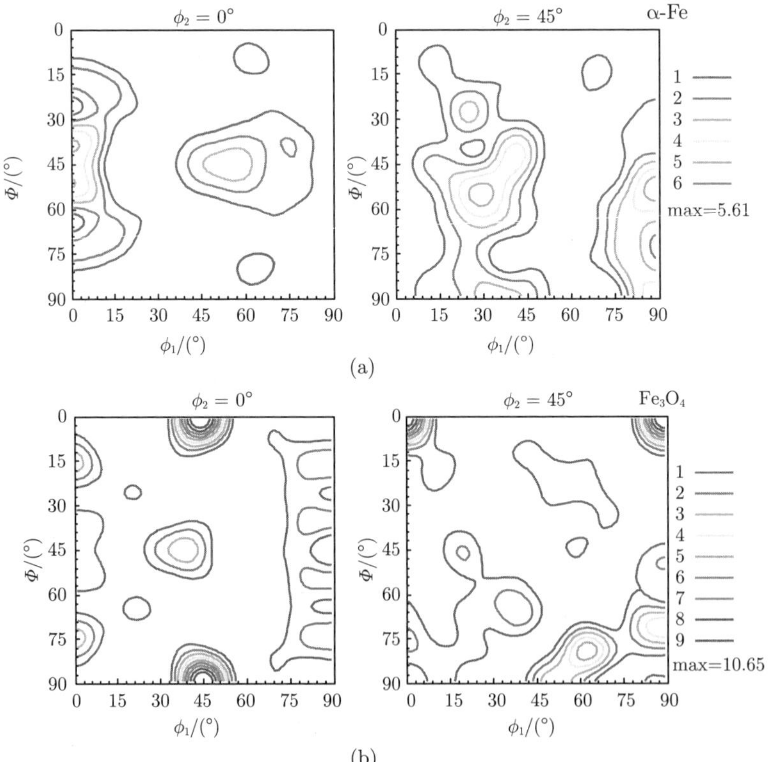

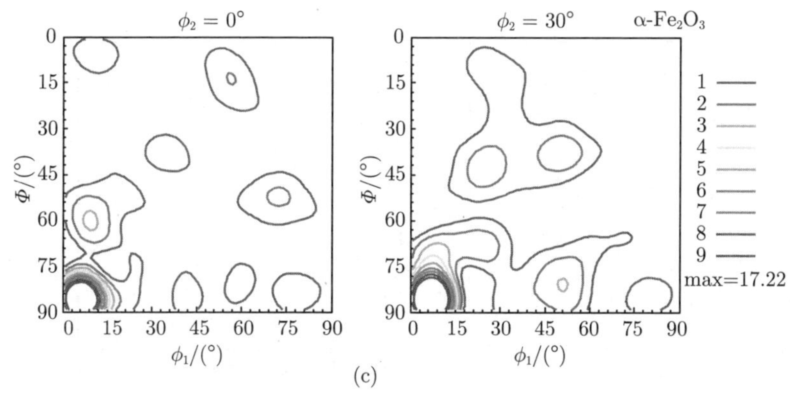

(c)

图 7.5 取向密度分布函数 ODF 截面分布 (后附彩图)

(a) 钢基体 (α-Fe)；(b)Fe_3O_4；(c)α-Fe_2O_3，其中氧化样本的轧制压下量为 10%，冷却速率为 10°C/s

类比于高温氧化时的钢基体织构，氧化物 Fe_3O_4 也保持着高强度的 $\{001\}\langle110\rangle$ 旋转立方织构组分，如图 7.5(b) 所示，尤其表现在较小的轧制压下量 (10%) 和较低的冷却速率 (10°C/s) 时。如图 7.6 和图 7.7 所示，随着氧化铁皮轧制压下量和冷却速率的增加，Fe_3O_4 发展成为较高强度的 θ 纤维织构，其中包括 $\{100\}\langle001\rangle$ 立方和 $\{001\}\langle110\rangle$ 旋转立方织构组分。这些立方织构稍微地向 $\langle210\rangle$ 晶向方向转移，最终形成了相对高强度的 $\{100\}\langle210\rangle$ 织构组分，其强度密度为 $f(g)=7.4$，如图 7.8(d) 所示。之前的研究也发现 θ 纤维织构出现在未变形高温氧化形成的 FeO 中，其氧化流程是钢基体经 1050°C再加热处理后，在 950°C和 650°C时氧化所获得的 [18,19,22,126,202,219]。由此，就可以推断出 $\{100\}\langle001\rangle$ 立方和 $\{001\}\langle110\rangle$ 旋转立方织构组分的出现，可能归因于在高温氧化过程中氧化物晶粒的生长过程。然而，对于 $\{100\}\langle210\rangle$ 织构组分，主要出现在氧化样本后续外力作用下的变形情况。不过，并没有发现在大部分 FCC 材料中出现的沿着 $\{111\}$ 平面的织构组分。

图 7.5～图 7.7 子图 (c) 给出了随着轧制压下量和冷却速率逐级增加，在变形氧化物层中的 α-Fe_2O_3 的织构演进。鉴于其三角晶系的晶体结构对称性，α-Fe_2O_3 的取向密度分布图以 $\phi_2=0°$ 和 30° 两个截面进行展示。从图中可以看出，α-Fe_2O_3 主要是由沿 $\{0001\}$基准平面的纤维织构组成的，其中包括占主导地位的 $\{0001\}\langle10\bar{1}0\rangle$ 和相对弱强度的 $\{0001\}\langle2\bar{1}\bar{1}0\rangle$ 织构组分。具体来说，在轧制压下量为 10%和冷却速率为 10°C/s 时，α-Fe_2O_3 出现了混合取向 $\{\bar{1}2\bar{1}0\}\langle10\bar{1}0\rangle$ 和 $\{01\bar{1}0\}\langle2\bar{1}\bar{1}0\rangle$ 的织构组分，其密度强度 $f(g)=17.22$，如图 7.5(c) 所示。在相对较高的冷却速率 23°C/s 时，α-Fe_2O_3 出现了最活跃的 $\{0001\}\langle2\bar{1}\bar{1}0\rangle$ 纤维织构，如图 7.7(c) 所示，其具有相对较高的密度强度 $f(g)=7.5$。最终，在更高的轧制压下量 28%和冷却速率 28°C/s 时，图 7.7(c) 记录了 $\{0001\}\langle10\bar{1}0\rangle$ 织构组分，并呈现最大的密度强度 $f(g)=14.4$。

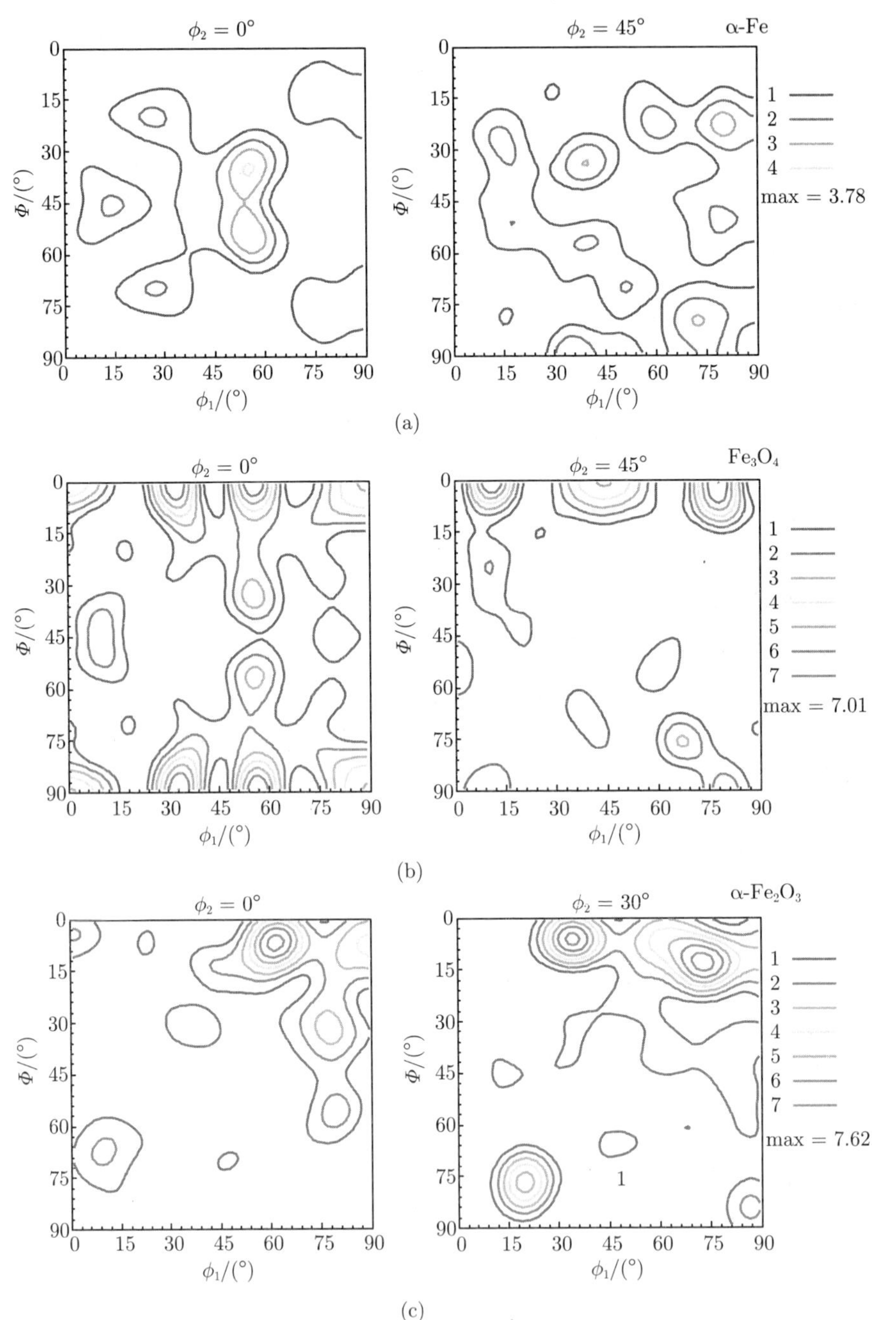

图 7.6　取向密度分布函数 ODF 截面分布 (后附彩图)

(a) 钢基体 (α-Fe)；(b)Fe_3O_4；(c)α-Fe_2O_3，其中氧化样本的轧制压下量为 13%，冷却速率为 23℃/s

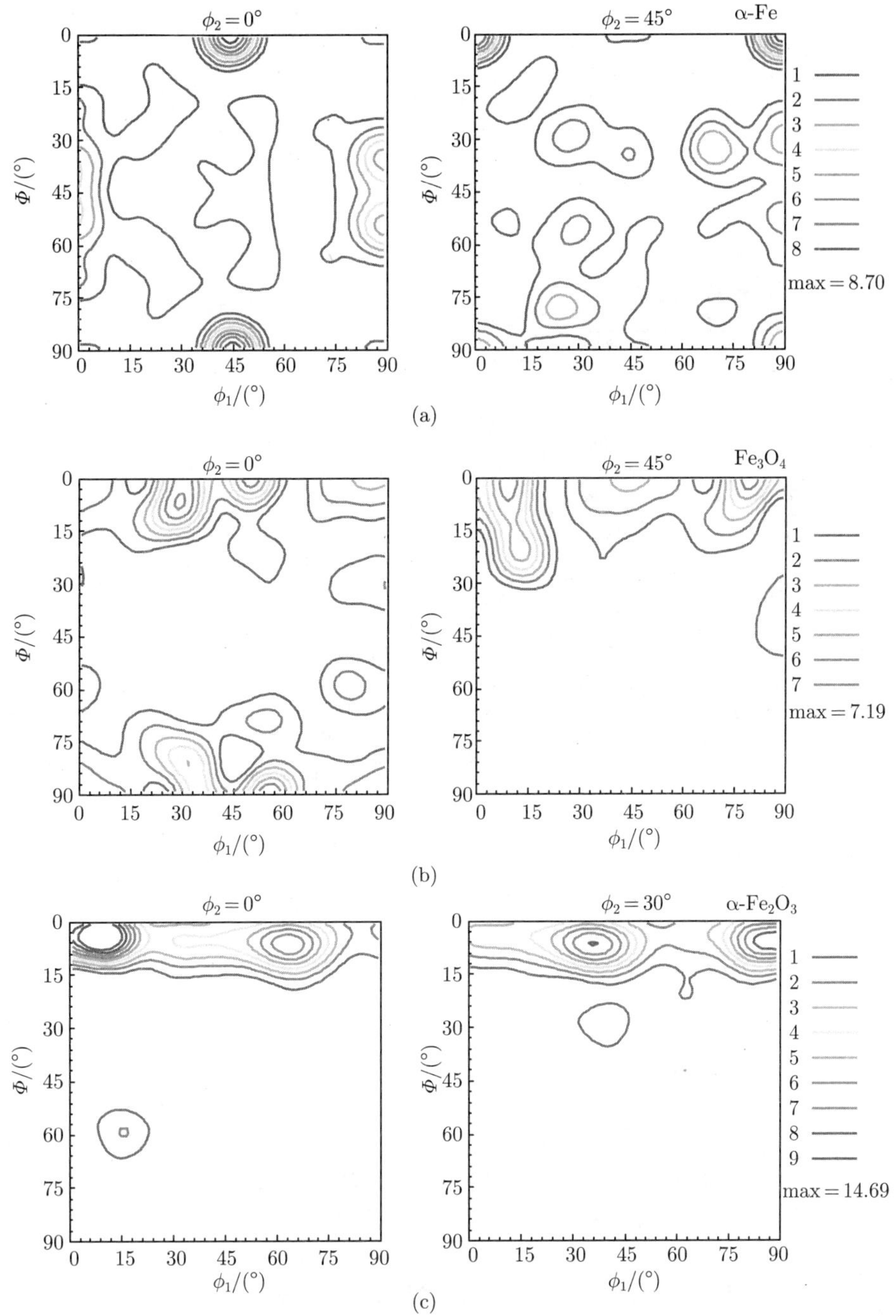

图 7.7 取向密度分布函数 ODF 截面分布 (后附彩图)

(a) 钢基体 (α-Fe)；(b)Fe_3O_4；(c)α-Fe_2O_3，其中氧化样本的轧制压下量为 28%，冷却速率为 28℃/s

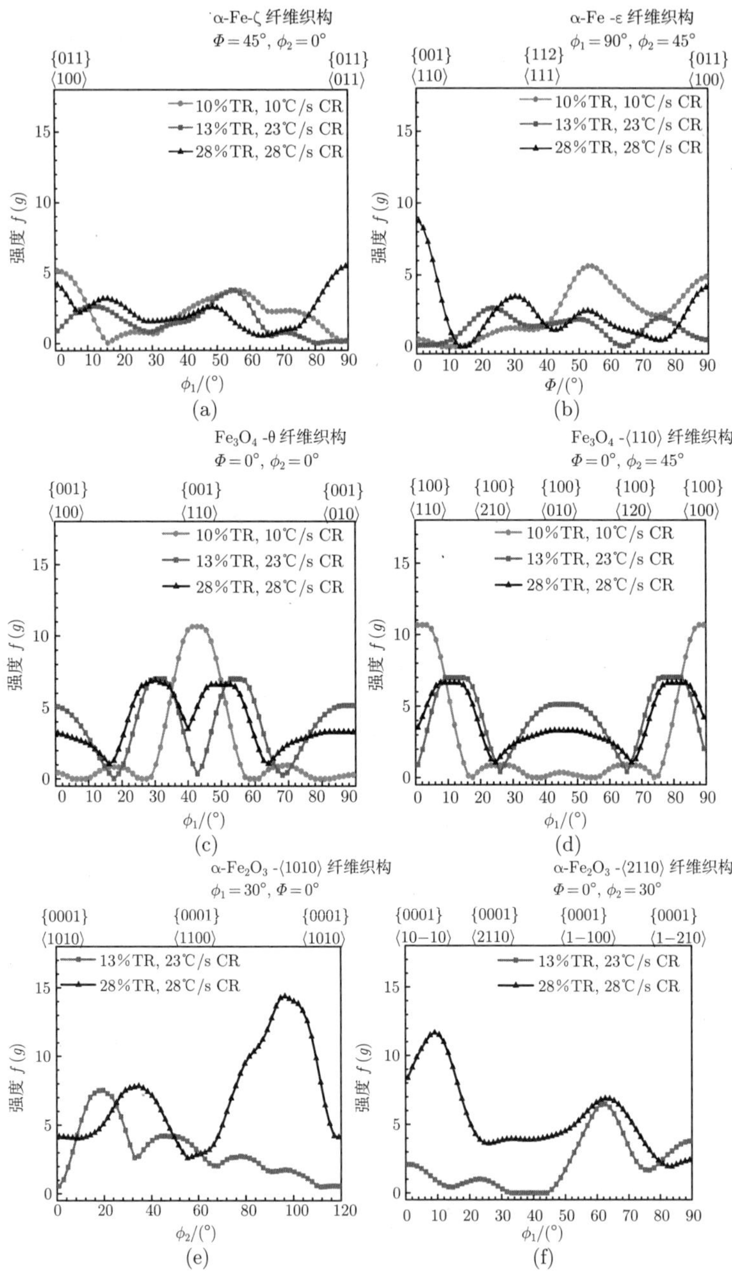

图 7.8　氧化铁皮中织构强度的曲线分布图：钢基体 (α-Fe) 中沿着 (a)ζ 和 (b)ε纤维织构；Fe_3O_4 中沿着 (c)θ 和 (d)⟨110⟩ 纤维织构；α-Fe_2O_3 中沿着 (e)⟨1010⟩ 和 (f)⟨2110⟩ 纤维织构

TR，轧制压下量；CR，冷却速率

具有三角六方晶系的晶体结构的 α-Fe_2O_3 在通常情况下有独立的滑移系统，即 $\{0001\}\langle 2\bar{1}\bar{1}0\rangle$，$\{1\bar{2}10\}\langle 10\bar{1}0\rangle$，$\{1\bar{2}10\}\langle 10\bar{1}1\rangle$，$\{1\bar{1}02\}\langle 01\bar{1}1\rangle$ 和 $\{10\bar{1}0\}\langle 01\bar{1}1\rangle$[211,217]。在这种情况下，氧化物 α-$Fe_2O_3$ 的轧制织构发展为高强度的 $\{0001\}\langle 10\bar{1}0\rangle$ 织构组分可能是由基准平面滑移系统直接导致的 [180,210]。

为了研究说明，将图 7.5～ 图 7.8 的数据有针对性地提炼分组，可以得到图 7.9。此图与以上各图所要表达的意义是相同的，但形式上是有区别的，更加突出了所要研究的对象。也就是说，图 7.9 更加易于比较同类型的氧化物相，右侧是织构取向密度函数的截面分布，左侧是与之相对应的织构强度曲线。这样的图形布置，类似于电子背散射衍射的后处理分析程序中的页面显示，可以同时切换不同的数据进行确认晶粒重构的信息，从而更利于对所得数据进行判断，此图布置在这里的目的旨在说明研究方法和输出形式也是科学研究中不可忽略的因素。

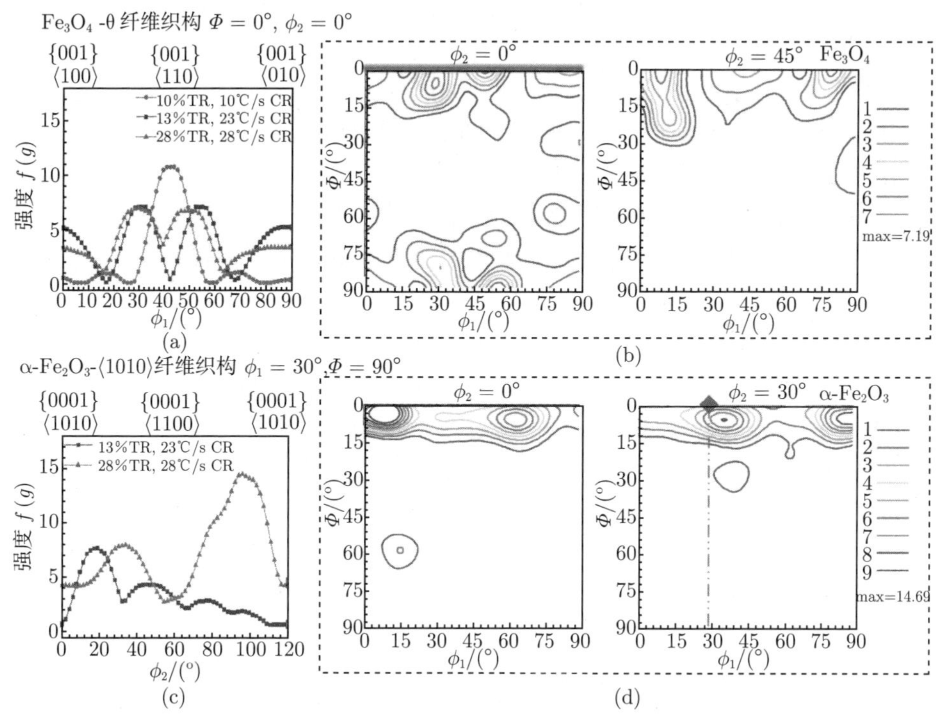

图 7.9 氧化铁皮中织构强度的曲线分布图 (后附彩图)

Fe_3O_4 中沿着 (a)θ 纤维织构；α-Fe_2O_3 中沿着 (c)〈1010〉 纤维织构；取向密度分布函数 ODF 截面分布 (b)Fe_3O_4 和 (d)α-Fe_2O_3，其中氧化样本的轧制压下量为 28%，冷却速率为 28℃/s

7.3　不同晶粒尺寸的织构情况

在 6.3.3 节中，已经建立了氧化铁皮内不同氧化相的四个不同的晶粒尺寸子集，分析了不同晶粒尺寸和取向分布之间的关系。本节将拓展这些研究结果，更进一步地分析不同晶粒尺寸和织构演变之间的函数关系。其中所选取的氧化铁皮样品，其轧制压下量为 28% 和冷却速率为 28℃/s。按晶粒直径的顺序进行分类，这些晶粒大小子集为 1~5 μm，5~10 μm，10~15 μm 和大于 15 μm。相应地，四个晶粒大小子集的取向分布由收集的各个晶粒取向的数据计算。

7.3.1　不同晶粒尺寸时的极图检测

为了定性评估各种晶粒尺寸范围的取向分布，极图已被用于显示氧化物中单个晶粒在晶体方向的球形投影。值得一提的是，对于氧化铁皮晶粒中直径为 1~5μm 和 5~10μm 的两个原始数据集，极点图中可采集到具有统计相关性的大量数据，因而可以用连续密度分布来表示织构，如图 7.10 所示。而当氧化铁皮晶粒尺寸较大，所获得的轮廓极点取向数据信息的数量较小时，可以用散点分布的极图来表示。需要注意的是，利用等值线的极图表达，若出现了看起来更加杂乱的或尖刺类的外形，用离散数据表示可能是比较合适明晰的，如图 7.11 所示。

在图 7.10(a) 中，这里的钢基体晶粒尺寸为 1~5μm 的 α-Fe 晶体，所呈现的织构强度较弱，最大织构强度为 4.09。除此之外还有证据表明，热轧钢板表面附近的 α-Fe 晶粒不会产生{001}//ND 的织构组分 (ND 为样本体系的法线方向，对于氧化铁皮样本定义为氧化铁皮的生长方向，具体可参见 6.1.3 节所述)。然而与之相反的是，当晶粒尺寸为 1~5μm 和 5~10μm 时，Fe_3O_4 晶粒具有相似的织构强度。在图 7.10(b) 和图 7.10(c) 中保持了与 ND 平行的强 {001}纤维织构组分。它们的织构强度的最大值分别是 5.02 和 5.06。这样的织构成分意味着，对于 Fe_3O_4 晶粒而言，与铁单晶相比，多晶钢基体可能需要更长的氧化时间，或更高的变形条件来发展清晰的 {001} 纤维织构 [134]。

图 7.11 中，当氧化铁皮晶粒尺寸较大时的极图显示为散点图，以适应有限的相当少量的个别点在相对较大晶粒的特定情况，为此局部方位数据可以在极图中以不同的取向分布 IPF 颜色方案进行标记。其颜色配置方案对应于第 6 章中图 6.6 的电子背散射衍射 EBSD/IPF 晶粒取向分布扫描图。更直白地说，在氧化铁皮内新形成的{001}// ND 的织构组分，对应于 IPF 颜色方案中立体三角形内的红色标记。由此可推断出，晶粒尺寸较大的 Fe_3O_4 的晶粒滑动效应限制了取向方向接近于 {001}//ND 的晶粒运动。不过，这还不能明确地证明，这些亚晶粒实际上也具有相同的取向分布关系。这是因为极图的表达方式只显示了一个参考轴的方向，也就

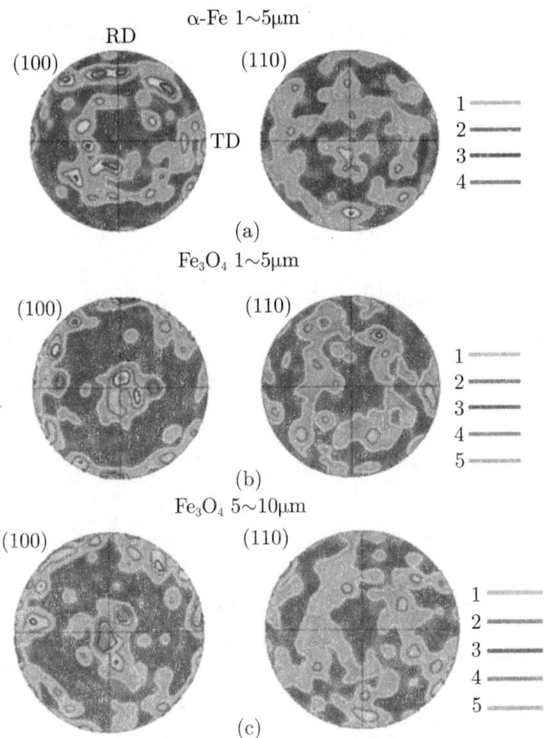

图 7.10 氧化铁皮的晶粒尺寸在 1~5μm 时，(100) 和 (110) 极图表示 (a)α-Fe 和 (b)Fe_3O_4；晶粒尺寸在 5~10μm 时，(100) 和 (110) 极图表示 (c)Fe_3O_4(后附彩图)

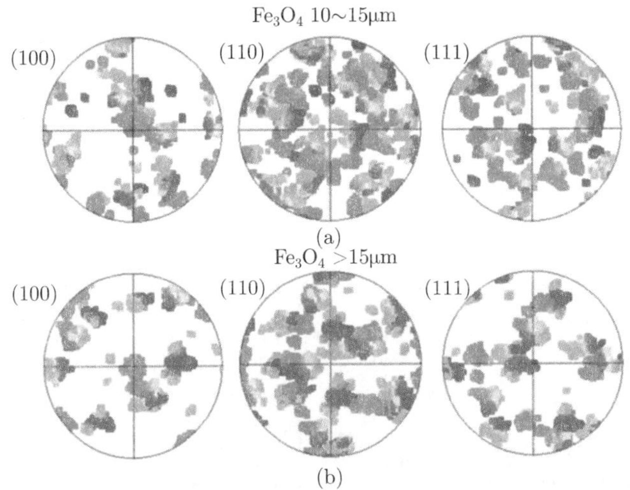

图 7.11 氧化铁皮中 Fe_3O_4 的散点极图，其晶粒尺寸在 (a)10~15μm 和 (b) 大于 15μm(后附彩图)

是样本的法向方向，即对于氧化铁皮的生长方向 ND，也就是没有考虑到关于这个轴的旋转。例如，第 6 章中图 6.11(b) 中亚晶粒的全部晶粒取向是完全不同的，这在图 7.11(b) 中以极图绘制相同取向时变得明显。因此，对于氧化铁皮来说，信息完整表达织构演化的三维取向密度分布 ODF 图就变得非常必要。

7.3.2　多种晶粒尺寸 Fe_3O_4 的最优取向分布

图 7.12 给出了三个不同晶粒尺寸子集中，氧化铁皮中 Fe_3O_4 晶粒的织构演变。图 7.13 显示了氧化铁皮中不同晶粒尺寸的 Fe_3O_4，在沿着 θ 纤维织构和 ⟨110⟩ 纤维织构的强度分布图。在图 7.12(a) 中，含有所有晶粒尺寸的 Fe_3O_4 织构分布，包含了强度最高为 10 的较强 {001}⟨110⟩ 旋转立方体 (Rt-C) 织构组分。然而，相对较强的 Rt-C 织构组分逐渐转移到{100}⟨210⟩ 织构，图 7.13(a) 记录了两个相等的织构强度峰值 $f(g)$=9.1。

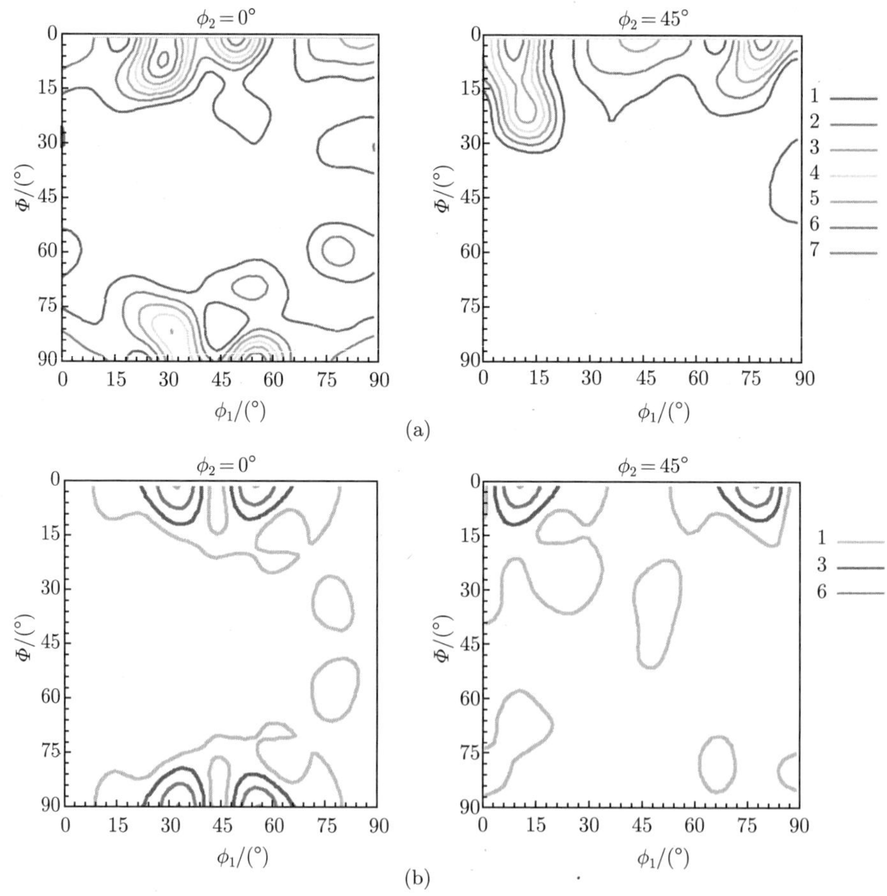

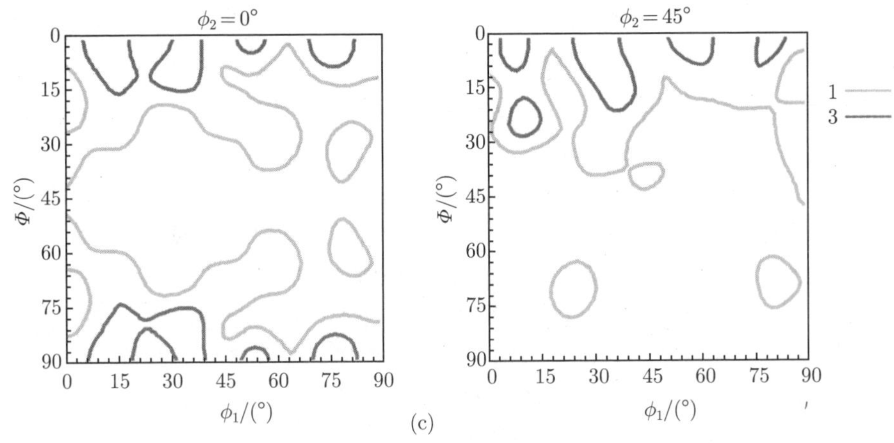

图 7.12 氧化铁皮中 Fe_3O_4 晶粒尺寸子集合为 (a) 全部尺寸晶粒，(b) 晶粒尺寸 1~5μm，(c) 晶粒尺寸 5~10μm，取向密度分布函数 ODF 截面分布

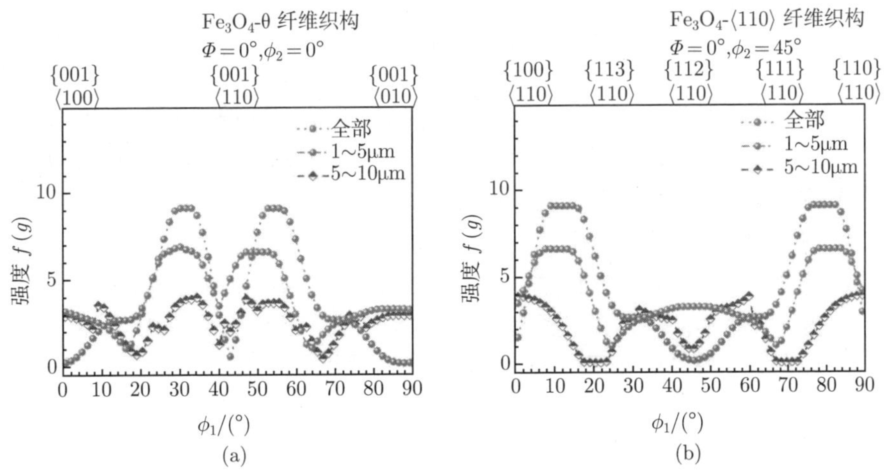

图 7.13 氧化铁皮中不同晶粒尺寸的 Fe_3O_4，其织构强度的曲线分布图，沿着 (a)θ 和 (b)⟨110⟩ 纤维织构

对于晶粒尺寸为 1~5μm 的 Fe_3O_4(图 7.12(b))，在图 7.13(a) 中{100}⟨210⟩ 织构组分的强度降低到 $f(g)$=6.9。对于晶粒尺寸为 5~10μm 的 Fe_3O_4(图 7.12(c)) 形成了强度相对较弱的 θ 纤维织构，其叠加在 ϕ_2= 0° 断面的 Φ= 0° 位置上，并且旋转 ⟨100⟩//ND 织构组分形成了最大的强度 $f(g)$=3.8。在以前的研究 [134] 中，使用平面应变压缩实验测得的结果，也发现了从 Rt-C 向{100}⟨210⟩ 织构组分的演变过程。这里的不同之处就在于，{001}⟨100⟩ 立方体织构组分呈现着较弱的强度。除此之外，晶粒尺寸为 1~5μm 的 Fe_3O_4 也出现了第二最大强度 $f(g)$=3.8，如图 7.13(b)

所示，该立方织构组分，叠加在 ϕ_2= 45° 断面的 Φ=0° 位置上。这也表明，相对精细晶粒的择优取向呈现得是较强织构组分{001}//ND。这可以归因于尺寸较小的微细晶粒在异常大的晶粒周围生长，以缓解热轧过程中的塑性变形，这与晶粒滑移机制有关 [234]。

相对尺寸精细晶粒比较容易出现与氧化物生长方向 ND 平行的较强{001}织构组分。这极好地印证了，一般情况下，各向异性低碳带钢的织构演化在很大程度上依赖于晶粒尺寸的变化 [247]。在热轧快速冷却过程中，氧化铁皮的细化晶粒过程对于这种氧化铁皮形成超细晶粒也是必不可少的。因此，在高温塑性变形和随后的连续冷却过程中，氧化铁皮出现的显微组织织构的演变，可以被解释为是一个明显的晶粒恢复再结晶的过程。在这个过程中并没有新物质的晶粒生成，只是发生了原有晶粒的长大 [248]。这些织构的定量表征结果说明，在热轧后的氧化铁皮内，不同氧化物相依据其晶体结构的不同而择优生长，进而完成不同程度的物相转变过程，最终形成了更多样性的三次氧化铁皮显微组织结构。

7.4　基于织构分析接缝层的形成

Fe_3O_4 与原初高温生成的 FeO，共同拥有着 ⟨100⟩ 纤维织构，也被称为 θ 纤维 [20,134,209]。由此，可以推断出，Fe_3O_4 晶粒优先析出，而不是由氧化铁皮背离基体而产生的二次氧化过程所形成的 [38]。这种纤维状的晶粒外形，其来源根植于处在氧化铁皮与钢基体界面处的 Fe_3O_4 接缝层。这一研究结果部分表明了，应变侧向生长过程可能存在于高温氧化过程。在热轧快速冷却实验后，应力释放可能出现在氧化铁皮与钢基体的界面处，也就是说，其界面处几乎没有应变出现。相转变形成的 Fe_3O_4 晶粒，通过成核而生成，并且晶粒通过扩散而生长起来 [11−13]。

氧化铁皮中的择优生长反映了氧化层内部应力状态 [225,249,250] 与微合金钢基体中的离子扩散之间的能量平衡 [251]。在热轧快速冷却后，三次氧化铁皮的变形氧化层由外部条状的变形晶粒、中间柱状未变形晶粒和贴合钢基体的球状 Fe_3O_4 晶粒组成 (图 6.6)。在 α-Fe_2O_3 和 Fe_3O_4 的氧化铁皮中，会发现相似的双相异构 Fe_3O_4 显微组织结构也会在较低氧化温度下形成 [6,12,35,123,225,252]。这种更精细晶粒的等轴晶内层的形成，也与氧化物生长的择优取向有关，同时还涉及氧化物层中的特定离子空位扩散，以及由这些现象导致的特定的内应力状态。

本章对氧化铁皮的织构分析表明，整个双相异构 Fe_3O_4 氧化层，在较小的轧制压下量为 10%时，沿着氧化物生长方向显示出了较弱强度的{110}纤维织构组分，如图 7.1 所示。依据这一结果可以推测，氧化铁皮内层的球形晶粒，可能是因为在铁晶粒 (110) 表面处优先析出 Fe_3O_4，这样可以使得钢基体与氧化物 Fe_3O_4 两晶格之间的失配达到最小化。若在钢基体中没有合金元素，在靠近基体界面处，晶格

失配会在 Fe_3O_4 晶粒中产生较高的压应力 [225,253]。外延应变随着进一步氧化而不断地衰减，并因此使得氧化铁皮层不断地加厚，这样就会导致氧化物晶粒之间的界面能的变化，从而推动氧化反应过程，以达到能量的平衡，使得在钢基体上长期地生长出 Fe_3O_4。因此，Fe_3O_4 以牺牲{110}纤维织构为代价，从而在氧化铁皮的两个子层中，令{001}纤维织构内占主导地位，如图 7.2 和图 7.3 所示。随着氧化铁皮内 Fe_3O_4 晶粒生长，氧化铁皮厚度逐渐增加，使得不同氧化物层的压应力升高。微合金钢基体中的晶粒还有助于增加 Fe_3O_4 与钢基体铁界面处的变形。氧化铁皮与钢基体之间的应变，会导致完全的应力释放，甚至导致与钢基体界面处 Fe_3O_4 氧化物层的轻微张力 [253]。这种氧化铁皮的应力释放过程，增强了氧化铁皮与钢基体界面处的细小球状晶粒的生长。这种现象也可以在其他细粒氧化铁皮中发现 [253,254]。值得一提的是，涉及氧化铁皮内部的局部塑性应变问题，可以参见第 8 章的详细阐释。

图 7.14 提出了氧化铁皮的内应力状态变化示意图，与此同时，可以利用潜在的离子传输机制，来解释在微合金钢基体上形成的 Fe_3O_4 接缝层的基本原理。在微合金钢上形成的氧化铁皮内，呈现着突出的拉应力 [254]，同时出现了抑制氧化物层内的阳离子向外扩散的现象和增强的氧阴离子扩散性质，这些可能是因为在纯铁及其氧化物中不存在氧空位。$Fe_{(II)}$ 和 $Fe_{(III)}$ 的半径分别为 0.74Å和 0.64Å，它们约为氧阴离子半径的一半 (1.4Å)。由于原子尺寸上的显著差异，在 FeO 或 Fe_3O_4 中的氧阴离子易于形成立方密排结构，其中铁阳离子占据八面体和/或四面

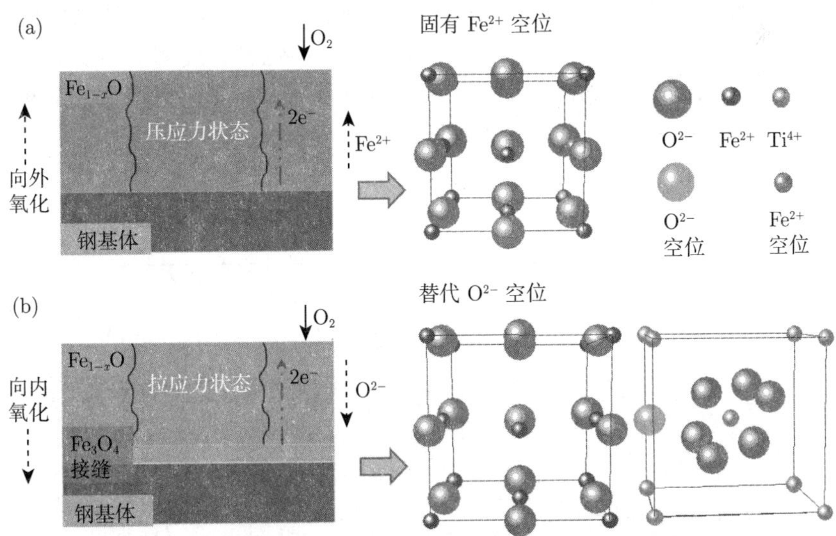

图 7.14　氧化铁皮/基体界面层形成的离子传输机制示意图

(a) 没有合金元的钢基体；(b) 微合金钢基体

体位置的一部分空隙。由于在铁氧化物中，其具有较大的原子直径且缺乏氧空位，因此氧阴离子的迁移率明显低于没有添加合金元素的铁阳离子，如图 7.14(a) 所示。当添加合金元素时，如图 7.14(b) 所示，铁阳离子和合金元素之间的相互作用可能导致晶格替代缺陷，因为铁阳离子的尺寸与合金阳离子，如钛阳离子的尺寸很接近。如果空位浓度低于临界浓度，所产生的氧离子空位就会在晶体结构中产生点缺陷。由于这些氧空位的存在，氧阴离子将能够比较容易地扩散，并通过晶体结构而完成扩散控制氧化过程。研究人员普遍意识到金属的高温氧化以及整个体系的相应结构和化学演化是由扩散介质和晶格缺陷 (如空位) 的动态相互作用而共同决定的 [255]。因此，晶粒的择优取向可以为 Fe_3O_4 接缝层的生成提供科学指导，也就是说当不希望生成 Fe_3O_4 接缝层时，就采用晶界工程来抑制 Fe_3O_4 接缝的生成，而在需要时，就调节参数，使其生成具有特定层状显微组织结构的氧化物结构。按目前的研究状态来看，应力释放和离子空位扩散氧化机制，可以很好地解释接缝层的形成并有望以此来调控 Fe_3O_4 晶粒的生长周期。

7.5　工业生产中的氧化铁皮织构

更进一步地，可以利用电子背散射衍射进行定量化的分析，表征并理解工业生产中热轧氧化铁皮的织构演变情形 [256]。图 7.15 和图 7.16 显示了工业和实验三次氧化铁皮中 Fe_3O_4 晶体结构的织构发展及其沿着相关纤维或织构组分的强度分布曲线。如图 7.15(a) 所示，Fe_3O_4 包含较强的{001} ⟨100⟩ 立方体织构组分，其最大强度 $f(g)$ 可达 10[图 7.16(a)]。此外，Fe_3O_4 还包含强度相对较弱的 θ 纤维织构 (位于取向密度分布函数 ODF $\phi_2 = 0°$ 截面的 $\Phi=0°$ 处) 及其强度较弱的转动 ⟨100⟩//ND 织构组分。该纤维织构从立方体织构组分，延伸到沿着 $\phi_1 = 0° \sim 90°$ 不断地趋近于{001}⟨210⟩ 的织构组分。

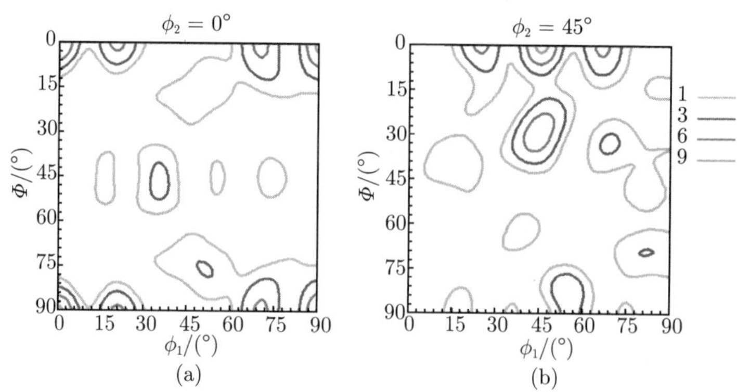

图 7.15　工业生产的氧化铁皮内 Fe_3O_4，其取向密度分布函数 ODF 截面分布图 (后附彩图)

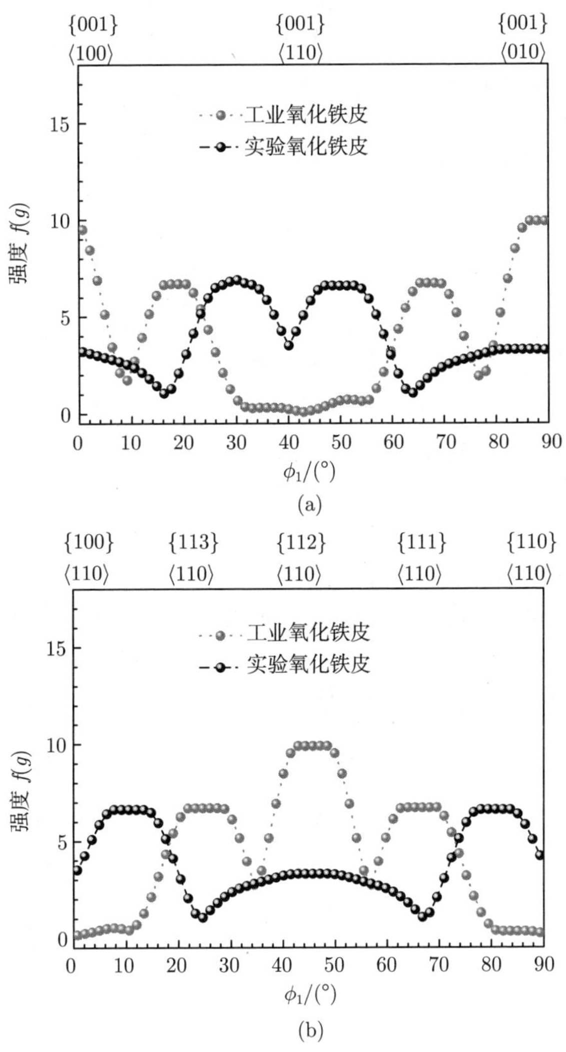

图 7.16 对比工业与实验中生产的氧化铁皮内部氧化物 Fe_3O_4 的织构强度曲线分布图沿着 (a)θ 和 (b)⟨110⟩ 纤维织构

具体而言，工业氧化铁皮中织构组分的位置，比实验室生产的三次氧化铁皮中的织构组分的位置更接近{001}⟨210⟩(图 7.16(a))。取向密度分布相对较强的{100}⟨210⟩ 织构组分记录在第二个最大织构强度 $f(g)$=6.7。来自工业生产线的氧化铁皮的织构强度值，与实验室生产的三次氧化铁皮在强度标准上是相同。这一结果表明，带钢卷取后，在带钢表面上形成的氧化铁皮中出现了恢复再结晶的工艺过程。

比较了工业生产过程中，热轧氧化铁皮样本与实验室制备的氧化样本。它们的显微组织结构和织构发展证明了织构之间的差异。这种织构上的不同，部分原因在于从热轧、加速冷却到卷取的过程中，不同的热处理路径和加工过程。这项研究的结果表明，许多涉及氧化铁皮的具体性量化研究仍需要完成。一个潜在的研究领域涉及工业氧化铁皮在层流冷却过程中，受控冷却和其最终室温状态之间的织构变化。

7.6 小　　结

本章是将电子背散射衍射采集到的数据信息，更深入地进行后处理分析表征。对热轧带钢表面形成的氧化铁皮开展了定量化的研究，获得了在不同轧制压下量和冷却速率下，不同氧化物相 (FeO、Fe_3O_4 和α-Fe_2O_3) 和钢基体的织构演进结果，并呈现了它们的极图和取向密度分布函数 ODF 的定量表达。与此同时，定量化分析了 Fe_3O_4 和 α-Fe_2O_3 在不同晶粒尺寸时所发生的织构变化情况。最后，有效地比较了工业生产过程中产生的氧化铁皮与实验室制备的氧化铁皮之间，Fe_3O_4 和α-Fe_2O_3 的所形成的织构组分的变动状况。为此，具体的主要结论分列如下。

(1) 对氧化铁皮内 Fe_3O_4 和α-Fe_2O_3 所形成的织构进行了详尽系统的定量化分析。电子背散射衍射晶粒重构的研究结果表明，Fe_3O_4 将形成沿氧化物生长方向上，高强度的 θ 纤维织构，其主要包括$\{100\}\langle001\rangle$ 和$\{001\}\langle110\rangle$ 织构组分。这主要是由 Fe_3O_4 在$\{100\}$晶面上的表面能最小化所引起的。相比较而言，α-Fe_2O_3 形成的织构，主要是源于最优基准晶面滑移体系所引发的$\{0001\}\langle10\bar{1}0\rangle$ 织构组分。此外，生长在 Fe_3O_4 氧化物表面 θ 纤维织构上的 α-Fe_2O_3，将会沿着 Fe_3O_4 晶粒的 $\langle001\rangle$ 晶向成 $54.76°$ 角度倾斜方向生长。

(2) 含有所有晶粒尺寸的 Fe_3O_4 织构分布，包含了较强$\{001\}\langle110\rangle$ 旋转立方体 (Rt-C) 织构组分。然而，随着轧制压下量和冷却速度的增加，相对较强的 Rt-C 织构组分逐渐转移到$\{100\}\langle210\rangle$ 织构。氧化铁皮样品在轧制压下量为 28%和冷却速率为 28℃/s 下，较小晶粒尺寸 ($<0.5\mu m$) 时，钢板表面附近的 α-Fe 晶粒不会产生$\{001\}$//ND 的织构组分，而氧化物 Fe_3O_4 晶粒内却始终保持着这个织构组成。当晶粒尺寸较大时，Fe_3O_4 的晶粒滑动效应会限制取向方向接近于$\{001\}$//ND 的晶粒运动。也就是说，晶粒尺寸较小的 Fe_3O_4 比较容易出现与氧化物生长方向 ND 平行的较强$\{001\}$织构组分。

(3) 工业生产线上的氧化铁皮与实验室生产的三次氧化铁皮在织构强度值上是相同。所不同的是，织构组分的类型有所不同。工业氧化铁皮中织构组分的位置比实验室生产的三次氧化铁皮，更接近$\{001\}\langle210\rangle$ 变形织构组分。

第 8 章　氧化铁皮的局部应变分析

对晶体学织构分析后发现，多晶材料的扩散控制氧化也可能与相关区域内的局部应变分布有关。通过检测微区范围内晶粒的应变状态，可用于阐释材料在宏观尺寸上的氧化行为。故而，本节利用电子背散射衍射技术，来探索表征氧化铁皮内的局部区域上的塑性应变。

8.1　局部应变分析方法

鉴于目前电子背散射衍射技术的应用状态，就所检测材料的局部应变分析而言，需要区分在材料内的弹性应变和残余应变的不同表现。一般情况下，弹性应变会扭曲晶格。如果这种应变是单轴的，并且沿着晶胞的一个主方向，那么该应变会产生一个晶胞参数的变化。局部塑性应变由位错形成并可以缓解晶格畸变。这两种应变的不同，可能会对衍射图案产生两种不同的影响。这方面详尽的研究可参见文献 [263]。

一般来说，电子背散射衍射技术通常采用菊池花样质量法和局部旋转法分析氧化铁皮的塑性应变。此处研究选用的是后者。晶体内部发生局部旋转的原理，具体是指由晶粒内部生成和发展的位错导致的晶体的取向变化。但这种方法不是直接测量位错实现的，而是通过测量晶体取向及晶粒内部的旋转特征获得位错密度的信息，进而分析塑性应变的。其中局部旋转度，可利用其引起的取向差来表征。由此可见，取向差分布代表了晶粒内部形变产生的局部旋转度，取向差越大说明形变度就越大，晶格扭转越严重。不过，取向差分布仅仅反映了晶粒内部的形变状态。

因此，局部取向差可用来表示多晶材料中应变分布。目前已经提出了多种方法用于表征局部取向差。这里的局部应变分析是利用核平均取向差 (KAM) 方法构建的 [230]。单个晶粒内相邻像素之间的局部取向差用于表示由塑性应变引起的局部应变 [188]。该点与其所有相邻的平均取向差是根据容差范围内的平均值计算出来的。根据晶粒内部判断的晶粒公差角一般等于 5°。通常情况下，预定的晶粒公差角度在 3° ~12.5°[264]。选择 5° 的晶粒公差角是为了避免晶粒组的重叠，这可能是由于一些裂纹扩展到起始晶粒之外 [265]。由于点对点误定向通常很小，因此有时很难区分实际的定向误差与测量的定向，误差通常设在 0.5° ~1° [263]。因此，大于 5° 的取向差被认为是晶界，没有考虑平均面积的重叠。本研究 [266] 中，局部应变评估是基于平均扫描图而展开的。

8.2　局部应变分析区域的设定

基于氧化铁皮显微结构的检测，选取不同氧化层的界面处，可以将氧化铁皮分成三个不同的区域子集。从而，在这些区域子集中，来识别氧化物相和局部取向关系分布。如图 8.1 和图 8.2 所示，这三个区域子集分别为：①表面层，其特征在于高比例的三角晶系 α-Fe_2O_3 和相对较小面积比的立方晶系 Fe_3O_4 或残余的 FeO 成分 (图 8.1 和图 8.2 中的嵌入图 A 区域)；②中间层的裂纹，其中 α-Fe_2O_3 沿着 Fe_3O_4

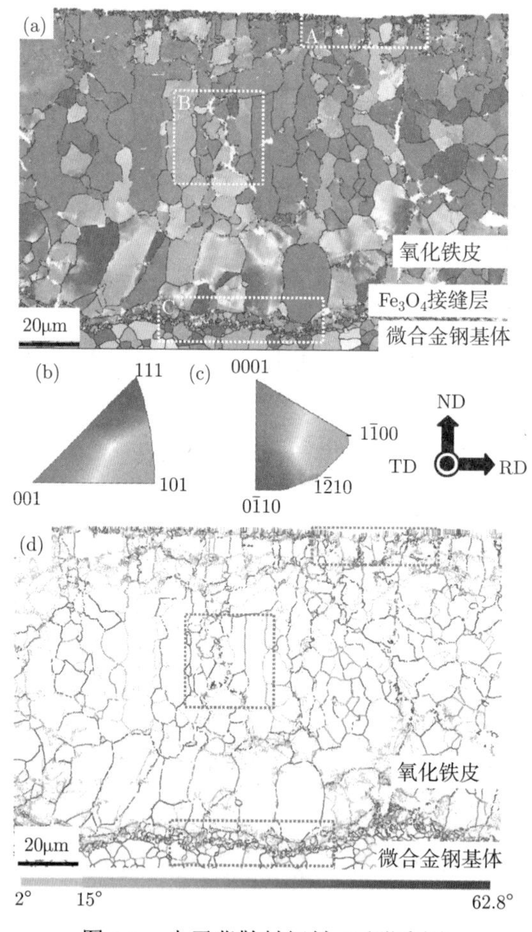

图 8.1　电子背散射衍射 (后附彩图)

(a)IPF 晶粒取向分布扫描图和 (d) 晶界扫描图，其氧化样本的轧制压下量和冷却速率分别为 28%，28℃/s；颜色键控分别为 (b) 立方对称晶系的 α-Fe、FeO 和 Fe_3O_4 和 (c) 三角晶系的 α-Fe_2O_3

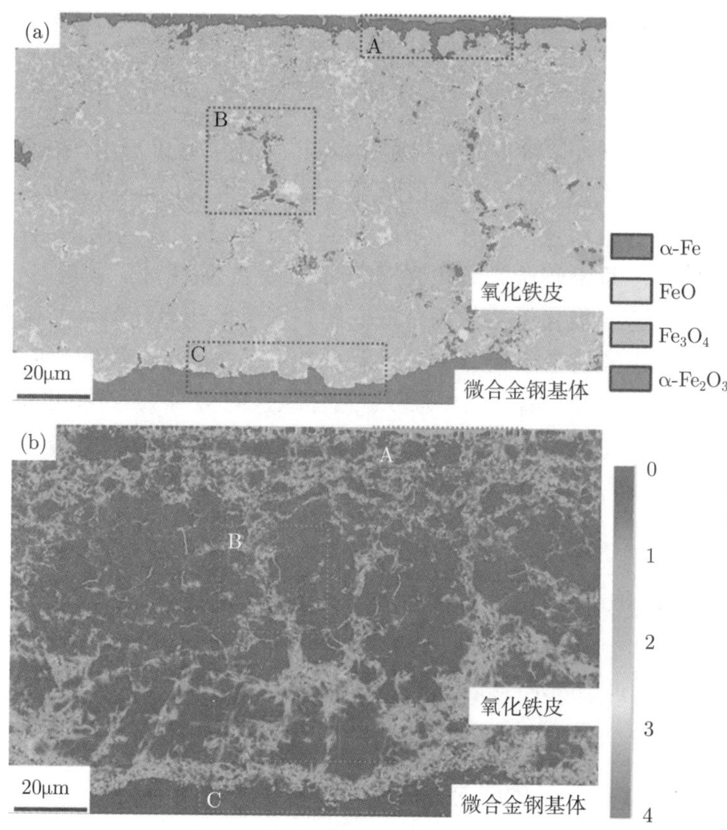

图 8.2 电子背散射衍射 (后附彩图)

(a) 相界分布图和 (b) 局部应变图，其中氧化样本被分为三个子区域 (A) 表面层，(B) 中间层，(C) 氧化铁皮/基体界面层

基体的裂纹边缘形成，散射保留 FeO(图 8.1 和图 8.2 中的嵌入图 B 区域)；③氧化铁皮与钢基体界面处，由于氧化铁皮和钢基体的不同塑性流动，钢基体突出侵入氧化铁皮内 (图 8.1 和图 8.2 中的嵌入图 C 区域)。

8.2.1 氧化铁皮的晶界和相界分布

如图 8.1 所示，电子背散射衍射 EBSD/IPF 反极图和晶界图表明了当轧制压下量为 28%和冷却速率为 28℃/s 时，氧化铁皮内氧化物的特定晶粒取向和显微组织结构。图 8.1(b) 和图 8.1(c) 显示了反极图 IPF 晶粒取向分布，图中单个晶粒的颜色代码，指示了与立方晶系和三角晶系有关的绝对取向关系 (具体说明可参见 6.3 节)。图 8.1(b) 是立方晶系对称材料，如 FeO、Fe_3O_4 和 α-Fe，而图 8.1(c) 是三角晶系 α-Fe_2O_3。在图 8.1(d) 的氧化铁皮晶界分布图中，$2° \leqslant \theta < 15°$ 取向角定义为

小角度晶界 (LAGB)，而大角度晶界 (HAGB) 则为 $\theta \geqslant 15°$。在一般情况下，在反极图 IPF 和晶界分布图中，可以看出氧化铁皮的中间层 Fe_3O_4 层，其呈现着柱状显微结构，并位于在外表面 α-Fe_2O_3 与球状细小晶粒内层之间。

图 8.2(a) 给出了该氧化铁皮内的相界分布图。从图中可以看出，在钢基体上形成的氧化物相的分布状态。氧化铁皮由两层显微结构组成，具有薄的 α-Fe_2O_3 外层和内层双相异构 Fe_3O_4 层。残留的 FeO 和共析 α-Fe 分散在内层 Fe_3O_4 基质上，表层附近的 α-Fe_2O_3 逐渐渗透到氧化铁皮内的裂纹中，如图 8.2(a) 区域 A 所示。

如图 8.2(b) 所示，氧化铁皮的局部应变图揭示了多相氧化物通常表现出较高的取向差分布。在电子背散射衍射中，如果两个相邻扫描点之间的取向差小于默认值规定的某个值，则它们属于同一颗粒。这里默认的 5° 的晶粒公差角度，足以满足在这个相对较低的载荷实验中的目的。特别是，这种较高强度的取向差分布多发生在区域 B 的 α-Fe_2O_3 渗透处，或区域 C 的 Fe_3O_4 裂纹处。从图中可以看出，这些强度较高的局部取向差区域是具有较小晶粒尺寸的区域。类似结果也可以在图 8.1 的晶粒取向分布图和晶界分布图中获得。这种在不同子集内出现的高比例的较高强度的取向差分布，可能的原因是相当大的塑性应变积累，以及随之而来的多相氧化物中失配位错的产生 [267,268]。这里需要提及的是，电子背散射衍射与能谱 EBSD/EDS 同步分析技术可以优化晶粒的索引，并进一步改善物相的识别 [220,269]。

8.2.2　Fe_3O_4 与α -Fe_2O_3 的取向关系

电子背散射衍射技术的使用，使得能够描述晶界和相界面的取向差分布，这里以氧化物相 α-Fe_2O_3 和 Fe_3O_4 之间的相界予以剖析。可以选取不同类型的氧化铁皮样本，进行氧化物间的相界分析。如图 8.2(a) 所示的氧化物 Fe_3O_4 与 α-Fe_2O_3 的取向差分布 (相界) 图，其中所选择的氧化铁皮样本的轧制压下量为 28%，冷却速率为 28℃/s。从图中可以看出，立方晶系 Fe_3O_4 和三角晶系的 α-Fe_2O_3 之间所形成的相界分布，代表着相邻晶粒的不同取向差分布情况。

图 8.3 中给出了 Fe_3O_4(Mt) 和 α-Fe_2O_3(Hm) 两种氧化物间的相界关系，分别对应于匹配晶面和晶向$\{111\}_{Mt}//\{0001\}_{Hm}$ 和$\{110\}_{Mt}//\{11\bar{2}0\}_{Hm}$。值得注意的是，这里仅给出了 Fe_3O_4 和 α-Fe_2O_3 两种氧化物间的相界取向差分布直方图，更加形象化的氧化铁皮的相界分布图，可参见图 8.2(a) 的相界分布图。在大多数情况下，这些相界与$\{111\}_{Mt}//\{0001\}_{Hm}$ 具有相对较高的偏差，如此处为 3°。同样的情况也发生在$\{110\}_{Mt}//\{11\bar{2}0\}_{Hm}$ 的晶格相关性中。尽管较大角度的偏差，可以从高达 55° 的$\{111\}_{Mt}//\{0001\}_{Hm}$ 和高达 30° 的$\{110\}_{Mt}//\{11\bar{2}0\}_{Hm}$ 的晶格相关性进行描述，但最常见的偏差角度的相关$\{111\}_{Mt}//\{0001\}_{Hm}$ 一般不高于 5°，由图 8.3 中的虚线来限定。关于$\{110\}_{Mt}//\{11\bar{2}0\}_{Hm}$，图中所呈现的较高频率的偏差角范围为

$28° \sim 30°$。尽管如此，利于滑移的基底面体系，即对齐基准{0001}面，通常在三角晶系的 α-Fe_2O_3 中占主导地位 [188]。类似地，$\{111\}_{Mt}//\{0001\}_{Hm}$ 也在氧化物相界中起着主要作用。

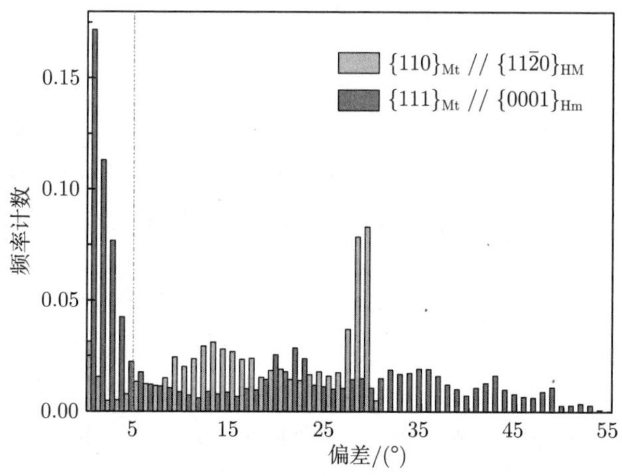

图 8.3 氧化铁皮中氧化物 Fe_3O_4(Mt) 与 α-Fe_2O_3(Hm) 的相界分布图

简而言之，这里揭示了两个可能造成高温氧化的直接证据，并且也是氧化铁皮内部 α-Fe_2O_3 新晶粒生长的主要原因：①两个织构组分{111}//{0001}和{110}//$\{11\bar{2}0\}$；②与这两个织构组分相关的指定晶格相关性的低角度晶界。因此，α-Fe_2O_3 从 Fe_3O_4 内部析出可能是直接引起高阶氧化物形成转变过程的结果。

8.3 氧化铁皮界面层的局部应变

8.3.1 表面层的局部应变

图 8.4 给出了氧化铁皮的表面层区域 A 的典型局部应变分析。正如在电子背散射衍射相界图 (图 8.4(a)) 和相同位置的变形图 (图 8.4(b)) 中所看到的那样，局部取向差的测量表明，与纯 Fe_3O_4 基体相比，在裂纹周围的混合物相中存在着较高水平的取向差分布。研究普遍认为，材料的显微组织结构中，在严重变形的区域通常会呈现出局部取向差较高数值的分布。此外，图 8.4(c)~(f) 显示了在不同氧化物相的局部取向差的统计分布，以及使用对数正态分布优化的回归曲线。其概率密度函数可被定义为 [188,230]

$$f\left(M_L\right)=\frac{1}{(\ln S)\, M_L\sqrt{2\pi}}\exp\left[-\frac{1}{2}\left(\frac{\ln M_L-\ln M_{\text{ave}}}{\ln S}\right)^2\right] \tag{8.1}$$

其中，M_L 和 S 分别是局部取向差和相应的标准偏差；M_{ave} 是分布的平均值，可以通过下面的公式进行计算：

$$M_{\mathrm{ave}} = \exp\left[\frac{1}{N}\sum_{i=1}^{N}\ln\left\{M_L\left(p_i\right)\right\}\right] \tag{8.2}$$

其中，N 是数据的数量。应该注意的是，在这样的计算中，只包含超过 10 个点的晶粒，而较小的晶粒可以被忽略。局部取向差分布，也可以用对数正态分布来进行很好地表达。本研究中的其他测量结果和接下来的图片都符合这样的情形。

如图 8.4(c)~(f) 所示，氧化铁皮的表层区域内，不同氧化物相之间存在显著的差异。与 α-Fe($M_{\mathrm{ave}} = 1.07°$) 和 α-Fe_2O_3($M_{\mathrm{ave}} = 0.93°$) 相比，氧化物 Fe_3O_4 的平均局部取向差呈现出相对较低的数值 ($M_{\mathrm{ave}} = 0.45°$)。从这样的结果就可以推断出，在 Fe_3O_4 表面层的变形过程中，应变能也可能是相当低的 [270]。这一推断可以在图 8.4(g) 中得到证实，沿着图 8.4(a) 所示的线 ab，在 α-Fe_2O_3 内出现了较少量的晶界峰值。值得注意的是，图中立方晶体中取向差的分布截止角在 62.8°，而三角晶系 α-Fe_2O_3 的截止角在 95°[188]。由此可以发现，取向差的分布是不均匀的，并且因晶粒的不同而差异很大。特别需要指出的是，在晶界附近，取向差分布的数值更高。由此可见，在高温变形过程中，粗化的晶粒组织可能更易于储存应变能 [270]，当应力达到临界值时，更容易发生破碎等表面质量缺陷。

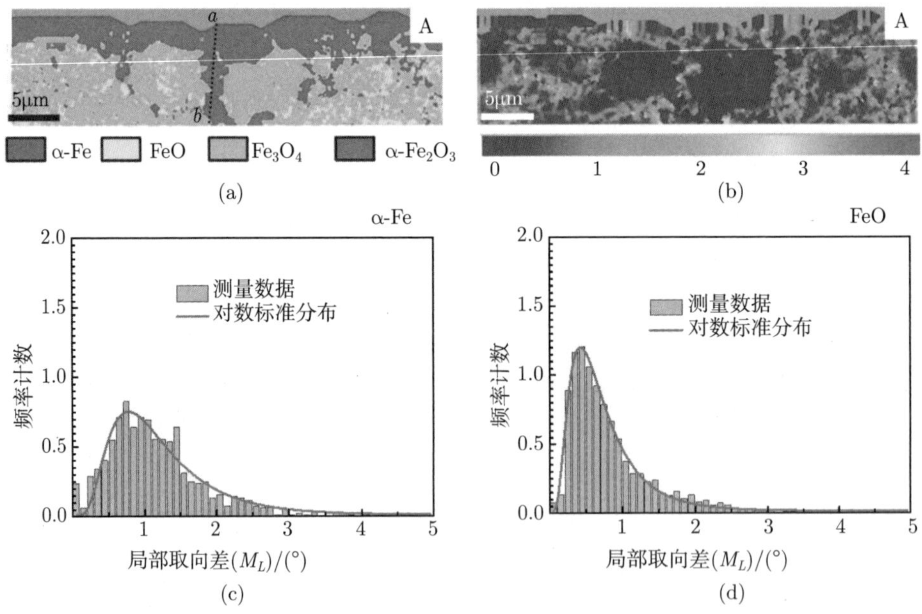

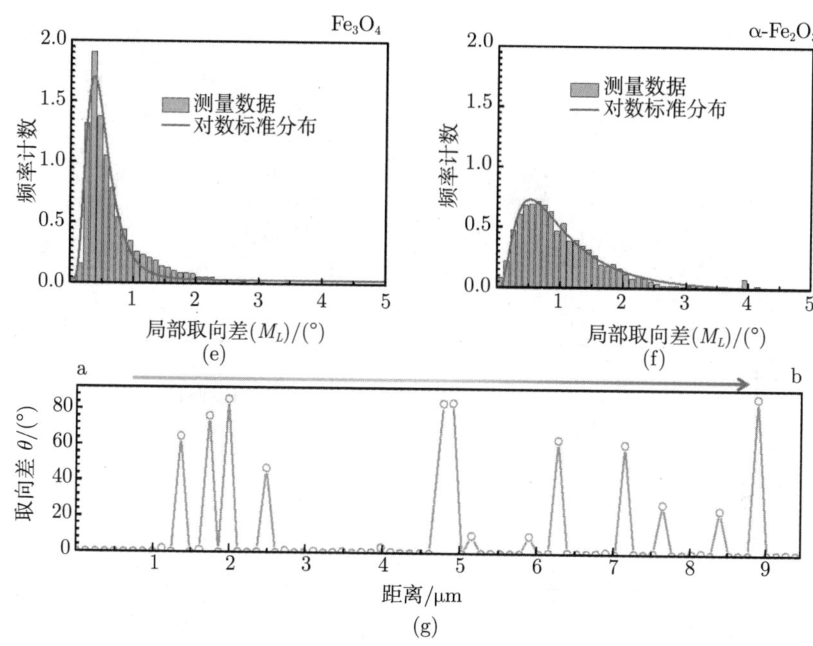

图 8.4 表面层电子背散射衍射 EBSD 放大视图

(a) 相界分布图，(b) 局部应变图，局部取向差分布图 (c)α-Fe，(d)FeO，(e)Fe_3O_4 和 (f)α-Fe_2O_3，(g) 沿着图 8.4a 中线 a-b 方向上的取向差分布。

8.3.2 中间层的局部应变

在图 8.5 中氧化铁皮内区域 B 的中间氧化物层是一个有代表性的裂纹出现的场合。这种类型的显微组织形貌之前也曾讨论过：在氧化铁皮的裂纹边缘出现了较高含量的 α-Fe_2O_3。图 8.5(b) 中的取向差分布图，也显示了在这类氧化铁皮内部的裂缝周围存在着较高强度的局部应变场。这样的结果表明，由氧化铁皮裂缝提供的一些能量可能已通过塑性加工而消耗掉了，并导致了在图 8.5(b) 中跟踪式的取向差分布。为了揭示这样的变形机制，研究了不同氧化物相的局部取向差的变化情况，如图 8.5(c)~(f) 所示。类似于上节中表面层的计算方法一样，在中间氧化层中，这四个氧化物相的平均局部取向差分布呈现出类似的趋势。与 α-Fe($M_{\mathrm{ave}} = 0.81°$) 和 α-Fe_2O_3($M_{\mathrm{ave}} = 1.11°$) 相比，Fe_3O_4 的平均局部取向差分布，具有相对较低的值 ($M_{\mathrm{ave}} = 0.66°$)。一种可能的解释是渗透的 α-Fe_2O_3 和 FeO 的分解，沿着氧化铁皮的裂纹处，会共析生成较小晶粒的 α-Fe。这可能是因为与尺寸较小的晶粒相比，尺寸较大的晶粒会受到较大程度的塑性变形 [270]。沿着裂纹线的取向差分布剖面 (图 8.5(g))，可以进一步验证在 62.8° 以上的取向角上存在着高比例的晶界，而且属于三角晶系 α-Fe_2O_3。

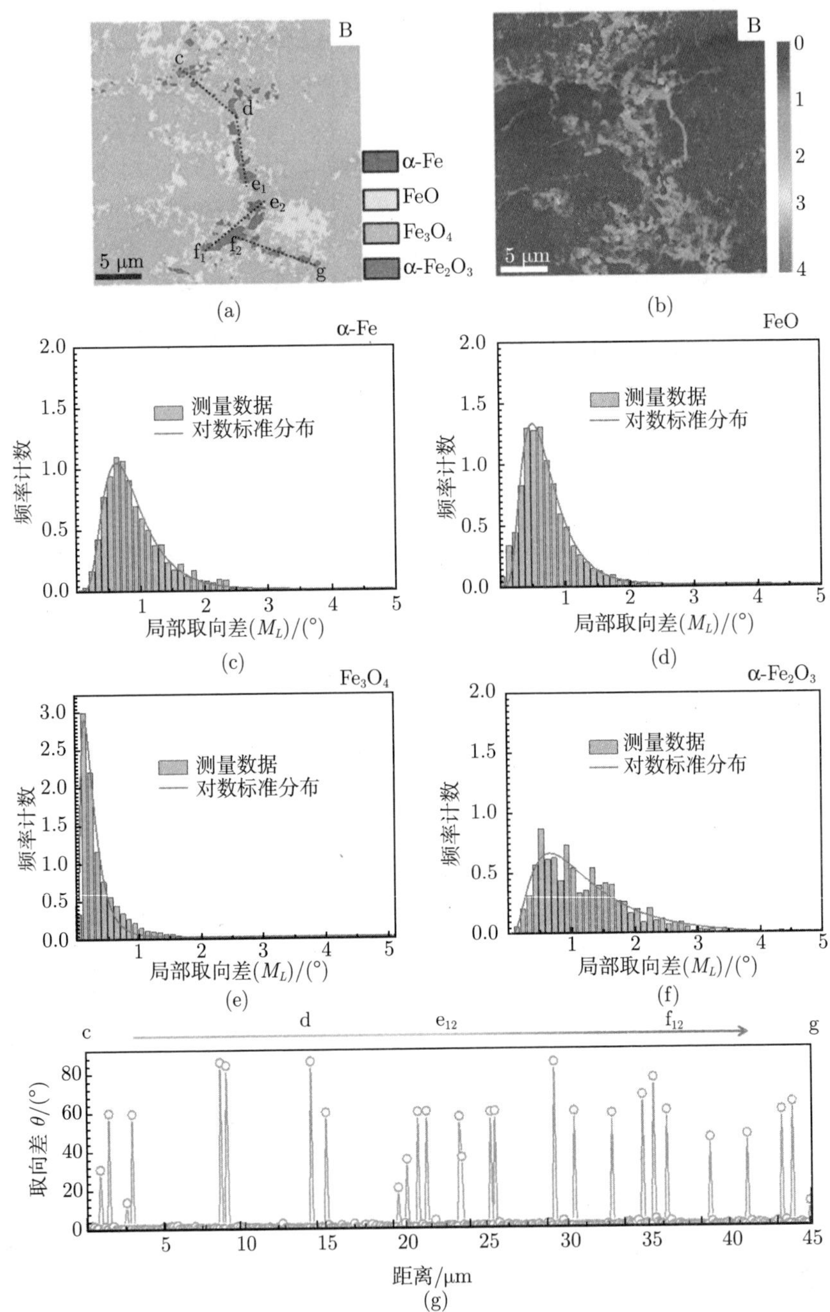

图 8.5　中间层电子背散射衍射 EBSD 放大视图 (后附彩图)

(a) 相界分布图，(b) 局部应变图，局部取向差分布图 (c)α-Fe，(d)FeO，(e)Fe_3O_4 和 (f)α-Fe_2O_3，(g) 沿着图 8.5a 中线 c-d-g 方向上的取向差分布。

8.3.3　氧化铁皮/基体界面层的局部应变

如图 8.6(a) 所示，与外部氧化层相比，氧化铁皮与钢基体的界面层具有显著的特征，就是不再包含 α-Fe_2O_3 氧化物相。此外，由于氧化铁皮和钢基体在材料本质上就具有着不同的塑性流动，或称为不同的变形抗力，为此在图中可以发现，未被氧化微合金钢基体内部在较高的塑性变形时，会楔入氧化铁皮内部 [271]。因此，沿着这个氧化铁皮与钢基体的界面，也可以检测到高强度的局部取向差分布，如图 8.6(b) 所示。

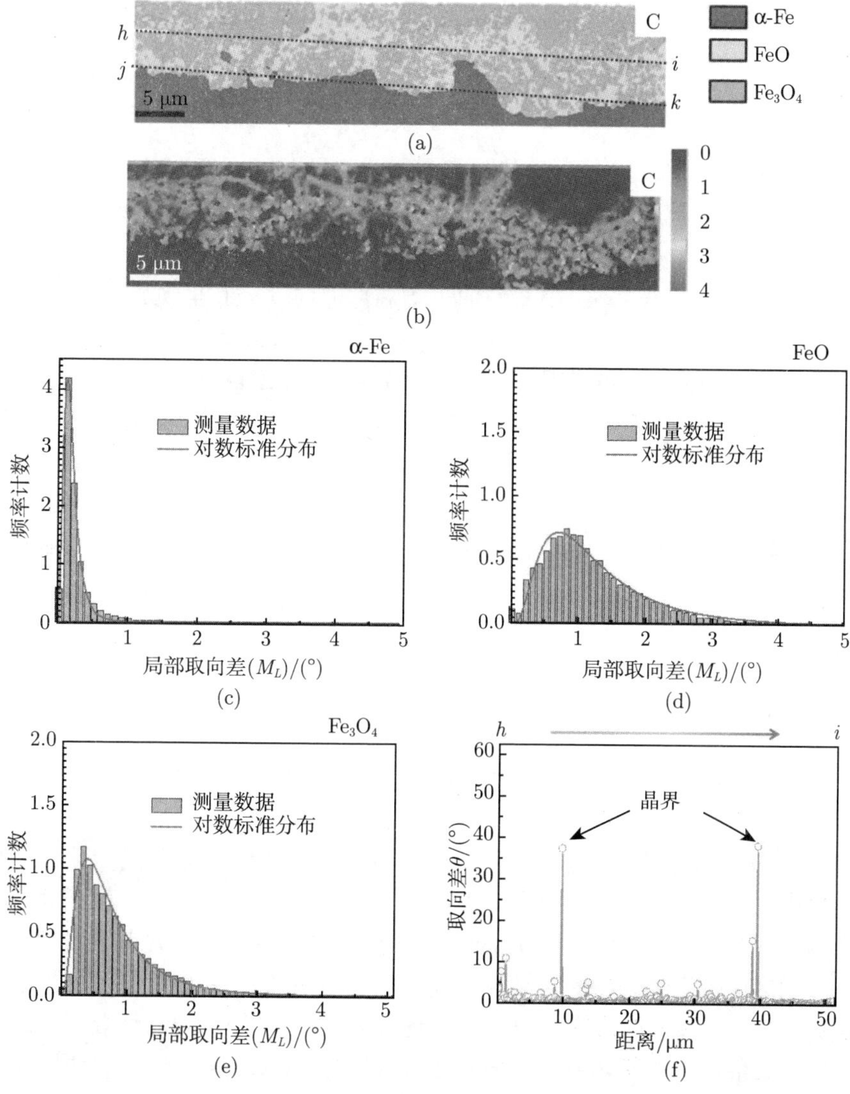

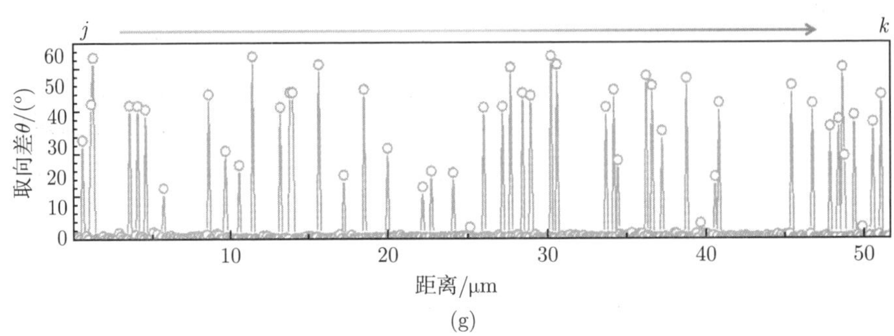

(g)

图 8.6　氧化铁皮/基体界面层的电子背散射衍射放大视图 (后附彩图)

(a) 相界分布图，(b) 局部应变图，局部取向差分布图 (c)α-Fe，(d)FeO，(e)Fe_3O_4，沿着图 8.6a 中，(f) 线 h-i 方向上，(g) 线 j-k 方向上，的取向差分布。

此外，在氧化物的成核和生长阶段，Fe_3O_4 晶粒也可能发生局部取向差的显著变化。这一点也得到了先前研究的证实 [272]。有研究发现，在氧化铁皮与钢基体界面处形成 Fe_3O_4 接缝层内，由于 Fe_3O_4 晶粒细小而使得局部取向差数值波度明显。类似地，图 8.6(c)~(e) 中发现的平均局部取向差分布呈现异常的趋势是与 α-Fe($M_{\text{ave}} = 4.18°$) 和 FeO($M_{\text{ave}} = 0.67°$) 相比，Fe_3O_4 具有最小值 ($M_{\text{ave}} = 0.19°$)。值得注意的是，α-Fe 中平均局部取向差的较高值，可能来自钢基体本身的干扰。明显的差异是，在氧化铁皮与钢基体界面积累的许多细小的晶粒。从这些观测中就可以证实，沿着路径线 hi(图 8.6(a)(f)) 的氧化物层中，显示出来相对稀疏的晶界分布，也就是在此处存在着尺寸较大的晶粒。反之，图 8.6(f) 表明，沿路径线 jk 的氧化铁皮与钢基体界面处，出现了更多的晶界分布，此处的晶粒尺寸相对较小。这一发现提供了一个指导性的见解，可以用来描述 Fe_3O_4 层的形成机制，无论是应力缓解机制 [224,225]，还是进一步的再氧化过程 [38]。

8.4　氧化物局部应变与宏观应变的关系

考虑到归一化局部塑性应变的分布与宏观应变水平没有显著的变化，这意味着将其集中在一个宏观塑性应变水平进行进一步分析就足够了 [273]。由于局部取向差分布与电子背散射衍射扫描图片的步长以及宏观塑性应变的大小维度相关，所以这些参数之间的关系可以用来评估局部塑性应变的程度 [270,272]。图 8.7 显示了在这项研究中，标称塑性应变 ε_p 和精细步长为 0.125μm 的平均局部取向差之间的关系。无约束条件下的平均局部取向差设置为 $M_{\text{ave}} = 0.1°$。对于局部塑性应变的评估，10%以上塑性应变数据的线性回归，可以修改为如下公式 [270]：

$$\varepsilon_p = \frac{M_L - 0.1}{-0.0027d^2 + 0.0041d} \tag{8.3}$$

其中，设定应变以百分比形式给出，步长 d 也是预先设定的。在该氧化铁皮的研究中，电子背散射衍射扫描图片的步长设置为 0.125μm。这个步长的选择与所检测材料本身的晶粒大小等因素有关，具体详见 6.1.3 节所述。

如图 8.7 所示，所获得的局部取向差平均值在各种不同氧化物相中呈现剧烈变化的趋势。其中 Fe_3O_4 具有相对较低的局部塑性应变值，低于 7.2%，并且在氧化铁皮内的表面层区域中出现了较高数值。这样的结果可以说明，与 α-Fe_2O_3 层和钢基体相比，Fe_3O_4 层在氧化铁皮的变形期间，储存着相当低的应变能量。这主要是因为在高温塑性加工变形过程中，会发生由氧化铁皮开裂而引起的应力释放机制，从而导致 Fe_3O_4 接缝等处的晶粒出现了不同取向差分布。这样留下了更少的能量，就可以使得氧化铁皮内裂纹的向外扩展、α-Fe_2O_3 的氧化或者是 FeO 的分解。

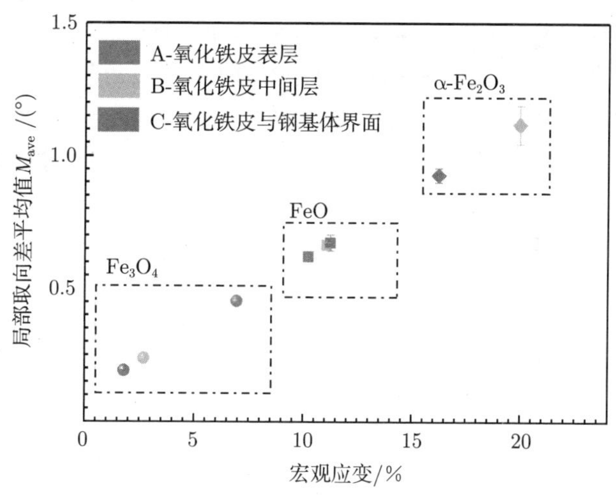

图 8.7 氧化物局部塑性应变与宏观应变的关系

不过，值得注意的是本次研究考察的目的是，进一步澄清在三次氧化铁皮层中局部塑性应变不均匀性的维度大小及其相关的起源。氧化铁皮在不同的轧制压下量和冷却速度下，这种局部塑性应变的不均匀性分布，在多相氧化物中起着主导作用。寻找局部取向差分布与宏观塑性应变之间的关联就是实现这一目标的一个方面。虽然局部取向差分布的起因可能是塑性应变，但局部塑性应变并不仅仅只与宏观塑性应变相关，特别是对于这里的各向异性金属氧化物材料 Fe_3O_4 和 α-Fe_2O_3。这就意味着，所评估的塑性应变有时会出现与标称塑性应变不符合的情形，这是可以理解的 [230]。这是因为局部取向差分布与几何上的必需位错相关，而不仅仅与变形的大小维度有关。这里所评估的局部塑性应变，也仅显示了在塑性应变下，所检测到的典型局部位错部分。因此，局部塑性应变不仅可通过施加塑性应变，而且可通过晶粒结构的几何形状 [231,234]，晶体取向关系 [232,274] 等因素共同来确定。

正如在这里所提出的塑性应变情况，第二种情况更具可能性，塑性应变幅度的空间不均匀性与所检测材料晶粒的基本结晶取向关系以及晶粒尺寸有关。

如图 8.4(b) 和图 8.5(b) 所示，在 $\alpha\text{-Fe}_2\text{O}_3$ 晶粒附近的小裂纹中所引发的局部可塑性，使得其以剪切带的形式在整个氧化铁皮内外扩展。此外，在 $\alpha\text{-Fe}_2\text{O}_3$ 中存在着显著的局部不均匀性的区域，并凸显了应变的异质性。氧化铁皮/钢界面处的晶粒取向的变化 (图 8.1) 也很好地表明了，晶粒取向关系的影响可能要比晶粒尺寸大小对局部塑性的影响更大。值得注意的是，三角晶系 $\alpha\text{-Fe}_2\text{O}_3$ 比立方晶系 Fe_3O_4 呈现出更为强烈的各向异性行为，并且可能涉及不同的显微晶体学的控制机制，如机械孪晶和位错滑移等效应 [275,276]。因此，$\alpha\text{-Fe}_2\text{O}_3$ 和 Fe_3O_4 之间的晶格不匹配，通常被认为是造成局部塑性流动的各种独特特征的主导原因 [134]。不过，之前的研究 [264,275] 也同样揭示出，晶粒间塑性应变的不均匀性是宏观拉伸应变的至少 5 倍。这就表明局部塑性应变与晶界接近的几何统计学有很大的关系。这样的推断充分证明了，相邻晶粒之间的相互联系作用尤为重要，这也是取向差分布的统计计算的主要依据。由此可以看出，预期的局部塑性应变，可能也会受到氧化铁皮层内不同氧化物之间的相界的影响，因为每个单独晶粒的连接处又都受制于其本身的晶体学性质。

此外，这些研究结果表明，氧化铁皮内氧化物相 Fe_3O_4 和 $\alpha\text{-Fe}_2\text{O}_3$ 之间的相界关系具体呈现为$\{111\}_{\text{Mt}}//\{0001\}_{\text{Hm}}$ 和$\{110\}_{\text{Mt}}//\{11\bar{2}0\}_{\text{Hm}}$，并且尤其出现在低角度晶界区域，如图 8.3 所示。这就意味着，新生成的 $\alpha\text{-Fe}_2\text{O}_3$ 晶粒是从 Fe_3O_4 晶粒的晶界附近处开始渗入氧化铁皮的内部的。众所周知，由于马氏体相变，双相钢内部出现了更高比例的 α-Fe 会发生局部塑性变形 [277]。类似的效应也发生在该研究中的氧化铁皮这种多相多晶材料。由于不同氧化物相之间的相转变过程，三次氧化铁皮中可能会发生某些类似的局部塑性变形。更为重要的是，如图 8.2 所示的局部取向差分布图显示了相当大的取向梯度，从 $\text{Fe}_3\text{O}_4\text{-}\alpha\text{-Fe}_2\text{O}_3$ 相界扩展到了 Fe_3O_4 晶粒内部。因此，局部取向差分布可能影响到氧化铁皮的裂纹扩展，或者是氧化铁皮中的发起过程。在这样的情况下，单个晶粒内的塑性应变评估和应变量，对于理解不同加载条件和热处理下多晶多相材料对裂纹的敏感性就变得至关重要了 [278]。由于局部塑性应变的空间分布已经在三次氧化铁皮的微观结构尺度上被量化了，所以仍然需要理解立方晶系 Fe_3O_4 和三角晶系 $\alpha\text{-Fe}_2\text{O}_3$ 的局部塑性应变行为。这些研究发现为进一步了解氧化铁皮中的晶体缺陷性质及其分布情况提供了更深入的见解，从而有效地控制了高温金属加工过程中氧化铁皮的形成。

8.5 施密特因子评估氧化铁皮的非均匀性变形

局部塑性应变的变化分布不仅仅是氧化铁皮内不同氧化物晶粒的晶体取向差的一个函数，与此同时，还可能取决于晶界结构类型、晶粒尺寸和相邻晶粒特征，也就是说这可能是由多因素相互作用而导致的。本节引入施密特因子 (Schmid factor，M) 来阐明高温塑性变形过程中，以特定的织构组分$\{001\}\langle 120\rangle$ 为例来进行分析织构的演变过程，进而有效地评估氧化铁皮的非均匀性变形行为。

为了保证行文上的完整性，这里先简述一下在第 7 章所获得的关于氧化铁皮织构的相关研究发现，从而说明引入施密特因子的原因。这里所呈现的微观织构演变过程表明，热轧加速冷却后，Fe_3O_4 和 FeO 产生了在氧化物生长方向上较强的$\{001\}$纤维织构 (图 7.1～ 图 7.3)。该变形后的氧化铁皮，与之前从未发生变形的氧化铁皮的研究结果却是相似的 [17,227]，其中未曾施加变形的氧化铁皮在氧化温度为 900℃的高温氧化期间，产生了这种织构组分。这类织构类型的出现，可以通过氧化物材料的表面能最小化来解释。由于 Fe_3O_4 的表面能按$\{001\}$，$\{110\}$和$\{111\}$的顺序增加 [229]，那么在氧化铁皮层中，主要出现的也是$\{001\}$织构组分。不过有所不同的是，此处的变形氧化铁皮在较高的轧制压下量为 28%和较高的快速冷却率为 28℃/s 条件下，同时也出现了较高强度并占主导地位的$\{001\}\langle 120\rangle$ 织构组分。这种类型的织构组分似乎与材料弹性应变能量最小化无关，因为 $Fe_3O_4\langle 001\rangle$ 晶粒具有最小的弹性模量 [229,279,280]。更为具体地说，单晶 Fe_3O_4 的杨氏模量在 $\langle 111\rangle$ 方向上为 248GPa，在 $\langle 110\rangle$ 方向上为 230GPa，在 $\langle 100\rangle$ 方向上为 208GPa[279]。由于真正的弹性模量可能会受到温度变化的影响及其涉及的局部载荷的变化，这些并未在这里研究微观织构结构演化来源时予以考虑。为此，需要假定氧化铁皮是完美弹塑性行为，然后引入施密特因子来阐明较高的轧制压下量下，氧化铁皮内部的$\{001\}\langle 120\rangle$ 织构组分的演变。

施密特因子对单个晶粒的局部应变建模预测分析是至关重要的，这主要是因为它涉及单晶材料的剪切应力与多晶材料中施加的测量应力等。施密特因子分析基于晶体中的晶体学滑移系统体系而展开，其中依据的是指定的晶体形状的能量消耗最少。在目前氧化铁皮的这种特殊情况下，可以选择 Bishop 和 Hill 方法 [281,282] 来获得平均施密特因子的估计值。这种评估方法可以有效地识别所有情形下的应力状态，同时可以激活五个或者更多滑移系统并导致单元体的屈服效应 [282]。如果在高温氧化期间，氧化铁皮层中的每个晶粒都经历着相同的应变变化，则滑移系统上的操作滑移体系 (operating slip system) 和剪切应变就取决于多晶材料中的每个晶粒的取向关系分布。对于给定的形状变化，可以选择适当的应力状态。因此，具有其特定取向的每个晶粒的施密特因子，就可以通过以下公式进行计算；

$$M = \sum \frac{\mathrm{d}r^{(k)}}{\mathrm{d}\varepsilon_{ij}} \tag{8.4}$$

其中，$\mathrm{d}r^{(k)}$ 是晶体体系里的第 k 个滑移体系上的剪切应变；$\mathrm{d}\varepsilon_{ij}$ 是塑性应变。

如果在这种情况下沿 ND、TD 或 RD 施加特定方向上的单一应力，则在氧化铁皮中，不可能所有的晶粒同时都经历着与热轧过程时的晶粒变形相同的应变。有些晶粒可能会在其他晶粒之前发生局部的塑性变形。这样的话，由于局部塑性变形产生的位错，变形晶粒可能储存着比具有不同晶粒取向的周围晶粒更高的应变能。为此，每个晶粒具有其特定取向的施密特因子也可以表示为 [279]

$$M = \sum \frac{\mathrm{d}r^{(k)}}{\mathrm{d}\varepsilon_{ij}} = \frac{\sigma_{ij}}{\tau_c} \tag{8.5}$$

其中，σ_{ij} 是材料的塑性强度；τ_c 是作用在所有主动滑移系统上的剪应力。根据晶粒取向就可以计算施密特因子的平均估计值。这样，就可以在热轧加速冷却实验中获得织构结果信息，更进一步地来推导出变形氧化铁皮的施密特因子的平均估计值，而且可以包括氧化铁皮中的不同氧化物相，如 FeO、Fe_3O_4 和 α-Fe_2O_3 及钢基体。

表 8.1 描述了在不同轧制压下量和冷却速率下，氧化铁皮中 Fe_3O_4 氧化物在三个重要的晶粒取向上所评估的施密特因子的变化。在后两项轧制压下量和冷却速率中，$\{100\}\langle 120\rangle$ Fe_3O_4 晶粒呈现了施密特因子的最高值 (M=3.67)。与之相反，在轧制压下量为 28% 时，$\langle 100\rangle$ 方向上具有相对较低的施密特因子值 (M=2.45)，而在 $\langle 110\rangle$ 方向的施密特分布值落在这两个数值的中间位置。在这里首先可以讨论 $\langle 110\rangle$ 方向上变化的施密特因子，然后再论及重要的$\{100\}$ $\langle 120\rangle$ 织构成分。随着轧制压下量的增加，可能导致立方晶系材料的 $\langle 110\rangle$ 和 $\langle 111\rangle$ 类型纤维织构组分的不断增强。在正常情况下，尖晶石晶体结构的 Fe_3O_4 在室温和 400℃之间的主导滑移体系是$\{111\}$ $\langle 1\bar{1}0\rangle$，也就是说通常会产生$\{110\}$的纤维织构组分 [258,283]。另一个$\{110\}$ $\langle 1\bar{1}0\rangle$ 滑移体系统多出现在高温变形过程 [259]，其中$\{110\}$晶面上的滑动派尔斯应力可能比$\{111\}$上的滑动 Peierls 应力高出 80%以上。正如所预计的那样，在图 7.1～图 7.3 氧化铁皮中的 Fe_3O_4 层中，检测到了$\{110\}$纤维织构组分。

表 8.1　氧化铁皮中 Fe_3O_4 在不同轧制压下量 (TR) 和冷却速率 (CR) 时，施密特因子在三主要晶向上的变化量

施密特因子 (M)	$\langle 100\rangle$	$\langle 110\rangle$	$\langle 120\rangle$
TR10CR10	2.50	3.07	2.55
TR13CR23	2.44	3.50	3.67
TR28CR28	2.45	3.45	3.67

然而，如表 8.1 所示，{100}⟨120⟩ Fe_3O_4 晶粒中的施密特因子显示着最高的施密特因子数值。这样的数值结果表明，在热轧带钢高温塑性变形期间，晶粒的其他织构组分如{001}等都被消耗掉了，这样就使得{100}⟨120⟩ 晶粒织构组分得以存活并凸显出来，主要的原因可能是这种类型的织构组分最能有效地抵抗局部的塑性变形。具体的可视化结果也可以在图 7.8 和图 7.9 中发现，受制于高变形量的 Fe_3O_4 在{001}纤维织构组分中向{001}⟨120⟩ 织构组分出现了轻微移动。依据非均匀变形模式来解释的话，这样的织构类型的轻微移动过程，也正是迎合了晶粒变形子结构模式。当多晶体具有一定的塑性变形，几乎不能同时形成晶粒的相似强度时，低施密特因子的晶粒可能会比在邻近的高值因子晶粒先发生变形，从而使之获得具有较高的施密特因子值的晶粒呈现了更高的储存应变能。这些相邻晶粒施密特因子竞相上升的现象，也出现在含 Cu 元素的烘烤硬化钢 [284] 和铝 [285] 等多晶金属材料的退火再结晶织构中。也就是说，在所有颗粒共享塑性变形的较大应变下，较高施密特因子的晶粒可能要比其他较低施密特因子的晶粒存在着更多的储存应变能量。那么具体到高温塑性变形后氧化铁皮的这种情况下，⟨120⟩ 晶粒会在塑性区域消耗掉{001}晶粒，这是由储存的塑性变形晶粒的应变能驱动的。此外，应变能的各向异性随着变形的增加而不断地加强。

因此，氧化铁皮中，{001}织构组分的演化过程，可以通过 Fe_3O_4 的表面能最小化来解释。在轧制压下量较小为 10%时，在钢基体上形成的 Fe_3O_4 中所出现的{110}纤维织构组分，可以归因于弹性应变能量最小化机制来说明。{001}晶粒的局部塑性变形，可用于研究变形 Fe_3O_4 中{001}⟨120⟩ 织构组分的演进发展，尤其是在轧制压下量较高为 28%和冷却速率较高为 28℃/s 的情况下。在具有较高施密特因子并因此仍处于弹性状态的晶粒中，具有最低弹性模量的晶粒，将以牺牲周围晶粒为代价而提升施密特因子。

与立方晶系的 FeO 和 Fe_3O_4 相比，变形氧化物层中的三方 α-Fe_2O_3 具有近似强度的相似织构演变。在以前的研究中也发现 [222,257]，这种类型的三次氧化铁皮层在高温氧化 [19,227] 而不是在低温状态 [225] 中形成。在该项研究中，{0001}基底纤维沿着表面法线方向延伸，而{11$\bar{2}$0}和{10$\bar{1}$0}棱柱平面几乎垂直于 Fe_3O_4 表面。α-Fe_2O_3 容易滑移的方向可能与 Fe_3O_4 和 α-Fe_2O_3[286−288]，(111) 平行于 (0001)α-Fe_2O_3 的 Fe_3O_4 的取向关系有关。α-Fe_2O_3 的{0001}面是具有密集的氧阴离子的晶面，因此在密堆积的氧面上发生氧化物生长和变形 [227,286]。这就是基底平面{0001}平行于 α-Fe_2O_3 生长的 Fe_3O_4 晶面的原因。

8.6 小　结

本章选择了热轧快速冷却后的三次氧化铁皮为例，利用电子背散射衍射后处理技术深入地分析了 α-Fe、FeO、Fe_3O_4 和 α-Fe_2O_3 内局部应变/取向差分布的演变规律。其中所选取的氧化铁皮样本，是在轧制压下量为 28%和冷却速率为 28℃/s 条件下获得的。从而，系统地阐释了氧化物局部应变与宏观应变的关系及其氧化铁皮内的非均匀性变形。具体地相关结论如下。

(1) 承担着氧化铁皮内部 α-Fe_2O_3 新晶粒的出现生长的是：①两个织构组分{111}{0001}和{110}{11$\bar{2}$0}；②特定晶格相关的低角度晶界。

(2) 氧化铁皮表层区域内，Fe_3O_4 的平均局部取向差呈现出相对较低的数值 ($M_{ave} = 0.45°$) 当具有相当低的取向差的分布时，不过在 Fe_3O_4 的晶界附近，取向差分布倾向较为强烈。氧化铁皮中间层的裂纹边缘通常产生相对较高的局部取向差分布，因而存在着较高强度的局部应变场。在氧化铁皮与钢基体界面处聚集着较高比例的 Fe_3O_4 细小晶粒，这导致了局部应变强度的急剧增加。

(3) 局部取向差分布的这种剧烈变化，可能是 Fe_3O_4 晶粒在成核和生长过程中产生的。在氧化铁皮的不同氧化物相中，Fe_3O_4 具有相对较低的塑性应变值，低于 7.2%。在高温变形过程中，会发生由氧化铁皮开裂引起的应力释放，从而导致 Fe_3O_4 接缝层的不同取向差分布。

(4) 结合织构分析和局部塑性应变的变化分布，引入施密特因子来解释高温塑性变形过程中，分析织构组分的演变过程，并有效地评估氧化铁皮的非均匀性变形行为。结果发现，Fe_3O_4 的{001}//ND 纤维织构由表面能量最小化导出，而{001}⟨120⟩ 织构组分归因于其最高的施密特因子。在变形过程中，其他{001}纤维织构晶粒因塑性变形而消耗，而{001}⟨120⟩ 织构因此而凸显，并在较大的轧制压下量下占主导地位。

第 9 章　能动反应机制和数值模拟

本章目的在于探索热加工快速冷却过程中，热生成氧化铁皮内部的物相转变过程及其能动化学反应机制。首先，物理实验结果的提炼，侧重于发现短时扩散的氧化机理，并且从四个角度来考虑氧化铁皮的性能，热轧辊缝处微合金钢的塑性成形时不同温度下的 Fe_3O_4 析出，Fe_3O_4 接缝层的形成和快速冷却时 FeO 的分解反应。然后，对氧化铁皮某一固定温度进行氧化动力学解析。最后，分别进行离子扩散模拟和焓基有限单元数值模拟。这些数据分析，可以拓展细化为在连续冷却时特定的 Fe_3O_4 析出过程。

9.1　短时扩散氧化机制

9.1.1　热轧辊缝处的带钢氧化

高温塑性加工过程中，在带钢表面上瞬时形成的氧化铁皮可以依据前述的氧化实验结果进行分析论证，提炼出可以指导生产实践的见解。例如，在热轧工艺过程中，所生成的氧化铁皮内部物相转变时，显微组织结构的演变过程可能关涉到的反应机制。

图 9.1 提出了热轧带钢在较高或较低轧制压下量时，所生成的氧化铁皮内部显微组织结构的变化过程示意图。与此同时，图中也考虑了在热轧工艺中，硬度较高的表层氧化物 α-Fe_2O_3 在带钢表面与轧辊之间相接触表面处所引起塑性成形的摩擦学效应。图 9.1(a) 表明了在高温热轧前所形成的初始 FeO 与 Fe_3O_4 的显微组织结构，对应于图片左上方的扫描电镜微观显微结构。此时的氧化铁皮，主要由高温时在氧化铁皮上形成的内部 FeO 层和较薄的 Fe_3O_4 外层组成。部分较好的预先共析出来的 Fe_3O_4 析出物，也可以在 FeO 氧化层内观测到。这应该归属于共析温度 570℃以上的 FeO 分解初始阶段。

在图 9.1(b) 的热轧进程中，室温温度的轧辊塑性碾压在高温加热的带钢表面上形成了较高的温度梯度，更进一步地导致高阶氧化物 α-Fe_2O_3 的形成。这层硬度较高的 α-Fe_2O_3 氧化物开始充当氧化铁皮的最外层部分。当轧制温度大约为 860℃时，高温氧化铁皮内部先形成的 FeO 层假定与带钢基体一起承受着相同的轧制压下量，经历着类似的塑性变形过程。这主要是因为 FeO 是三种类氧化物相中，在高温氧化时含量最多并且延展性最好的 [2,30]。尽管 FeO 氧化层可以承受大部分塑性变形，但切记不可能是全部塑性变形量。与 FeO 氧化物的变形抗力相比，从其中析出的 Fe_3O_4 的变形抗力要大得多，更难于塑性压缩变形 [1]。为此，微细的预共析 Fe_3O_4 析出物并没有明显的变形，或者变形程度与 FeO 基体并不相同。而且，在热轧时氧化铁皮外层和 Fe_3O_4 层同时被氧化成 α-Fe_2O_3。随着带钢表面温度的急剧下降，氧化铁皮内层中被拉伸成晶粒狭长的 FeO 并逐渐共析分解成 Fe_3O_4，最终形成残余 FeO 零星分布在 Fe_3O_4 基体相的显微组织结构形式。这种情况就对应于图 6.3 的电子背散射衍射的实验结果。

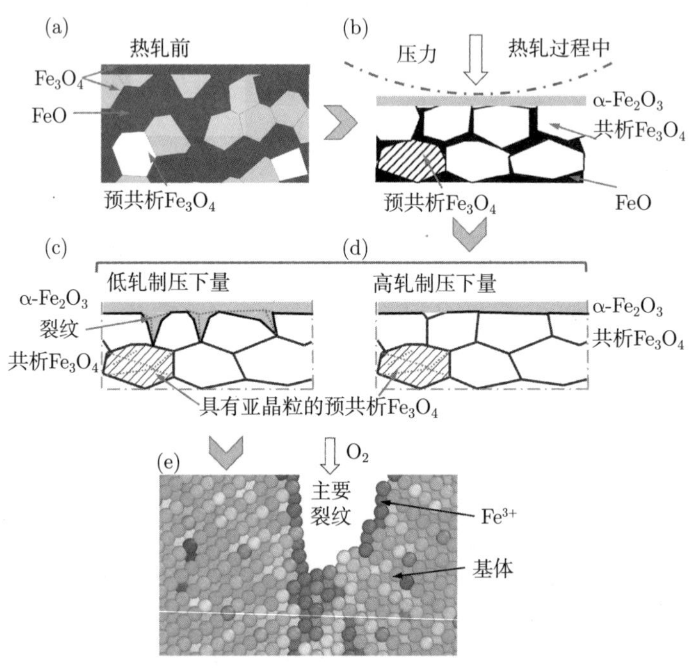

图 9.1　氧化铁皮的显微结构演进示意图

(a) 轧制前；(b) 热轧；(c) 低轧制压下量；(d) 高轧制压下量；(e) 裂纹尖端扩展处

如图 9.1(c) 所示，在较低轧制压下量下的氧化铁皮上可以检测到裂纹沿着 Fe_3O_4 晶界的形成与扩展，这无形中就给空气的渗入创造了条件，从而在相关裂纹区域发生了进一步的二次氧化，并生成了 α-Fe_2O_3，这一结果可在图 6.3 中得到证实。在随后的从轧制温度到室温的加速水/空气冷却过程中，高温变形的 FeO 层被进一步氧化成 Fe_3O_4，析出先共析 Fe_3O_4，最后形成 Fe_3O_4 和 α-Fe 共析反应混合物。为此，氧化物 FeO 的体积分数显著降低，并且残余的 FeO 零散地分布在 Fe_3O_4 氧化物的晶界区域。在这项研究中，氧化铁皮由两层构成，其内层由 FeO、Fe_3O_4 和先共析 Fe_3O_4 的混合物组成。对于三次氧化铁皮而言，在这个阶段经历了较小的轧制压下量 (图 9.1(c))，沿着 Fe_3O_4 晶界裂纹产生并扩展为易于空气穿透的路径，随后允许其进一步氧化成 α-Fe_2O_3。这种类型的断裂缺陷机制也发生在其他合金较薄的氧化物层内，有文献称其为氧化物表面裂纹的“氧化裂化”[144,224,229]。

如何阻止这些沿晶裂纹的向外扩展呢？有研究认为在显微组织结构中，氧化铁皮晶粒的小角度晶界和低阶重合位置点阵晶界可以为这些微细裂纹的扩展提供阻碍。这种抑制效应是因为这些晶界类型可以实现最小化溶解效应，并减小晶界面间的交叠和滑动位错 (glissile dislocation) 等 [194,234]。在这种情形下，如图 6.14(c) 所示的氧化铁皮内氧化物相的晶界取向差分布图中，α-Fe_2O_3 具有 Σ3 重合位置点阵晶界时，与 Σ13b 和 Σ19c 重合位置点阵晶界相比，很难产生裂纹缺陷。不过，在图 6.6(c) 的电子背散射衍射 EBSD/IPF 晶粒取向分布扫描图，当轧制压下量为 28% 时，高比例的小角度晶界出现在氧化样本的三个物相中，这就导致了只出现非常小部分的氧化铁皮裂纹缺陷。由此可知，当轧制压下量较大时，氧化铁皮就会形成令大量细颗粒状 Fe_3O_4 晶粒相对致密排布的显微组织结构，从而可以有助于抑制 Fe^{2+} 氧化成 Fe^{3+}，也就是将 Fe_3O_4 氧化成 α-Fe_2O_3，如图 9.1(d) 所示。相似的形成机制出现在氢脆评估和裂纹产生前的应力辅助晶界氧化过程，特别是由应力释放和裂纹扩展前的晶界初始氧化有关的过程 [224,289,290]。

9.1.2 不同温度下 Fe_3O_4 的形成

根据共析反应来比较现存的氧化物相，从之前的研究文献中，同时结合我们之前的实验研究，可以抽取并拣选不同的实验检测结果，对于 Fe_3O_4 的形成进行了总结概括，如图 9.2 所示。Fe_3O_4 析出的过程涉及高温预共析反应及其存在于较大温度范围内的 FeO 的分解反应。

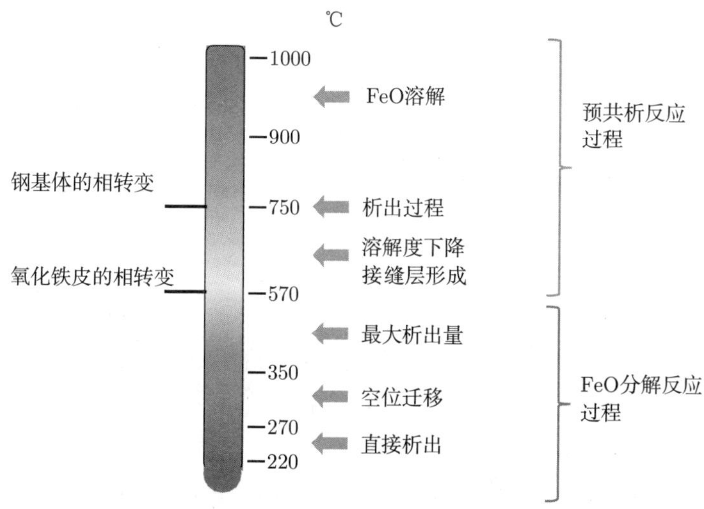

图 9.2 在不同的温度范围内 Fe_3O_4 从高温生成 FeO 中析出过程的示意图 (后附彩图)

当温度高于 900℃时，检测到的 Fe_3O_4 含量取决于均质 Fe_3O_4 析出颗粒在 FeO 基体内的溶解性及温度的增加量 [7]。当温度大约在 750℃时，Fe_3O_4 颗粒析出于 FeO 基体的速度显著下降，并形成较小的球状外形 [7,63,123]。当温度在 570~727℃范围时，在氧化铁皮与钢基体的界面处将开始形成 Fe_3O_4 接缝层 [129]，其主要是由氧化铁皮内部阴阳离子的不同浓度波动所引起的 [76,141]。值得一提的是，570℃指的是 Fe-O 物相系统的共析温度点[8]，而 727℃指的是 Fe-C 物相系统的共析温度点 [6]。

当温度范围在 350~570℃时，FeO 分解成 Fe_3O_4 时将形成粗糙层状的显微组织结构。特别指出的是，若此氧化铁皮在温度为 400℃、等温氧化 400min 以上时，将会获得最大的 Fe_3O_4 含量，其中，在氧化温度为 460~510℃时，氧化铁皮中 Fe_3O_4 含量主要取决于微合金钢基体本身的微合金含量 [51,63]。当氧化铁皮冷却至 270~350℃时，具有 α-Fe 析出颗粒的 Fe_3O_4 含量将逐渐地增加，这是由空位迁移所引起的离子流动过程造成的 [130,141]。而当温度降至 200℃以下时，就没有其他相关的物相转变过程发生 [11,63]，主要是因为在 FeO 基体中的连续空位的周期性排布，有助于增加离子间的迁移和改变的时间 [75]。

在前述的氧化实验中，从所获得的氧化物间的转变，可以发现初始形成的富氧 FeO 更易于反应生成富铁 FeO 类型 (具体可参见 5.3.1 节所述)，而不是共析分解成 Fe_3O_4 和 α-Fe[21]。可能是因为生成富铁 FeO，较之更适应于化学反应的热力学流动趋势。这就表明在低温时的 FeO 分解反应取决于氧化物层内氧或铁离子的浓度，而并不依赖于由温度变化而引发的预共析反应。无论如何，在较高的冷却速率下，Fe_3O_4 的形成将会得到有效地抑制，从而发现在 570~750℃时，可以免除 Fe_3O_4 接缝层的生成 [36]。然而，在温度为 350℃和 570℃的更长保温时间情形下，由 FeO 分解生成的 Fe_3O_4 含量将会明显地加快。

9.1.3　氧化铁皮内接缝层的形成

通常情况下，研究承认应力释放机制影响着 Fe_3O_4 接缝层的形成，并且可以从两个不同的角度来支持这论点：①在氧化铁皮与钢基体的界面处，出现了硅元素的富集；②在 Fe_3O_4 层出现了θ纤维织构组分。在 5.3.2 节，根据所检测到的氧化铁皮的断面形貌特征，初步讨论了 Fe_3O_4 接缝层的形成机制的第一个主要因素。在这里，依据第 6~8 章获得的电子背散射衍射的实验结果，就第二个角度进行进一步地阐述，也就是说在 Fe_3O_4 层出现了 θ 纤维织构组分部分决定着 Fe_3O_4 接缝层的形成。

在第 7 章的氧化铁皮织构演变中可以发现，氧化物 Fe_3O_4 与高温初始生成的 FeO 共享着相同的 ⟨100⟩ 纤维织构组分，也被称为θ 纤维 [20,134,209]。由此可以推断出，Fe_3O_4 晶粒首先在热生成的 FeO 氧化物层内的成核过程，不是由氧化铁皮背离基体而产生的二次再氧化过程所形成的 [38]。这种纤维状的条状晶粒外形，在图 6.6 的电子背散射衍射 EBSD/IPF 晶粒取向分布扫描图中可以清晰地观测到。这种狭长的晶粒形状的来源，根植于处在氧化铁皮与钢基体界面处的 Fe_3O_4 接缝层。这里的研究结果部分暗示了，应变侧向生长过程可能存在于高温氧化过程。在热轧快速冷却实验后，应力释放可能出现在氧化铁皮与钢基体的界面处，也就是说，其界面处几乎没有应变出现。氧化物相转变成的 Fe_3O_4 晶粒通过成核而生成，并且晶粒通过扩散而生长起来 [11−13]。

此外，微细晶粒的 Fe_3O_4 接缝层的形成是一个复杂的共析反应过程，可能是热轧和冷却时的预共析组合，也可能是氧化铁皮变形后空冷时的二次再氧化。目前，至少有三个直接证据可以解释第一点。首先，传统热轧工艺过程在这种情况下，如轧制温度为 860℃，快速冷却的出/入口温度分别为 784℃和 619℃，根据低碳钢的氧化铁皮结构发展的温度范围和常规理解，氧化温度远高于 570℃，即 FeO 分解的温度。为此，在热轧和连续冷却过程中，即使预共析反应相对较慢，Fe_3O_4 也会从 FeO 基体中析出。其次，当连续冷却速率高达 28℃/s 时，对于氧化层厚度小于 100μm 的相对薄的氧化铁皮，FeO 预共析变得比较困难。这主要是由于氧化铁皮内的温度变化相对均匀。为此，在室温空气冷却之前，缓慢的预共析反应可能是主要的反应过程。

最后，与之前的织构演变研究相比 [134,225]，在图 7.13 和图 7.14 中，FeO 的织构演变与在 1050℃下重新加热 5s 的超低碳钢上形成的氧化物的结果类似，通过平面应变压缩降低了 70%的高度 [134]。这就意味着 FeO 的{001} 纤维织构可能来源于高温下形成的氧化物，这也可以在其他文献中找到 [227]。抑或，FeO 的{110} 纤维织构在铁单晶氧化 1h 后，在 Fe_3O_4 层中共享相似的晶体织构来源 [225]。这些氧化物之间的织构成分比较再次表明，在氧化铁皮内部晶粒细化的 Fe_3O_4 也可能是第一个成核的 FeO 晶粒的结果，即预共析过程的产物，而不是因为氧化铁皮与钢基体脱附和内部二次氧化的产物 [38]。因此，在热轧和随后的冷却过程中，氧化铁皮内的相变是获得这种织构演变的另一个原因 [271,291]。简而言之，氧化铁皮内接缝层的形成最可能的原因在于氧化物之间的预共析组合转变，而因内应力变化而引发的氧化铁皮的二次再氧化并不是首要的原因。也就是说，对微细晶粒的 Fe_3O_4 接缝层的生长，还是要侧重分析氧化物间的相变过程。

9.1.4 快速冷却时氧化物间的分解转化

前文已经讨论过氧化铁皮内不同氧化物 Fe_3O_4 与 FeO 之间的共析反应过程。而 Fe_3O_4 至 α-Fe_2O_3 的氧化过程，也就是说从 Fe^{2+} 至 Fe^{3+} 的氧化路径，将是本小节所要关注的重点。

氧化物 Fe_3O_4 至 α-Fe_2O_3 的相转变过程，也深受所检测到的变形氧化铁皮层织构演变所影响。在短时高温氧化过程，如少于 30s 的热轧工艺 [6]，二价铁离子 Fe^{2+} 氧化成三价铁离子 Fe^{3+}，这在很大程度上依赖于 Fe_3O_4 与 α-Fe_2O_3 晶体结构上的相似性。Fe_3O_4 的 (111) 晶面和 α-Fe_2O_3 的 (0001) 晶面都平行和垂直于三重坐标轴。对处于完美的密排立方结构的 Fe_3O_4 的氧离子层，其沿 [110] 晶向彼此的间距约为 2.42Å。氧化物 α-Fe_2O_3 具有密排六方的晶体结构，其沿 [0001] 晶向彼此的间距约为 2.29Å。在 FCC 晶体结构与 HCP 结构交界处，它们的最优取向关系可以是 $(111)_{FCC}//(0001)_{HCP}$ 和 $(\bar{1}10)_{FCC}//(10\bar{1}0)_{HCP}$，其中，结构本身的密排晶面和晶向横跨界面处达到完全匹配 [232,287,292]。

根据存在于变形氧化铁皮层中 Fe_3O_4 的织构演变 (图 7.6~ 图 7.10)，可以看出，热力学不稳定的 FeO 转变为变形的 Fe_3O_4 时，其呈现 $\langle 001\rangle$ 纤维织构形式。随后，α-Fe_2O_3 将在这样的 Fe_3O_4 (001) 晶面上继续生长，但其生长是不会沿着密排 (111) 晶面的。因为在立方晶体结构中，两晶面 (111) 和 (001) 的跨晶面角度约为 54.76°，并可以推测出 α-Fe_2O_3 必须沿着四氧化三铁的 $\langle 001\rangle$ 晶向，向角度为 54.76° 的方向上氧化生长。这一推断与之前的 EBSD 研究结果 [19,227] 相一致。

因此，二价铁离子 Fe^{2+} 经由 Fe_3O_4 的晶界方向上扩散，并与氧气发生氧化反应，进而氧化成为薄片形状的 α-Fe_2O_3，其 c 轴垂直于氧化物的生长方向，a 轴则沿着氧化物的生长平面，即形成 $\{0001\}\langle 10\bar{1}0\rangle$ 织构组分。这些研究结果证实了，如果 α-Fe_2O_3 形成生长在 Fe_3O_4 的 (100) 晶面，那么它的晶粒必定是沿 Fe_3O_4 基体呈 54.76° 的倾斜角度，不过，对于 Fe_3O_4 的 (111) 晶面，等轴 α-Fe_2O_3 晶粒将出现 (0001) 晶面的生长趋势。近来，已经报道了对于单晶氧化铁皮的类似研究成果 [232]。

综上所述，这些研究发现将开启一种新的研究方向，以减少并进一步移除在热轧过程中 α-Fe_2O_3 的生成。一方面，可以选定所期望的轧制压下量，以减少在变形氧化铁皮中沿 Fe_3O_4 晶界的裂纹出现，从而最小化进一步的氧化过程及其所导致的 α-Fe_2O_3 沿着那些裂纹楔入性地渗入氧化物层内。另一方面，为了将初始生成的 Fe_3O_4 织构，采用特殊的润滑机理调制成{111}织构组分，那么均一的 α-Fe_2O_3 就可以在 Fe_3O_4 (111) 晶面上生长了，以此，方可避免上述论及的 α-Fe_2O_3 沿着 Fe_3O_4 (100) 晶面基体上 54.76° 角度的生成过程。从实践应用的角度来说，这将可以大幅度地缓解在高温钢铁加工过程由于生成的 α-Fe_2O_3，即红鳞 [293] 所造成的空气污染。

9.2 氧化热动力学分析

与单一 Fe_3O_4 相形成过程相比，从高温生成的 FeO 基体内析出 Fe_3O_4 和 α-Fe 混合析出物相的过程将更为复杂多变。这种生成氧化物的多相复杂性可能是因为

Fe_3O_4 与 $Fe_{1-x}O$ 之间具有相似的氧离子晶格百分比，从而增加了 α-Fe 在这些晶格中的迁徙量 [17,75,76]，这些化学反应过程皆可以借助不同物相的吉布斯自由能曲线来定性地描绘和解释。由于单个原子的吉布斯自由能 $G(x)$ 是被定义为包含孤立单个原子的标准状态情况的，那么对于给定化学反应的吉布斯自由能差值 ΔG，显示物相发生化学反应的趋势必定呈现为负值状态 [67,68]。依据具体材料的晶粒成核生长工艺过程，图 9.3 给出了氧化温度在 525℃时，Fe-O 相图中可能存在的多种固态物相，即 α-Fe、FeO 和 Fe_3O_4 及其吉布斯自由能函数可能发生的近似位置信息 [33,74]。由此可以看出，当温度接近于 Fe-O 相图系统的共析反应点时，则共析反应 FeO⟶ α-Fe+ Fe_3O_4 存在着最大的自由能差值 ΔG[8]。

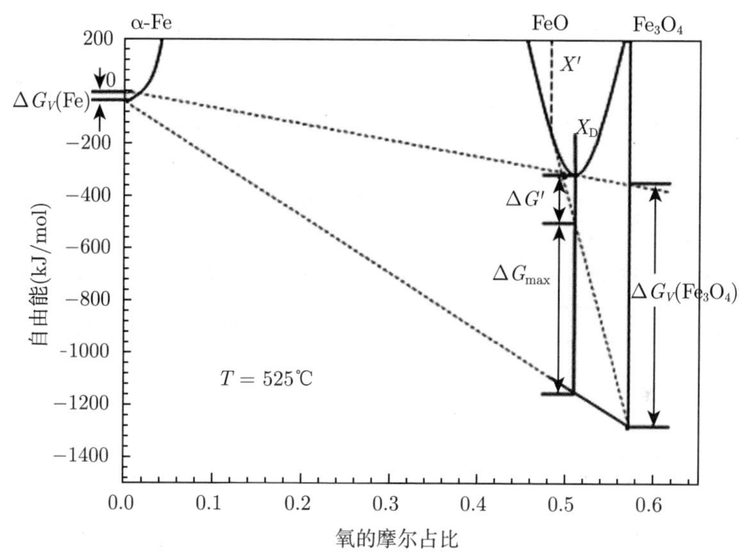

图 9.3 Fe-O 相图中 α-Fe、FeO 和 Fe_3O_4 的吉布斯自由能变化示意图 ($T = 525$℃)

如图 9.3 所示，氧化温度在 525℃时，Fe_3O_4 的自由能平衡曲线呈现更大的负值，并且其外形更狭长，甚至在 FeO 共析反应转变时，图中化合物 Fe_3O_4 可以被假定为一条直线。鉴于 $Fe_{1-x}O$ 存在阳离子空位缺陷，即 $1 - x = 0.83 \sim 0.95$[74]，那么，在如图 9.3 所示相图中，若忽略 x，其 FeO 物相就会具有极端广泛的稳定存在区间。再者，考虑气体压强的氧气浓度轴，类似于 Fe-O 平衡相图中所体现的情况一样 [8]。图中每一物相的最小吉布斯自由能可以从相关的热力化学数据中提取出来。此处拣选温度在 325℃，425℃和 525℃时，不同物相的吉布斯自由能皆列在表 9.1 中，待后续研究采用。

表 9.1　$Fe_{1-x}O$，Fe_3O_4 和 α-Fe 的吉布斯自由能数值

温度/℃	$G_V(Fe_{1-x}O)$/(kJ/mol)	G_V (Fe_3O_4)/(kJ/mol)	G_V (α-Fe)/(kJ/mol)
325	−306.709	−1226.324	−19.559
425	−316.436	−1255.225	−24.513
525	−326.937	−1287.418	−29.964

其中，在图 9.3 中，$\Delta G'$ 代表了析出反应 $Fe_{1-x}O \longrightarrow FeO+ Fe_3O_4$，其过渡平衡状态存在于富铁类型的 FeO。$\Delta G_{\max}$ 代表了共析反应中 $FeO \longrightarrow Fe+ Fe_3O_4$ 自由能的最大变化量。对于 α-Fe 和 Fe_3O_4 从高温氧化生成的 FeO 父相中成核时，所表现的 ΔG_V 具体数值，可以利用图 9.3 中的曲线得到。在给定的 FeO 含量 X_0 点处和 α-Fe 与 Fe_3O_4 的自由能曲线的最小值处，沿 FeO 的自由能曲线作切线，其斜率即为相应的混合物从 FeO 析出时所展现的 ΔG_V 的具体数值。这就显示了，在 FeO 分解反应中，氧化物 Fe_3O_4 相首先开始析出，然后少量的 α-Fe 颗粒再行析出。而且标准化学计量的偏移量，也可以通过在图 9.3 中画出公共切线斜率而得到，其中，在位置 $\delta=0(\delta=\Delta G/\Delta x)$ 时，吉布斯自由能的曲线斜率已经在表 9.2 中详细列出。

表 9.2　$Fe_{1-x}O$，Fe_3O_4 和 α-Fe 的 $\Delta G/\Delta x$ 数值 (T=525℃)(单位：kJ/mol)

曲线的斜率	$Fe_{1-x}O$	Fe_3O_4	α-Fe
$\left(\dfrac{dG}{dx}\right)_0$	−326.937	−1287.418	−29.964
$\dfrac{\Delta G\,(FeO, Fe_3O_4)}{\Delta x=0.072}$	−13340	−13340	
$\dfrac{\Delta G\,(\alpha\text{-Fe}, Fe_3O_4)}{\Delta x=0.572}$		−2198.346	−2198.346

从表 9.2 可以看出，对于 $Fe_{1-x}O$ 和 Fe_3O_4 两者共同的 $(dG/dx)_0$ 的具体数值 (表 9.2 的第一行) 明显少于其G(α-Fe) 和$G(Fe_3O_4)$ 两者分别的公共切线的数值，即表 9.2 的第二和第三行中所列数值。这就证实了，在 525℃时，具有富金属的 FeO 氧化物相是相对热力学稳定存在的。

对于 Fe_3O_4 相，G(α-Fe) 和 G(FeO) 相切曲线的斜率数值比 $(dG/dx)_0$ 在数值上更大，这就表明富铁类型的 Fe_3O_4 更是热力学稳定的，由此更容易被观测到。在图 9.3 中，关于最低自由能的相稳定状态，主要依赖于氧元素在水平的 x 轴上的化学组分。应该指出的是，这种依赖于氧元素的结论是有其不同的适用范围的，也就是说，涉及氧化物相之间的共析反应化学组分分布并没有考虑到是否发生过预共析化学反应的情形。

鉴于每一个潜在氧化成核过程中所形成的氧化物相，都会出现其体自由能 ΔG_V 的变化，那么，与之对应的物性参数界面能就可以用这种变化的体自由能来表述，用于指代形成新氧化物相对所需要的表面能。单一氧化物相的稳态成核速率 N_V 可以被定义为：未发生相变的固体在标准大气压状态下能够形成的稳定成核的数量 [11]：

$$N_V = K\exp\left\{-\frac{1}{kT}\left[Q+\frac{A\gamma^3}{(\Delta G_V+\varepsilon)^2}\right]\right\} \tag{9.1}$$

其中，K 和 A 都是常数；Q 是在未发生相变固体中扩散的活化能；ε 是在标准体积下新氧化物相的弹性应变能；k 是常数；T 是氧化温度。由此，在氧化过程中，氧化物的成核速率随着比率 $\gamma^3/(\Delta G_V+\varepsilon)^2$ 的减小，会有显著增加的趋势。对于等温相转变过程，氧化物 Fe_3O_4 的析出被认为生成与 FeO 紧密相连的界面 [75,220]。由此，可以忽略界面能 γ 在 Fe_3O_4 与 FeO 界面处的具体数值。上述提及过给定的 $\Delta G_V(\mathrm{Fe_3O_4}) \gg \Delta G_V(\alpha\text{-Fe})$，因此，这正是经过合乎情理的推断得出来的。在氧化物的共析温度点以下时，Fe_3O_4 的成核速率将明显高于 α-Fe。对于 Fe_3O_4 在连续冷却下的成核速率可以利用晶体学相关技术 [17] 进行更进一步的深入调研。这是因为 $(\mathrm{d}G/\mathrm{d}x)_0$ 的数值是耦合着氧化铁皮层内，其组成原子和电子维度层面上的不稳态常数的。

9.3 高温氧化扩散过程的模拟

离子扩散模拟分析的目的在于预测在热轧层流冷却过程中，生成的氧化铁皮内反应产物的氧化速率。在 2.1.4 节可以了解到，金属材料的氧化速率通常遵循线型、抛物线型、线/抛物线混合型和对数方程等法则 [64,72]。这些不同氧化速率类型间的不同之处，主要取决于三个方面：①连续冷却过程中热处理路径的差异；②氧化气氛条件；③钢基体本身的不同合金成分等。

具体地说，金属材料的氧化速率常数可以利用材料氧化的热力学曲线斜率进行计算得到。也就是说，在金属材料的氧化实验前后，绘制随氧化时间变化时氧化样本在单位表面面积上质量的改变量，即材料的氧化动力学曲线 [6,14,31]。根据热传递有限单元法，可以有效地预测多层氧化物相的氧化动力学速率常数。这一类数值模拟中，考虑到了氧化轧制样本在层流冷却时两个不同的冷却区域，即喷嘴水射流区域和稳定薄膜沸腾区域，还有氧化铁皮的热传递、热对流和热辐射。

9.3.1 扩散模型的本构方程

基于离子氧化扩散法则，类比于熟知的热传递理论 [294,295]，图 9.4 简要地表述了在热轧工艺的层流冷却过程中，三次氧化铁皮和微合金钢基体的整体热传递模型。该模型考虑到了热流从带钢的厚度方向和宽度方向上的热传递过程。

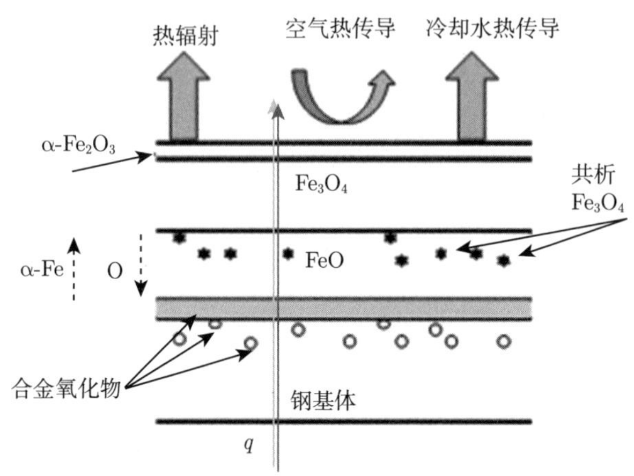

图 9.4　在层流冷却过程中，三次氧化铁皮的热传递模型示意图

在稳态热传递的假定下，氧化铁皮被设定为具有均匀一致的厚度，并且存在高精度的表面显微组织特征。因而，在数值模拟中，可以完全忽略氧化铁皮在不同边界上的气孔，或是孔洞等表面质量缺陷。那么，该整体模型的热传递通用平衡方程可表述为

$$\frac{\partial}{\partial y}\left(\kappa\frac{\partial T}{\partial y}\right)+\frac{\partial}{\partial z}\left(\kappa\frac{\partial T}{\partial z}\right)+\dot{q}=\rho c\frac{\partial T}{\partial t} \tag{9.2}$$

其中，$\dot{q}$ 是热传递速率；κ、ρ 和 c 分别是热传导率、材料质量密度和材料的比热容；T 是氧化温度；t 是离子扩散处理时间；y 和 z 分别是氧化铁皮在厚度和宽度方向上的坐标系。欲求解这样的本构方程，需要给定氧化物的晶体学结构信息和施加于给定的本构方程的边界条件。故而，陆续引入初始条件和边界条件。

在层流冷却过程中，在水流喷射冲击区域内，带钢的热传递损失可以用下式来描述:

$$q_{\text{water}}=h_{w_1}\left(T-T_{w_1}\right) \tag{9.3}$$

其中，h_{w_1} 是水流喷射与带钢表面接触时的热传导系数 [296]，如图 9.5 所示；T_{w_1} 是冷却水的温度。

在层流冷却过程，在冷却水稳定水膜沸腾区域，从热损失中得到的能量贡献包括了空气对流，可以表述为

$$q_{\text{air}}=h_{w_2}\left(T-T_{w_2}\right)+\sigma\varepsilon\left(T^4-T_{w_2}^4\right) \tag{9.4}$$

其中，h_{w_2} 是当水蒸气薄膜接触到带钢表面时，其冷却水的薄膜系数 [296]，如

图 9.5 所示；T_{w_2} 是水蒸气薄膜的温度；ε 是金属材料的辐射系数；斯特藩–玻尔兹曼 (Stefan-Boltzmann) 常数 $\sigma = 5.6699 \times 10^{-8}\mathrm{W}/\left(\mathrm{m}^2 \cdot \mathrm{K}^4\right)$。

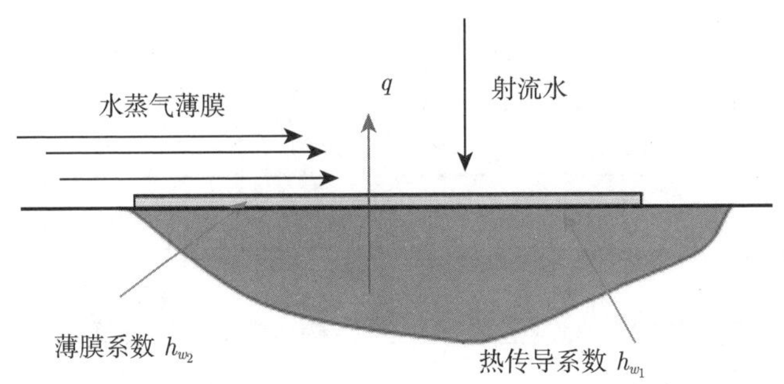

图 9.5 层流冷却时，冷却水薄膜系数和热对流系数的边界条件示意图

为了清楚起见，数值近似计算过程是在本构方程中采用严格简化的温度向量形式，从而可以获得如下最小化的本构方程形式：

$$I = \frac{1}{2}\iint\limits_{A}\left[\lambda\left(\frac{\partial T}{\partial x}\right)^2 + \lambda\left(\frac{\partial T}{\partial y}\right)^2 - 2\left(\dot{q} - pc\frac{\partial T}{\partial t}T\right)\right]\mathrm{d}A + \frac{1}{2}\int\limits_{S_3} h(T - T_\infty)^2\mathrm{d}S_3 \tag{9.5}$$

经过差分形式变换后，得到的本构方程可以书写成

$$\left([K] + \frac{2}{\Delta t}[K_3]\right)\vec{T}_1 = \left(-[K] + \frac{2}{\Delta t}[K_3]\right)\vec{T}_0 + \vec{P} \tag{9.6}$$

其中，$[K]$ 是刚度矩阵；$[K_3]$ 是稳态时的附加刚度矩阵；Δt 是差分区间的时间步长；$\vec{T}$ 是结点温度向量；$\vec{P}$ 是等效的结点载荷矩阵。

结合多相氧化物三次氧化铁皮的生长特征和不同氧化物相在厚度方向上的分布，建立了相应的氧化动力学模型。其中，假定该模型里的三次氧化铁皮的氧化生长速率遵循通用的抛物线定律 [1,6,173,174]。

对于氧化物 FeO、Fe_3O_4 和 α-Fe_2O_3 的生长动力学的一阶抛物速率常数，可以采用表 9.3 中的具体数值进行差值计算决定 [1,72]。由此，相应的多层氧化铁皮的氧化速率常数就可以由这些氧化物的一阶数值进行数值模拟来获得。值得注意的是，这里所说的氧化速率系数假定依赖于金属材料的氧化温度，而独立于阴阳的离子浓度、具体氧化区域位置和相应的持续氧化时间。这些氧化速率常数本身的扩散矩阵是同一均质的，并且是各向同性的半无限介质。这些初始条件的设定忽略了出现在晶粒边界上的物相转变，保证了在后续的数值模拟中氧化铁皮的一致性。

表 9.3 数值模拟中选用的不同的抛物线速率常数

氧化物	$k_1/[g^2/(cm^4\cdot s)]$	$k_2/[g^2/(cm^4\cdot s)]$	$k_3/[g^2/(cm^4\cdot s)]$
FeO	$12.47\exp\left(-172.4\times10^3/RT\right)$		$\left[k_1^{(FeO)}+k_1^{(Fe_3O_4)}+k_1^{(\alpha\text{-}Fe_2O_3)}\right]^2$
Fe_3O_4	$1.98\times10^{-2}\exp\left(-169.5\times10^3/RT\right)$	$\left[k_1^{(Fe_3O_4)}+k_1^{(\alpha\text{-}Fe_2O_3)}\right]^2$	
α-Fe_2O_3	$1.49\times10^{-3}\exp\left(-169.5\times10^3/RT\right)$		

注：其中温度为开氏温度，$R=(8.3144\pm0.00026)J/(mol\cdot K)$。

9.3.2 数值模拟的边界条件

在三层氧化铁皮和热轧带钢的显微组织结构内部，其热传递可以利用 ABAQUS 软件的有限单元法进行数值模拟。这里的金属基体设定为低碳钢，在其上形成的氧化铁皮厚度设定为 50μm。氧化铁皮这一厚度值的设定是折中可接受的，可保证氧化铁皮没有表面缺陷，同时忽略了在之前章节的实验结果中所论述的部分气孔和剥落缺陷。氧化铁皮的整个显微结构可分解为 9461 个结点，或是 4524 个 DC2D6 结构单元。在 2.2.2 节所论述的氧化铁皮不同氧化物相的厚度比例时，设定 FeO 厚度为 45μm，Fe_3O_4 为 4.5μm，α-Fe_2O_3 为 0.45μm [62]。钢基体网络划分为 1174 个结点或是 2209 个结构单元，以上模型的建构是基于对工业条件的初始设定，也就是说，假设所模拟带钢的上部和下部表面是对称均匀冷却的，不考虑冷却水重力等外界因素的影响。

此外，带钢基体和氧化铁皮的热力学特性已经分列在表 9.4 中 [173,174]。其中，终轧温度和卷取温度分别设定为 860℃和 560℃。对于热对流系数 h_{w_1}，可以利用如下的基本方程求解得出 [296]：

$$h_{w_1}=P_r^{0.33}\left(0.037Re^{0.8}-850\right)\frac{\lambda}{W} \tag{9.7}$$

其中，P_r 是普朗克常量，$P_r=\mu_f c_p/\lambda_w$；μ_f 是动力学黏度；c_p 是常压下的比热容；λ_w 是热传导系数；Re 是雷诺数，$Re=w\rho_c v/\mu_f$，w 是射流冲击区域的宽度，v 是射流冷却水速度。

表 9.4 带钢基体和氧化铁皮的热力学特性

项目	奥氏体	FeO	Fe_3O_4	α-Fe_2O_3
$\kappa/[W/(m\cdot K)]$	$16.5+0.11T^*$	3.2	1.5	2
$\rho/(kg/m^3)$	$8050+0.5T$	725	870	980
$c_p/[J/(kg\cdot K)]$	$587.8+0.068T$	7750	5000	4900

∗ 温度单位为 ℃。

类似地，热对流薄膜系数 h_{w_2} 可以利用如下方程进行计算 [296]：

$$h_{w_2}=\lambda_s\left(\frac{g\Delta\rho}{8\pi\lambda_s\alpha_C}\right)^{\frac{1}{3}}\cdot\alpha_C=\frac{\lambda_s\theta_s}{2if_b\rho_s} \tag{9.8}$$

其中，$\Delta\rho$ 是材料密度的差值；θ 是温度的差值；i 是比焓；下标 s 和b 分别表示饱和膜沸腾和稳定膜沸腾。

在扩散数值模拟中，所应用的冷却水薄膜系数与温度之间的关系可概略为图 9.6(a) 所示。而且，水薄膜系数的函数表达式可以利用 ABAQUS 软件的 FILM 子程序进行加载运行，利用这样的自定义程序可以得到模拟所需的水薄膜系数具体的离散数值。而且，带钢表面的辐射率 ε 可以直接用下述关系决定 [294]，这一数值方程正是侧重于此处的高温情况。

$$\varepsilon = 1.1 + \frac{T-273}{1000}\left(0.125\frac{T-273}{1000} - 0.38\right) \tag{9.9}$$

从实验的研究结果中，可以获得以下所需要的材料属性信息。这些工艺材料参数的使用，皆与氧化反应有关，进而产生基本的材料应用定律。这些材料应用定律可以很方便地输入到有限单元的子程序中，使得现实中的数值模拟包括初始氧化过程得以顺利执行。氧化扩散的数值模拟，其精确性是通过多种不同的小试件氧化实验来验证的，并且试件有各种各样的热处理路径 [1,2]。这些数值结果与实验分析得到了很好的一致性验证。

9.3.3 扩散过程的结果分析

图 9.6(b) 显示了氧化铁皮与钢基体的整个结构上，沿无量纲的带钢厚度方向温度分布模拟分析结果。氧化铁皮与钢基体的单一温度分布在图中合适的区域处都进行了标示。从图中可以看出，在氧化铁皮的厚度范围内存在着一个尖锐的梯度分布，这可能是由于氧化铁皮本身较低的热传导特性 [1,174]。这种在温度方向上的骤然减少，可能导致在氧化铁皮与钢基体的界面层出现一些热应力的集中分布，从而进一步影响氧化铁皮整体的完整性，或引发相关联的剥落等表面质量

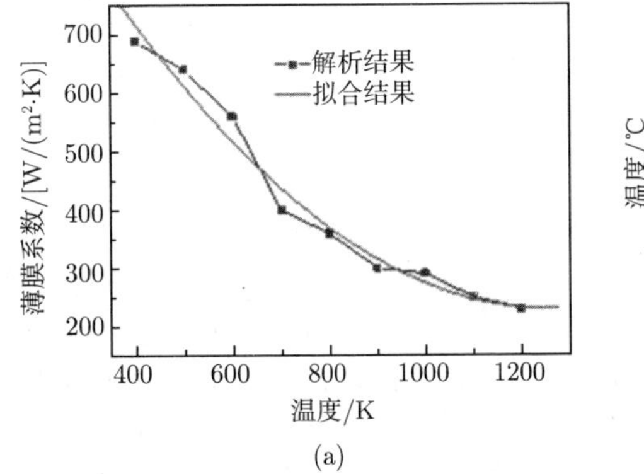

(a)

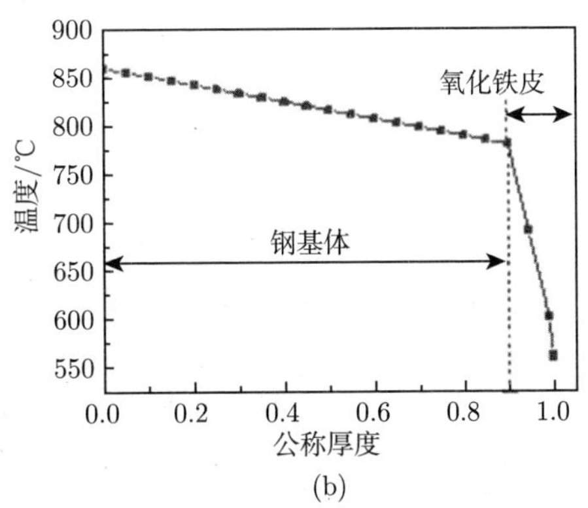

(b)

图 9.6 (a) 冷却水薄膜的热对流系数随温度变化的关系方程，理论关系曲线是基于具体实验结果拟合得到的；(b) 带钢与氧化铁皮沿公称厚度方向上的温度分布

缺陷。同时图 9.5(b) 也揭示了一个额外的重要方面，也就是说，在数值模拟中，上述假定初始条件和边界条件是良好的近似效果，并且氧化动力学系数也能够正确地得以表述。

与此同时，这种三层氧化物层的总体抛物线速率常数 $k_3[\times10^{-8}g^2/(\mathrm{cm}^4\cdot\mathrm{s})]$，已经在图 9.7(a) 中给出。当氧化温度范围在 800~850℃时，氧化生长速率常数是显著增加的，但是是相对较缓和地增加的，这也出现在氧化温度范围为 700~800℃时。对于双外层氧化物 Fe_3O_4 和 α-Fe_2O_3 层，其氧化生长的二阶氧化速率常数 k_2 则在图 9.7(b) 中一并给出。

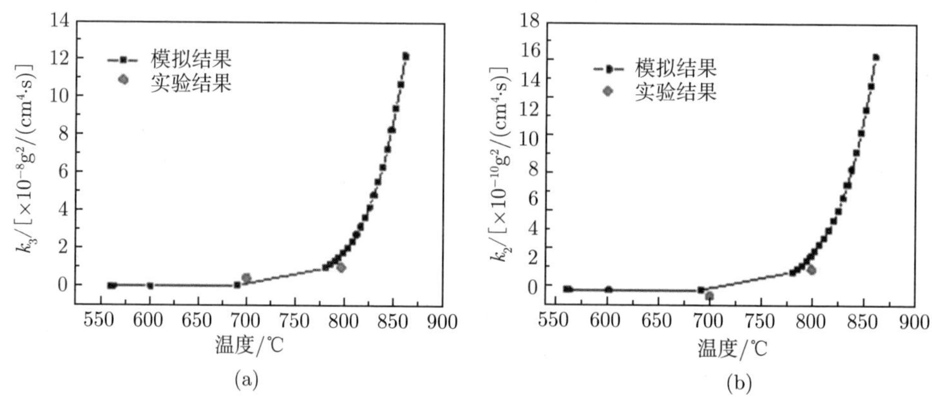

图 9.7　钢基体的抛物线氧化速率常数随温度分布函数的变化量

(a) 三层氧化铁皮；(b)Fe_3O_4 与 α-Fe_2O_3 的双层氧化铁皮

另外，在 α-Fe-Fe_3O_4 界面处，主导的氧气部分压强被假定于平衡在 FeO-Fe_3O_4 界面处的情形。不过，二阶氧化速率常数 k_2 和 k_3 分别是 10^{-10} 和 10^{-8} 维度的。也就是说，相比于 Fe_3O_4 和 α-Fe_2O_3 氧化物层，在 FeO 氧化物层的离子扩散系数贡献于更高的氧化速率。在实际氧化过程中，在钢基体与氧化铁皮界面层处的氧气部分压强可能不同于在数值模拟中的这些模型的假定。这种差异部分是因为氧化铁皮内部可能存在或多或少的气孔、微裂纹等表面质量缺陷。

上述这些模拟结果表明了，热轧带钢在精轧后的层流冷却中，其氧化速率中没有 FeO 氧化物相出现的原因。这就是为什么在氧化铁内部的曲线中出现了陡峭的温度梯度，并进而可能引起最高的氧化生长速率 [173,174]。再者，被选定的微合金低碳钢的内部氧化过程可能促使相应的氧化速率常数在某种程度上不同于数值模拟中的研究假定 [63,173]。因此，给定氧化铁皮的最终厚度，可以利用单个氧化物层的氧化生长速率常数进行计算得出，然后，再分析所计算的单个氧化物相的物相转变过程。

9.4 高温氧化的焓基数值模拟

生成在氧化铁皮与钢基体之间的 Fe_3O_4 接缝层，对在低碳钢上形成的氧化铁皮的表面质量有着非常关键的作用 [1,6,15,174]。故而，必须探索氧化铁皮在 570℃[15] 时的相转变，以及进一步阐释这种类型的 Fe_3O_4 接缝层的形成机制。正是循着这一诉求，焓基数值模拟方法和等效热容方法提供了氧化物相变材料广泛的物相转变温度 [294,296]。不过，这种固–固相变等温转变所体现的不连续问题在数值模拟过程中依然是难于处理的。为了避免传统基于温度的模拟方法时出现的等温相变不连续问题，可以结合焓关系的温度方程的相应范式提出一种差分算法。通过考虑温度依赖的热传导和热辐射边界条件，建立了这种耦合温度和相变的二维数值模型 [297]。这一结果将有效地预测热轧后层流冷却过程时，氧化铁皮中不同氧化物相的分布情况。

9.4.1 焓基数值模拟的算法

在典型的三层氧化铁皮中，其热传递数学模型允许以不同于相变焓的角度来进行数值处理。在不影响实用性的条件下，控制方程中对流项处理的难易程度类似于在 9.3 节所述的静态模拟事例，此处从略。然后，热传递的控制方程在开源集合 $\varOmega \subset R^3$ 上，可以被写成如下式所示：

$$\frac{\partial H(T)}{\partial t} - \mathrm{div}\left[\kappa(T)\,\mathrm{grad}T\right] = Q(t) \quad 在\varOmega上 \tag{9.10}$$

其中，$\mathrm{div}(\cdot)$ 和 $\mathrm{grad}(\cdot)$ 分别是散度和梯度的运算符号；$T(x)$ 是依赖于空间位置变动的温度场函数，$x \subset \varOmega$ ；$H(T)$ 是体积焓；$\kappa(T)$ 是热传导率，$Q(t)$ 是内部潜热产生的热源。

在等温相变时，焓方程 $H(T)$ 在如图 9.8(a) 所示的相转变温度 T_m 处存在一个不连续的跳跃点，其对温度的依赖性可以写成

$$H(T) = \begin{cases} c_\mathrm{w}T, & T \leqslant T_\mathrm{m} \\ c_\mathrm{w}T_\mathrm{m} + L + c_\mathrm{m}(T - T_\mathrm{m}), & T \geqslant T_\mathrm{m} \end{cases} \tag{9.11}$$

其中，c_w 和 c_m 分别是相变前后的比热容；L 是材料的相变潜热。

在热传递控制方程 (9.10) 中，其具体解法受制于强加在系统上的初始条件和边界条件。一个 Neuman 条件可以表述为

$$\kappa(T)\frac{\partial T}{\partial n}(x) = \vec{q}(x), \quad 在\partial_1\varOmega上 \tag{9.12}$$

其中，n 是边界表面上公称法向向外方向；$\vec{q}$ 是给定的法向方向的热流，并且线性傅里叶条件可表示为

$$\kappa(T)\frac{\partial T}{\partial n}(x)=\gamma\left(T_{\text{ext}}-T(x)\right),\quad 在\partial_2\Omega上 \tag{9.13}$$

其中，T_{ext} 是冷却水的温度；γ 是热对流系数。

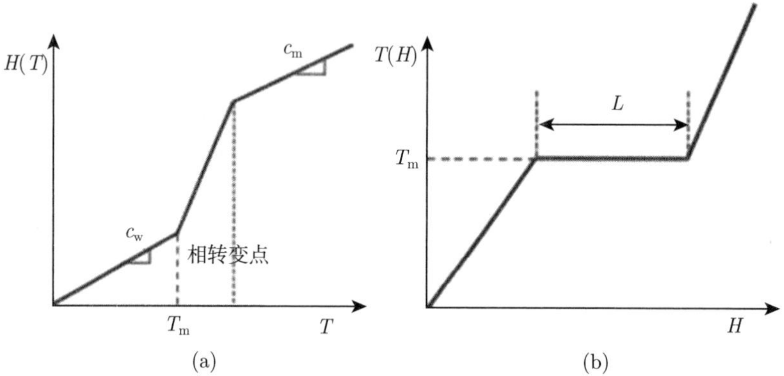

图 9.8　(a) 传统的焓与温度的函数关系和 (b) 等温相变时温度与焓的函数关系图

此外，热辐射的边界条件是

$$\kappa(T)\frac{\partial T}{\partial n}(x)=\alpha(T)=\sigma\varepsilon\left(T^4-T_{\text{w}}^4\right),\quad 在\partial_3\Omega上 \tag{9.14}$$

其中，$\alpha(T)$ 是温度的非线性方程。对于上式方程右侧，T_{w} 是水蒸气薄膜的温度；ε 是金属材料本身的散射率；斯特藩–玻尔兹曼常数是 $\sigma=5.6699\times10^{-8}\text{W}/(\text{m}^2\cdot\text{K}^4)$。当式 (9.14) 的函数达到最小值时，就可以得到上述方程中结点温度的矢量解

$$\int_{\Omega}\frac{\partial H(T_t)}{\partial t}\text{d}\Omega+\int_{\Omega}\text{grad}\psi\cdot k(T_t)\,\text{grad}\,T_t\text{d}\Omega+\int_{\partial_2\Omega}\psi\gamma T_t\text{d}\Gamma$$
$$-\int_{\partial_3\Omega}\psi\alpha(T_t)\,\text{d}\Gamma-r_t(\psi)=0 \tag{9.15}$$

其中，引入了结点的温度向量：

$$r_t(\psi)=\int_{\Omega}\psi Q_t\text{d}\Omega+\int_{\partial_1\Omega}\psi\bar{q}_t\text{d}\Gamma+\int_{\partial_2\Omega}\psi\gamma T_{\text{ext}}\text{d}\Gamma=0 \tag{9.16}$$

与利用传统的焓与温度函数关系不同，焓基的温度方程可以由关系式 $T=\tau(H)$ 给出，如图 9.8(b) 所示的等温相变的情形。那么，方程 $\tau(H)$ 的离散线性化可以写成

$$T^{(i+1)}=T^{(i)}+\Delta T^{(i)}=\tau\left(H^{(i)}\right)+\tau'\left(H^{(i)}\right)\Delta H^{(i)} \tag{9.17}$$

其中，$\Delta H^{(i)} = H^{(i+1)} + H^{(i)}$；$\tau'$ 是温度的偏微分。由于方程 $\tau(H)$ 的非凸性，可以增量放宽化，如文献 [298] 所示。在整个迭代过程中，所有区域内用常数 μ 取代 $1/\tau\left(H^{(i)}\right)$，即

$$H^{(i)} = \frac{1}{\tau'\left(H^{(i)}\right)}\left[\Delta T^{(i)} + \left(T^{(i)} - \tau\left(H^{(i)}\right)\right)\right] = \mu\left[\Delta T^{(i)} - \left(T^{(i)} - \tau\left(H^{(i)}\right)\right)\right] \tag{9.18}$$

由此，可以满足增量放宽参数 μ：

$$\mu \leqslant \frac{1}{\max \tau'(H)} \tag{9.19}$$

其中，$\tau'(H)$ 可以利用如图 9.7(b) 中的温度焓关系来决定。因此，考虑到了 $H^{(i)}$ 和 $T^{(i)}$ 是熟知的下一步的迭代量，这就允许在实际中温度场的增量帮助下实现材料的焓场的变化。

9.4.2 数值模拟的限定条件

上述提出的差分算法，可以应用于有限单元法的模型之中。详尽的数值模型描述可以参见 9.3.2 节。那么，相应的热传递方程可以写为式 (9.2)。基于算法的处理方式，给出了如下的倒易空间的形式 (图 9.8(b))：

$$\tau(H) = \begin{cases} \dfrac{H}{c_{\mathrm{w}}}, & H \leqslant H_{\mathrm{w}} = c_{\mathrm{w}} T_{\mathrm{m}} \\ T_{\mathrm{m}}, & H_{\mathrm{w}} \leqslant H \leqslant H_{\mathrm{w}} + L \\ T_{\mathrm{m}} + \dfrac{(H - H_{\mathrm{w}} - L)}{c_{\mathrm{m}}}, & H \geqslant H_{\mathrm{w}} + L \end{cases} \tag{9.20}$$

对于初始条件，将精轧温度和卷取温度分别设定为 860℃和 560℃，而且，氧化铁皮的热力学温度属性，如表 9.3 所列。氧化铁皮混合物的密度和热传导系数在方程中均设定为常数。

9.4.3 焓基数值模拟分析

为了验证所提出的模型，可以获得 FeO 等温转变过程中氧化铁皮和钢基体内的温度分布，如图 9.9(a) 所示。数值模拟的结果显示了初始氧化前 5s 内，氧化铁皮沿厚度方向上的温度分布。由此，揭示了在垂直表面上，存在着温度的不均匀分布。相比内层氧化铁皮的温度分布，在氧化铁皮与钢基体的界面处存在着较低的温度数值。这可能是因为，相转变材料呈现出较高的潜热热容及较低的热传导率。相应地，基于氧化铁皮内温度场和焓场的变化过程，可以提供一种可能性去推断氧化物相的转变机制。尤其是，对于 FeO 共析转变时的三层氧化铁皮结构，其 Fe_3O_4 产物在氧化铁皮和钢基体界面处及 Fe_3O_4 与 FeO 的相界面处，同时存在着连续的析出过程。

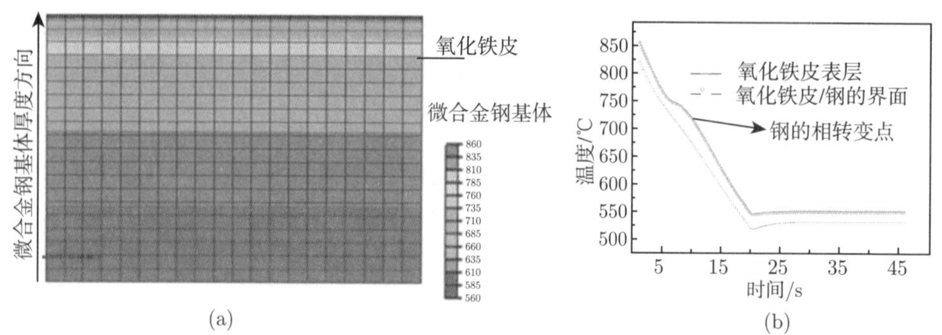

图 9.9　(a) 初始氧化 5s 前整个模型的温度场云图和 (b) 冷却工艺过程中在氧化铁皮与钢基体的不同界面处温度差异的变化 (后附彩图)

从图 9.9(b) 中可以看出，在 45s 后，氧化铁皮和钢基体完全冷却至上表面所处的温度。接近于外表面的位置区域，具有快速的温度下降过程，而在远离表面的方向上，温度梯度则较小。钢基体的物相转变过程，可以清晰地由上表面区域鉴定，只是对于氧化铁而言属于内层区域。温度场的具体信息显示了氧化铁皮内部的相转变，与钢基体的奥氏体相变转变相比，其更为复杂多变。相应地，氧化铁皮的相转变过程对于氧化铁皮本身形成机制的探索也是具有相当大的挑战的。毗邻钢基体的氧化铁皮的微弱相转变过程证明了形成在密排钢基体表面上的 Fe_3O_4 接缝层不仅是由 FeO 相转变引起的，更主要的可能是由从钢基体出来的铁离子的氧化扩散而引发的。因此，从钢基体或是 FeO 转变中出来的，其铁离子的分布浓度，可以增进 FeO 转变成富铁型的 FeO，从而加速形成 Fe_3O_4。一旦铁离子的扩散浓度在界面处达到某一稳定水平时，单一的 Fe_3O_4 接缝层就会在钢基体与氧化铁皮的界面区域形成。更为重要的是，Fe_3O_4 接缝层将最终决定着氧化铁皮与微合金钢基体的粘结强度问题，也决定着形成氧化带钢的表面质量。

9.5　小　结

能动反应机制的分析、离子扩散数值模型及焓基算法技术，皆可用于研究在热轧快速冷却工艺条件下，高温初始生成的氧化铁皮内部的相转变过程。可以得出以下的相关结论。

(1) 依据前述章节的氧化实验结果，重点分析了短时扩散氧化机制。在热轧辊缝处，在较低的轧制压下量时，可以促使氧化铁皮应力释放和裂纹扩展，加速 Fe_3O_4 氧化成 α-Fe_2O_3。从三个不同角度分析了氧化铁皮内精细晶粒接缝层的形成，不同温度下 Fe_3O_4 的生成，Fe_3O_4 的纤维织构组分和快速冷却时氧化物间的分解。结果分析表明，对微细晶粒的 Fe_3O_4 接缝层的出现，与内应力变化引起的二次氧化相比，更重要的是高温生成氧化物间的共析相转变过程。

(2) 氧化物 Fe_3O_4 析出的热动力学分析，不容置疑地证明了 Fe_3O_4 的氧化成核速率明显高于共析 α-Fe 生核速率的。这是由于共析反应温度在 570°C以下时，Fe_3O_4 具有较高的吉布斯自由能，而富氧类型 FeO 呈现低的热稳定性能。这将有助于增加 Fe_3O_4 在氧化铁皮中的含量，成为氧化铁皮中的主导相。

(3) 在扩散数值模拟中，当温度在 800°C时，FeO 物相导致了氧化速率的大幅度增加。同时，氧化铁皮内部存在着的陡峭温度梯度分布也可以导致氧化速率的增加。这是关于三层氧化物的氧化铁皮显微组织结构的情形。然而，对于同时生长的 Fe_3O_4 与 α-Fe_2O_3 双层氧化铁皮来说，其氧化生长速率常数将较之大幅度地减少。

(4) 为避免传统温度基算法中出现的等温相转变时的不连续性问题，提出了焓基有限单元法计算技术。这种有潜力的数值算法支撑着由 FeO 分解引起的离子浓度差异理论，进而有效地增强了毗邻合金钢基体上 Fe_3O_4 接缝层的形成。

第 10 章　氧化铁皮的摩擦学性能

本章的主要目的是将热轧生成的 Fe_3O_4 氧化铁皮用于冷轧工艺过程，并检测轧制时氧化铁皮的摩擦学属性。首先，氧化实验是在配备湿空气发生器的 Gleeble 3500 热力学模拟实验机中进行的。氧化物 Fe_3O_4 的摩擦学属性是利用销对盘的摩擦实验设备完成的。然后，基于 Fe_3O_4 析出颗粒所提供的不同的摩擦学机制，提出了可能的析出颗粒润滑机制。再者，基于第 6 章电子背散射衍射技术的晶体学扫描和晶粒重构，详尽地分析了氧化铁皮晶粒中，不同的晶界类型特征和织构演变对氧化铁皮摩擦学性能的影响。基于此，简要介绍了氧化铁皮在水基纳米粒子润滑中所起到的作用，同时引入了相关的不同纳米粒子润滑效应的类型。故而，最后也为氧化铁皮可能的研究发展方向做出了前景性的预测和科学性的指导。

10.1　氧化铁皮的摩擦学实验

10.1.1　热力学氧化实验的材料

摩擦学中所用的氧化样本，其主要材料是汽车大梁板用的热轧微合金低碳钢，相应的化学组成可参见表 4.1。这种等级合金钢的力学属性指标，如表 10.1 所示，拉伸实验 $L_0 = 5.65\sqrt{S_0}$，其中，L_0, S_0 分别指的是公称长度和拉伸实验中试样工作区域的断面面积。然后，在销对盘的摩擦学实验中，假定销材料组成为热轧轧机的轧辊材料，而底盘设定为氧化实验后所得到的具有指定氧化铁皮厚度和不同化学成分的微合金氧化试样。

表 10.1　微合金低碳钢的力学属性指标

屈服强度/MPa	拉伸强度/MPa	伸长率/%
⩾ 355	510~610	⩾ 24

10.1.2　可调气氛的高温氧化实验

在可调气氛的高温氧化实验中，带钢被切割成尺寸为 $(120\times25\times5)\text{mm}^3$ 的标准试样。这些切割后的样本被加工成表面粗糙度 R_a 为 0.6μm 的光滑表面。氧化实验开始前，再用 2400 目的 SiC 砂纸将样本表面进行打磨，以移除其上的薄层氧化物保护膜，然后在超声波清洗器中清洗，最后用酒精清洗并干燥储存，以备氧化实验使用。

利用 Gleeble 3500 热力学模拟实验机，短时间氧化实验可以选择在不同空气湿度下进行。为了调控气氛中的湿度变化，令工业空气通过装有纯净水的水箱，水箱内的湿度保持给定的温度。通常，潮湿空气湿度为 7.0%~19.5%(体积分数) 的水蒸气时，正好相当于热轧普通碳钢时的环境湿度 [113,184]。在实际的热轧生产线中，带钢在轧制后的连续快速冷却时，带钢通过末段精轧机之后，将进入具有大量循环水的在线层流冷却辊道，冷却至适合钢板卷曲的温度。因此在这种情况下，水蒸气此时的湿度可以设定为最大值 19.5%(体积分数)。

如图 10.1 所示，在可调节氧化气氛的热力学平台 Gleeble 3500 腔内，开展微合金钢试样的高温氧化过程。在湿度为 19.5%(体积分数) 的工业空气中，在氧化温度 800℃的条件下，样本氧化持续时间约为 120s，经历不同的冷却速率，冷却至 550℃，并氩气密封保护 30~300min。氧化样本在高温氧化完成后，通过氩气保护是为了模拟带钢在热轧快速卷取以后，钢卷内部隔绝空气时，其氧化铁皮内部的物相转变过程。

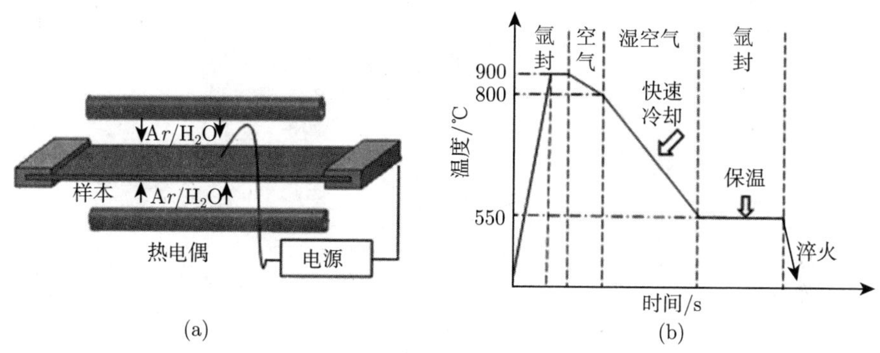

图 10.1 在可调节氧化气氛的热力学平台 Gleeble 3500 腔内的高温氧化实验

(a) 氧化样本安置示意图；(b) 氧化实验的热处理曲线路径图

在每一次的高温氧化实验中，具体的实验步骤如下：①微合金钢试样在氩气保护气氛下，以 10℃/s 的加热速率被加热至奥氏体化温度，约 900℃；②加热后的微合金钢试样在奥氏体化温度 900℃等温保存 20s，随着温度降至 800℃，关闭氩气保护，同时准备引入氧化气体；③当微合金钢试样冷却至 550℃时，在指定的湿度下氧化气体进行充分氧化，其中，引入反应室的气体流速约为 $1.7\times10^{-4}m^3/s$，氧化时间为 120s；④在温度为 550℃时，保温 30~300min，氧化样本再以 40℃/s 的冷却速率快速冷却至室温。与此同时，氩气气体保护打开，以避免在等温处理过程中的氧化样本进一步被氧化。

在高温氧化实验中，存在各种方法和技巧来保护氧化铁皮免受剥落、起皮或破碎等表面质量缺陷。这些保护氧化铁皮的方法和技巧旨在获得表面均匀一致的氧化铁皮，并且在每次氧化实验中都能持续性地获得。首先，在 Gleeble 3500 热力学实验的冷却工艺过程中，选定较高的冷却速率即 40°C/s，将样本冷却至室温。在这之后，立即将样本移出反应室，并用环氧树脂进行初步冷镶。这样精细的操作环节可以有效地避免氧化铁皮的剥落等其他表面质量缺陷，因为缓解了氧化铁皮与钢基体热膨胀系数不匹配所引起的尖锐温度梯度。其次，保护高温氧化铁皮的方法还采取了修正的预冷镶步骤。将环氧树脂和硬化剂的混合物静置一段时间，直至几乎快要固化时，再将其厚厚地涂抹在氧化的样本表面。由此，就不会出现冷镶液体到处乱流的现象，也避免了在树脂固化过程中可能存在的液体树脂与固体氧化铁皮之间不一致的收缩效应。准备好的这些样本就可以在后续的摩擦学实验中使用了。

10.1.3　氧化铁皮的摩擦学实验

1. 摩擦学实验试样的制备

如图 10.2 所示，高温生成的氧化铁皮所要进行的摩擦学实验是在 CETR UMT 多样本实验测试系统中进行的，并且可以选择为销对盘的实验配置。

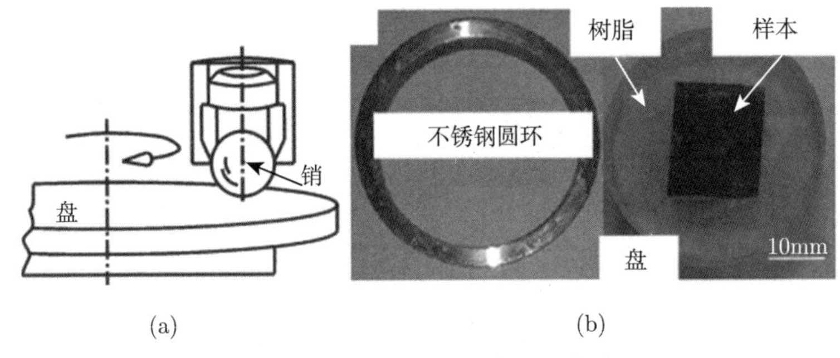

图 10.2　氧化铁皮的摩擦学实验

(a) 销对盘实验装置示意图；(b) 冷镶测试样本图片

在氧化铁皮销对盘的摩擦学实验中，销的材料是高铬钢球，其外径为 6.35mm。销材料的显微组织结构是由回火马氏体和渗碳体组成的，其硬度为 67HRC(或者为 890HV)，表面粗糙度 R_a 约为 $(0.24\pm0.04)\mu m$。在这样的销对盘配置中，底盘设定为某种类型的低碳钢实验材料，此处材料可以是微合金钢基体，也可以是氧化后的附有氧化铁皮的试样。其中微合金钢基体初始硬度为 162HV，表面粗糙度 R_a 约为 $(0.04\pm0.02)\mu m$。

摩擦学实验试样可以分成两种不同类型的带钢表面形貌。一种是相对平滑未被氧化的钢基体表面；而另一种则是在给定氧化条件下，所获得的不同类型的氧化铁皮表面。例如，氧化样本的表面可以是在湿度为 19.5%(体积分数) 的潮湿空气气氛下，氧化温度约为 800°C，氧化时间为 120s 制备的。然后，在氩气密封条件下温度为 550℃时保湿 60min，具体的氧化实验工艺过程路径，可以参见 10.1.2 节所述。为了便于摩擦学实验结构的参照比较，氧化样本和纯净钢表面采用了同样的表面处理程序。与此同时，利用 Struers Accutom-50 制样切割机，将以上这些样本切割成尺寸为 (20×24×5) mm^3 的小试样。

值得注意的是，对于那些经历了 Gleeble 3500 高温氧化实验后再进行预冷镶的氧化样本，在小试样切割过程中要谨慎地从热电偶焊接位置的周围靠近中间部分进行切割。这是因为热电偶焊接处在氧化过程中，其氧化表面没有尖锐的温度梯度，即接近理想的待测试的氧化物状态。随后，将每个切割后的小试样都放置在内径为 50mm 的不锈钢圆环中进行冷镶程序。如图 10.2(b) 所示，小试样尽可能地放置在这个圆环的中心部分。这样冷镶的目的是配合摩擦学实验机的销对盘配置中底盘样本所需要的指定的几何尺寸外形。固化树脂冷镶后的样本中，其小试样的钢表面可以随后被抛光为表面粗糙度约为 1μm，而其他的氧化样本表面，则无须表面处理而直接用于摩擦学实验。最终，被抛光的及待测样本表面的对立面，需要平坦化到所需要的指定厚度，即上下表面的平行度约为 6μm。需要注意的是，若质量为 50g 的树脂和 6g 硬化剂混合，对于内径为 50mm 的不锈钢圆环来说，所得的冷镶样本厚度约为 14mm。这些样本具有不同的氧化物析出表面，为比较在摩擦学实验中所获得的观测结果，同时准备了至少两个光亮的钢表面来参照分析。

2. 摩擦学实验的操作条件

对于每一次摩擦实验过程，具体的操作条件参数如下。①法向载荷分别为 2.5N、8N 和 18N；②线性滑动速度分别为 0.05m/s、0.15m/s 和 0.35m/s。为了在较低的法向公称载荷下获得足够的接触压强，销的接触表面被加工成半球形表面。在摩擦学实验的初始阶段，对于 2.5～20N 范围的载荷，赫兹压强在 130～280MPa 范围内变动。所有摩擦学测试均在室温 20℃下进行，以便检测在热轧过程中所获得的 Fe_3O_4 析出颗粒，其可应用于室温的冷轧工艺过程中的摩擦磨损效应。

在摩擦学实验检测进程中，利用应变公称传感器实时检测记录的是库仑类型的摩擦系数，测得的摩擦系数对应于抵抗运动的宏观力与法向施加力的比率 [159,161]。此外，一种配有 ISO11562 过滤器的触笔式 Hommel T1000 表面轮廓检测仪被用于检测摩擦实验完成后氧化样本的表面粗糙度。同时，为了观测氧化铁皮在轧辊接触区的摩擦学属性，可以选定相对较软的氧化物区域进行摩擦测试，这样的氧化铁皮不至于很快被破坏磨损掉。每一次测试条件下所进行的实验，至少重复三次以确保实验的可重复性。最后，在摩擦学氧化样本检测实验中，磨损样本显微组织结构的观测结果只给出了在法向力为 18N、线性滑动速度 0.35m/s 的氧化样本的表面情形。不过，在其他实验条件下，所观测到的样本表面情形保持同等的应用有效性。

3. 摩擦样本的检测与误差分析

每一次摩擦学氧化样本实验之后，所有磨损样本的表面首先利用溅射式涂覆机进行金元素涂覆预处理 10～15s。然后，利用配备能谱分析仪的日本电子 JSM 6490 扫描电子显微镜分析表征形成在带钢表面氧化铁皮的显微组织结构，进而对比研究其磨损后的表面情形。而且，通过氧化样本的断面检测也可以测定氧化铁皮的厚度。配有单色的 Cu 辐射 Kα GBC MMA X 射线衍射仪用于分析氧化铁皮的各物相组成。

在摩擦学实验过程中，需要注意并能够理解的是摩擦学实验的操作条件与工业轧制条件相比会有所不同。这主要是因为在具体的工业轧制条件下，轧辊与带钢接触时存在着滑动效应和滚动效应，而在摩擦学实验中突出并侧重于模拟滑动效应。这类实验室内小规模的物理模拟，也存在着每个实验技术本身的优势与不足。这是在每次开展不同的实验技术时，需要研究人员了然在胸地理解哪些实验表征手段适合这次的氧化样本性能测试，而哪些具体的物理实验方法可以从某一个角度来发现氧化样本的哪一方面的特性的原因。因此可以说，一次某种意义上较完美的物理实验，就像是透过许多窗子来看，但是研究人员心中要谨慎，并告诉自己没有一个窗子必然是清晰或模糊的，也没有一个窗子看到和发现的事实更为真实，抑或是不同程度的变形。这里所说的就是科学研究过程中的更为系统性的检测与观察。自然界中的万事万物都在不断地生长变化，没有什么完美的事物，也没有什么持久的检测分析在一夜之间就能够实现，需要一步一步循序渐进地接近理想的真实值。所以牛顿说，要站在巨人的肩膀上。如此说来，我们目前所能做的，也只是为未来的研究搭桥铺路。也许一切即兴创造的灵光，其本身都是刚种下顷刻就衰亡的种子。简而言之，我们需要静下心来，带着敬畏的心系统化地开展研究工作。

回到现在的氧化铁皮摩擦学实验上来，这种摩擦实验的目的在于模拟轧制工艺过程，其只是复现具有特定氧化铁皮的带钢与轧辊的咬入区域，也就是说，只考察氧化铁皮带钢咬入时的接触力学方面的模拟 [299,300]。在工业实践进程中所呈现的典型的带钢咬入时，其力学接触过程被分解成不同的部分来分门别类地开展实验物理模拟。此处的氧化铁皮摩擦学实验，只考虑了带钢咬入运动中的滑动过程，而并未涉及运动过程中的滚动过程。再者，在此处的摩擦接触配置中，在其滑动运动过程时，初始赫兹接触压强接近于带钢咬入时区域的接触压强，这就是可以允许深入探索氧化铁皮在不同物相组分下其背后的摩擦和磨损机制。

10.2　氧化铁皮的摩擦性能结果分析

10.2.1　Fe_3O_4 的析出

图 10.3 显示了可调气氛下的高温氧化实验后，氧化铁皮的断面显微组织结构

及形貌特征。这些氧化样本的具体氧化条件分别是在干燥空气和湿度为 19.5%(体积分数) 的潮湿空气气氛下，氧化温度 800℃氧化时间 120s，然后在 550℃时保温 60min。从图中可以看出，在双层氧化铁皮结构中，经干燥空气氧化所获得的氧化样本，其氧化物共析层出现了均布的析出，而在具有一定湿度的气氛氧化下所得样本中没有出现这种现象。如图 10.3(a) 所示，干燥空气中形成的氧化铁皮呈现非致密性的组织结构，并在钢基体附近存在清晰的界面层。而在 19.5%(体积分数) 湿度气氛下形成的氧化铁皮，如图 10.3(b) 所示，表现为致密薄层的 Fe_3O_4 接缝层，紧紧贴合在钢基体表面。此外，图中氧化铁皮的共析层包括 α-Fe、Fe_3O_4 和残余的 FeO 等多种显微组织相。

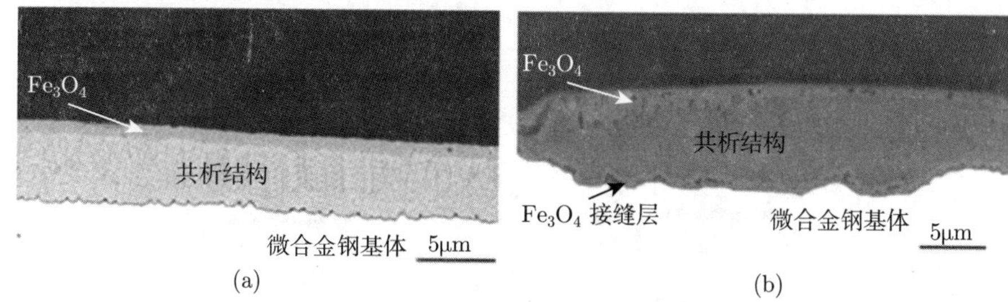

图 10.3 氧化铁皮形成在 (a) 干燥空气中和 (b) 水蒸气湿度为 19.5%(体积分数) 的潮湿空气中

图 10.4 比较了在不同氧化气氛下形成的氧化样本在其断面宽度方向上的氧化铁皮厚度。氧化样本的具体氧化条件同上所述，在干燥和湿度为 19.5%(体积分数) 的空气中，氧化温度为 800℃，并在 550℃时保温 120min。从图中的实验数据中，可以揭示出所形成的氧化铁皮的厚度范围在 8~11μm。并且，无论是在干燥还是潮湿气氛下所获得氧化样本，均可以发现样本中心区域上的氧化铁皮厚度相对较薄，而在

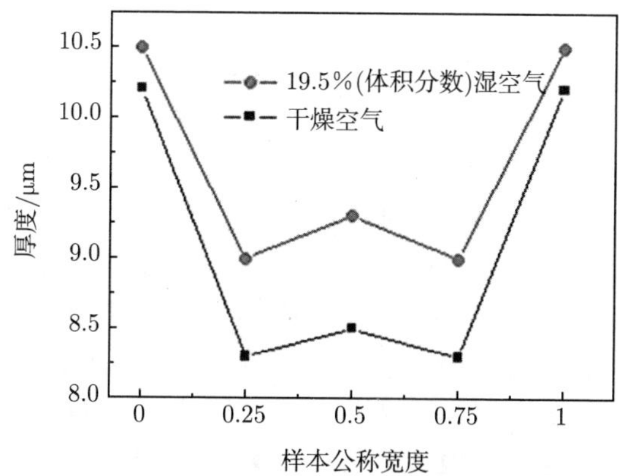

图 10.4 不同氧化气氛下形成的氧化铁皮厚度变化的曲线图

样本的边部却呈现出较厚的氧化铁皮形貌。而且，在 19.5%(体积分数) 湿度下形成的氧化铁皮，通常具有较厚的氧化铁皮厚度。这就表明，与在干燥空气中氧化相比，这种类型的微合金低碳钢样本在潮湿气氛下的氧化速率是较快的。

图 10.5 显示了在上述不同的高温氧化条件下，获得的氧化样本在不同的保温时间，检测到氧化表面的 X 射线衍射结果。从实验检测结果中可以发现，这些氧化铁皮的主要氧化物相为 Fe_3O_4 和 α-Fe_2O_3。随着氧化实验中保温时间的延长，氧化铁皮的衍射图谱中出现了金属单质相，也就是说，α-Fe 相出现在了 X 射线衍射图谱的结果里。

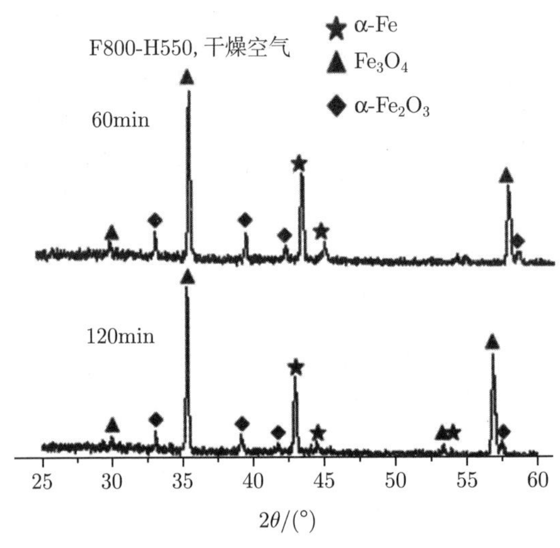

图 10.5　氧化铁皮的 X 射线衍射 XRD 图谱

氧化样本在干燥空气条件中的氧化温度为 800°C，随后在 550°C分别保温 60min 和 120min

既然已经知道随着氧化时间的推进，氧化铁皮层的厚度是不断增加的，那么，钢基体中 α-Fe 单质随着氧化时间的延长，其衍射强度本应该逐渐减弱才对，但衍射图谱所检测的结果却与推断相反，也就是说，随着氧化时间的延长，自由单质 α-Fe 的衍射强度并没有呈现任何减弱的趋势。由此就可以推断出，在温度为 550°C的不同保温时段过程中，必定发生了氧化物内部间的共析反应，即 $4FeO \longrightarrow \alpha\text{-}Fe + Fe_3O_4$，从而在氧化铁皮内部生成了自由单质 α-Fe。这部分可以参见 9.2 节中的氧化热动力学分析，选择不同的氧化温度根据所要求的内容进行解析计算。

图 10.6 给出了氧化铁皮样本在潮湿空气氧化时所获得的 X 射线衍射图谱。其中，氧化表面的氧化温度为 800°C，湿度为 19.5%(体积分数)，随后在 550°C下经历不同的保温时间。从图中可以发现，氧化铁皮主要包含 Fe_3O_4 和 α-Fe_2O_3 两种氧化物相。随着保温时间的增加，α-Fe_2O_3 的组成成分逐渐地减少。这可以用来解释

在上述图 10.3(b) 中所观测到的氧化物析出现象。也就是说，在潮湿空气条件下所形成的氧化铁皮，呈现出多种不均匀的表面质量缺陷。由此，在小试样切割等准备过程中，α-Fe_2O_3 更容易从 Fe_3O_4 表面上剥落，进而导致检测到的 α-Fe_2O_3 组分是减少的。

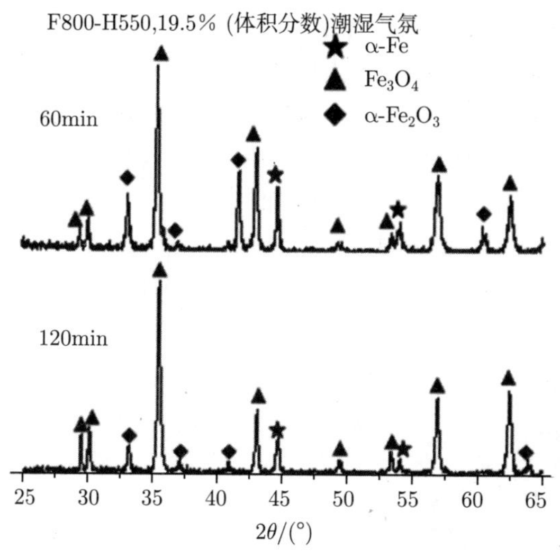

图 10.6 氧化铁皮 X 射线衍射 XRD 图谱

氧化样本在湿度为 19.5%(体积分数) 的潮湿气氛中氧化温度为 800℃，随后在 550℃分别保温 60min 和 120min

值得一提的是，在图 10.5 和图 10.6 的 X 射线衍射图谱中可以检测到的最外层 α-Fe_2O_3 氧化物相，然而在如图 10.3 所示的扫描电子显微镜图片中却没有抓取到。推断可能是在 X 射线衍射技术和扫描电子显微技术实验过程中，不同的样本准备步骤引起了 α-Fe_2O_3 氧化物相含量的变化。尤其是，对于 α-Fe_2O_3 氧化物相本身的晶体结构 (三角晶系)[227] 与其基体 Fe_3O_4 氧化物相 (立方晶系) 之间存在着晶体学结构上的不匹配，更是加速了这一粘结属性的恶化过程。也正是这些发现迫使研究人员采用更精密的技术来分析氧化铁皮内部的相转变过程。可喜的是，直到目前为止，如电子背散射衍射、EPT、EELS 等精密的先进技术，正逐步地引入氧化铁皮的研究过程。这一部分也已经在第 6~8 章中有所体现，然而详尽的深入研究尚待论述。

概言之，α-Fe_2O_3 氧化物相的晶体结构与其基体 Fe_3O_4 的不匹配及其不同检测技术中的样本准备过程的差异性导致了所检测到的 α-Fe_2O_3 物相含量有所不同。不过，在实际工业的热轧工艺过程中，氧化反应出现在极短的时间内，α-Fe_2O_3 物相的含量可以忽略。这是因为工业上所谓的 “红鳞” 即 α-Fe_2O_3，在热轧带钢经过快速冷却及其卷取过程中极易剥落，从而可能会被快速冷却水冲刷走。而所应该考虑的是，在带钢最终轧制冷却卷取完成以后，钢卷存放过程中可能生成的 α-Fe_2O_3 物相。

10.2.2 氧化铁皮中析出颗粒的摩擦学性能

图 10.7(a) 显示了氧化铁皮摩擦学实验前初始样本的表面形貌，在 FeO 的表面呈现着球状的 Fe_3O_4 析出颗粒。其中氧化样本的热处理路径是在 550℃等温氧化后，保温 60min。此处氧化实验后，作为自由粒子的微小 Fe_3O_4 析出颗粒，弥散在所有的 FeO 表面。根据文献所述 [301,302]，当氧化铁皮处在热轧工作辊与带钢咬入区域时，这些自由的 Fe_3O_4 粒子可以充当润滑剂，或许还可以起到抵抗磨损的保护性作用。值得注意的是，如图 10.7(b) 所示，能谱分析结果表明大部分的峰值强度是铁元素和氧元素，并没有其他合金元素被观测到。

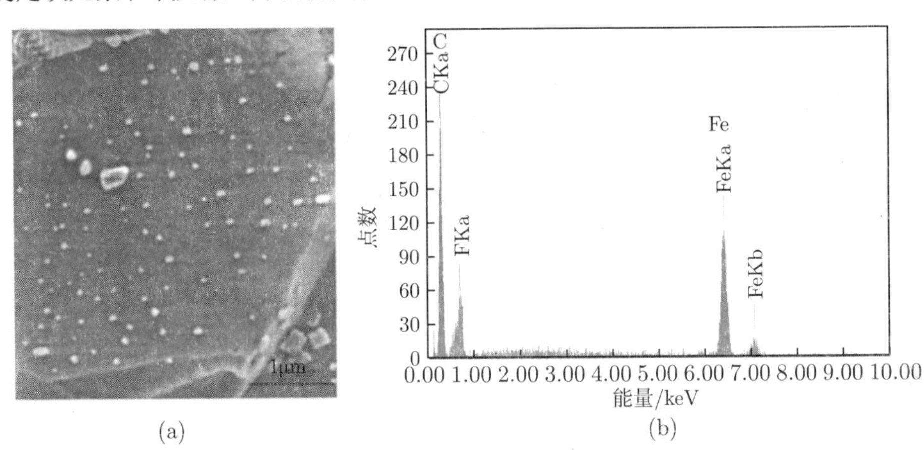

(a) (b)

图 10.7 Fe_3O_4 球状颗粒从 FeO 表面析出时的电镜 (a) 和 X 射线能谱分析 (b)

氧化样本在 550℃等温氧化后保温 60min

图 10.8(a) 给出了在 FeO 表面上形成的粗糙层状的 Fe_3O_4 析出，其氧化样本在 550℃等温氧化后保温 120min。从图片中可以看出，Fe_3O_4 析出颗粒粗糙地塞满了整个表面。当这种紧致的氧化铁皮表面出现在轧辊与带钢的咬入接触区域时，将被压平并形成光滑的表面。此时，主导的磨损机制就变成为粘结磨损，相应的摩擦系数也会增加 [303]。依据文献 [304]，对于这种粗层状结构，相对于微合金钢基体来说，不规则外形的填充物和氧化物占有较高体积比，从而有助于表面粗糙度的增加。如图 10.8(b) 所示，在能谱分析中可以发现，在析出氧化物表面检测到了锰元素。这就证实了钢基体中的合金元素，进入了这种类型的氧化铁皮的固体溶解中，进而改善了不同氧化物相之间的晶体学结构的可连贯性 [227]。事实上，硅氧化物和其他合金氧化物并没有被检测到，这可能是因为相比整个高比例的氧化物相，其所

含的百分比较小。

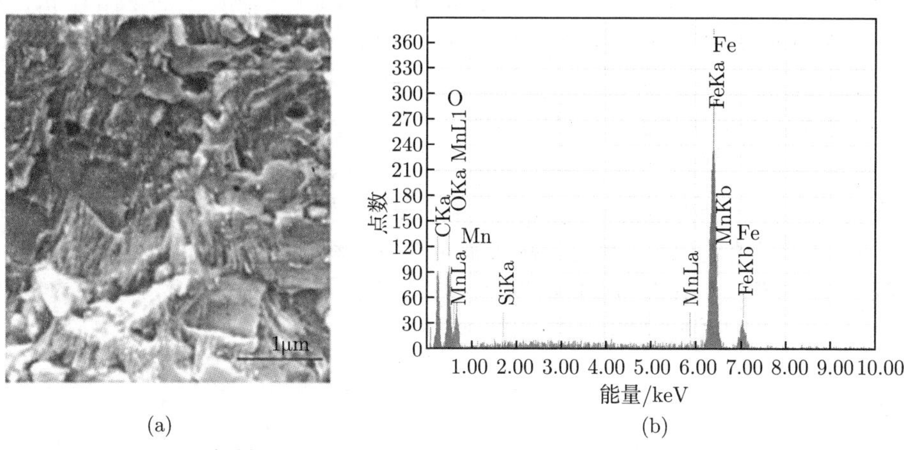

图 10.8 Fe_3O_4 粗糙层状从 FeO 表面析出时的电镜 (a) 和 X 射线能谱分析 (b)

氧化样本在 550℃等温氧化后保温 120min

如图 10.9(a) 所示为精细层状的 Fe_3O_4 颗粒从 FeO 表面析出的形貌。其氧化样本的热处理工艺是在 550℃等温氧化后，再进一步保温 300min。这种类型的析出表面形貌，类似于粗糙层状结构的析出，如图 10.8(a) 所示。这是因为在粗糙层状形貌到精细的层状形貌过程中，涉及了氧化物间的共析反应 $4FeO \longrightarrow \alpha\text{-}Fe + Fe_3O_4$，即只存在析出晶粒的生长，而并没有其他新的化学反应产物生成。这种 Fe_3O_4 的显微结构，当进入轧制工作辊与带钢咬入接触区域时，可能更易于形成光滑如镜的表面。依据以上这些分析发现，可以提出并解释减小摩擦系数的原因可能是随着氧化铁皮的逐渐增厚，精细层状的显微结构压平了不同物相间的界面组织。

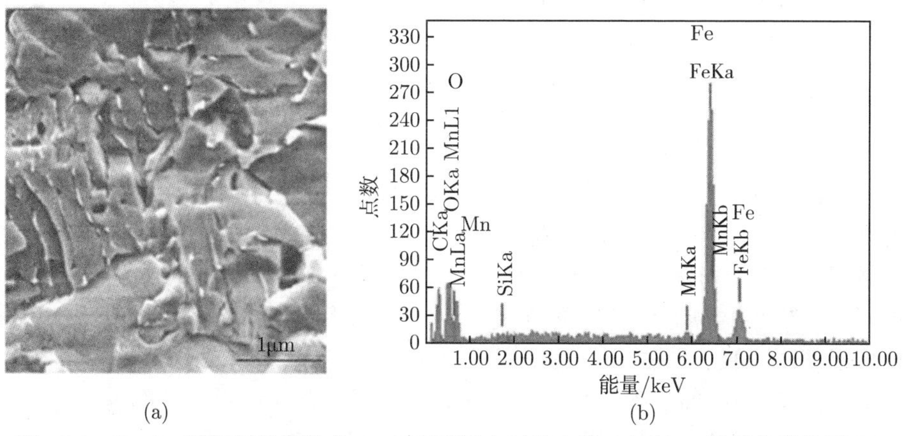

图 10.9 Fe_3O_4 精细层状颗粒从 FeO 表面析出时的电镜 (a) 和 X 射线能谱分析 (b)

氧化样本在 550℃等温氧化后保温 300min

在氧化铁皮的摩擦学实验中，上述这些不同的氧化物摩擦界面间的滑动速度与摩擦系数之间的函数关系曲线如图 10.10 所示。其中一种典型的 Fe_3O_4 析出形貌 —— 精细层状显微结构，被用于如图 10.10 所示的摩擦学实验检测中。摩擦学实验的工作条件参数，法向力为 18N，干燥空气流动于其摩擦的界面之间。所测定的关系曲线中，检测的每一点都至少进行了三次测试，并提出了相应的测定标准差。从图 10.10 中可以看出，在高速条件下，摩擦系数相对较低，并且由于摩擦进程，氧化物有助于粘合磨损机制。然而，在这种情况下，存在着摩擦系数的最小值的情况。这种极值的出现，是由于在低速的滑动速率下，接触表面会形成较厚的氧化薄膜，从而影响了磨损的抵抗机制。这就暗示了存在一个最小的氧化铁皮厚度，使得氧化铁皮可以作为塑性加工过程的润滑剂。

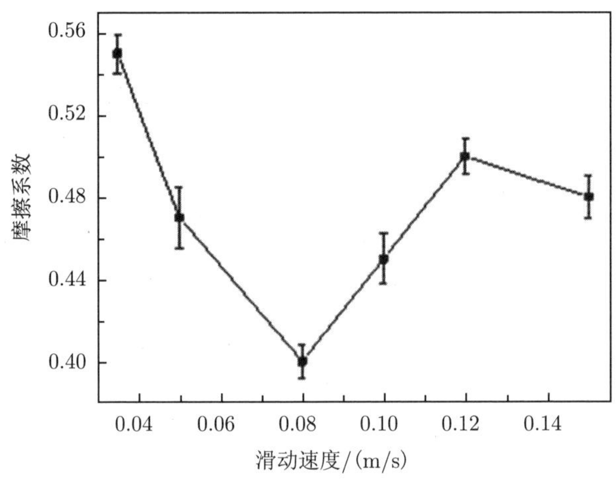

图 10.10　在法向力为 18N，干燥空气流动于不同氧化物摩擦界面间的滑动速度对摩擦系数的影响

若摩擦表面初始就附有氧化铁皮，那么在氧化铁皮的摩擦学实验测试中，氧化样本基体在剪切应力的作用下，其裂纹的扩展可能会促使其上的氧化铁皮出现背离所粘结的钢基体的表面质量缺陷 [305]。氧化铁皮的剪切强度可定义为最大的界面剪切应力 [306]，其中，界面的缺陷是由钢基体与氧化铁皮界面间的不同形貌和物性所触发的。基于影像图片分析技术 [112]，氧化铁皮背离基体的剪切强度可以被精确地确定。图 10.11 显示了钢基体与氧化铁皮界面层的粗糙度与氧化铁皮背离基体的剪切强度之间的关系曲线图。从图中可以看出，当钢基体与氧化铁皮的界面粗糙度 R_a 的值高达 0.38μm 时，对氧化铁皮的剪切强度仅存在轻微的影响。然而，当具有更高的界面粗糙度值，即 $R_a > 0.38\mu m$ 时，氧化铁皮的剪切强度便会显著地增加。这就表明，必定存在着一定的界面粗糙度范围，使得氧化铁皮的剪切强度达

到最小值，此时氧化铁皮将稳稳地贴合于钢基体表面。

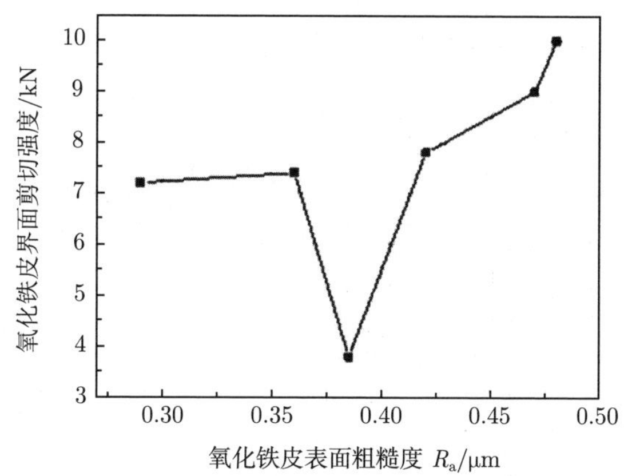

图 10.11 微合金钢基体/氧化铁皮界面粗糙度与氧化铁皮剪切强度之间的关系曲线

10.2.3 氧化铁皮析出颗粒的形成机制

为了制备 Fe_3O_4 析出颗粒所需含量的氧化铁皮，热加工生成的这种氧化铁皮可以在后续的冷加工工艺中充当天然的摩擦润滑剂 [300]。在 FeO 氧化铁皮制备过程中，真正的挑战就是进一步地阐释这种特定氧化铁皮是如何形成并演进的。例如，温度在 550℃的等温氧化过程中，主要的化学反应是属于热生长的 FeO 的分解过程，其也是高温氧化过程中一种钢离子的溶解反应，而不是空气中氧元素向基体内的扩散方式 [11]。这些特定的氧化反应路径，已经在 5.3 节有所论述。反应方程 (5.3) 会非常迅速地进行着，最终将超过反应方程 (5.4)，同时，在一定的温度范围内，大约几个小时后，即 250~350℃[12]，可达到 FeO 最大的分解速率状态。这一分解反应过程，将直接导致 Fe_3O_4 析出物的优先出现，而不是 α-Fe 的产生。

图 10.12 提出了在氧化铁皮摩擦学实验时，在接触钢表面上形成的氧化铁皮中 Fe_3O_4 析出过程的显微结构演进。这些不同结构组成的分析，可能有助于发现所需要的具有高摩擦学性能的氧化铁皮。如图 10.12(a) 所示，首先假定在钢基体表面，存在着预氧化的 FeO 氧化物层。同时，Fe_3O_4 析出颗粒也出现在其 FeO 氧化物层，这是由进一步的深入氧化而导致的。但是，也出现了预共析的 Fe_3O_4 氧化物层，如图 10.12(b) 所示，进而消耗掉了 FeO 氧化物层中的部分氧元素。在图 10.12(c) 中，氧化成核的 Fe_3O_4 聚焦成薄的氧化物层，不过，这时部分共析组织结构如 Fe_3O_4 和 α-Fe，即发生于温度在 570℃以上的 FeO 氧化物预共析反应过程中，这两类组织结构 Fe_3O_4 和 α-Fe 也是可以生成的。因为共析反应用尽了氧化铁皮表层的氧元素，Fe_3O_4 析出颗粒开始在 FeO 与钢基体的界面层处析出。最终，典型的三层共析

氧化铁皮结构就生成了。其三层结构包括：含有硬度相对降低的外层 Fe_3O_4；中间层是具有一定延展性的共析产物层，包括 α-Fe、Fe_3O_4 和残余的 FeO；内层是精细晶粒的 Fe_3O_4 氧化物层，紧紧地贴合在钢基体表面上。

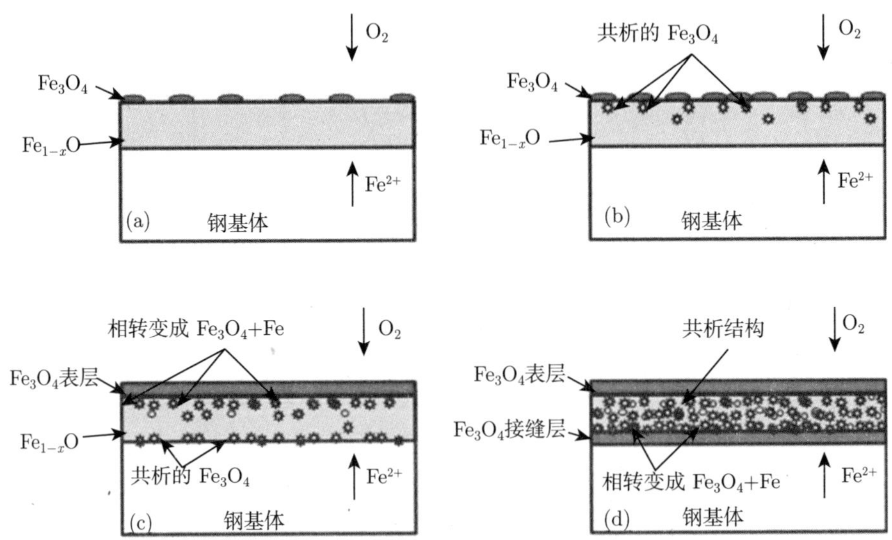

图 10.12　摩擦学实验中，氧化铁皮中的 Fe_3O_4 析出过程的显微结构演进示意图

10.3　晶界与织构对摩擦学性能的影响

本节主要是依据第 6~8 章中，电子背散射衍射技术的晶体学扫描和晶粒重构结果，从摩擦学性能的角度来分析，更进一步地深入提炼氧化铁皮的晶界与织构演变的影响。

10.3.1　氧化铁皮晶界对摩擦学性能的影响

金属材料及其合金所呈现出来的许多迥异的晶粒表面特征，可能在很大程度上影响氧化铁皮的摩擦学性能。这些晶粒的表面特征可以包括表面能、晶体取向、晶界、表面织构和晶体学显现组织结构。氧化铁皮中的晶界类型可以改变形成的不同氧化物相的组成，沿晶界的离子扩散性氧化进程，还有不同的微裂纹扩展等潜在的表面质量破坏机制。这些都会影响金属材料在高温塑性加工过程中的摩擦学行为。沿着氧化铁皮的晶界存在各种不同的应变变形情形，如第 6 章所述。这主要是因为在氧化铁皮内的不同氧化物相的晶粒中，存在着许多不同类型的位错，这有助于适应相邻的不同晶粒间的取向关系，如失配或不匹配。在氧化铁皮的晶粒表面上，正是这些高能量晶界储能区域可能会使金属及其氧化铁皮在塑性成形过程中与轧辊之间的滑动变得更加困难，从而在某种程度上变换了金属材料高温塑性成形的摩擦力状态。

可以利用不同的机理来解释在高温金属加工过程中，晶界在氧化物摩擦学特性中的作用。在第 6~8 章中的部分研究[274]已经表明了氧化铁皮内晶粒的边界滑动，对热轧过程中氧化铁皮层的氧化物的析出有显著的贡献。如果氧化铁皮的晶界处于拉伸状态，那么在高温塑性加工过程中，金属和氧化物都会大幅度地促进裂纹的萌生与扩展[238]。目前，已经提出了沿着晶界裂缝处的应力辅助晶界氧化机制[307]。因此，对于高温塑性加工中形成的氧化铁皮，氢脆机理的解析过程可以作为研究氧化铁皮晶体塑性的理论依据，并进一步深入解析动态脆化或氧化诱导沿晶界开裂的模式。从本质上来说，有必要研究氧化铁皮内部不同晶粒间的各向异性的作用，以澄清哪种各向异性 (晶界能或流动性) 在哪些条件下占优势。局部晶界面的应变状态也可以由氧化物的边界生长面来支配调控。

含有氧化铁皮的微合金钢试样，其摩擦特性也揭示了晶界效应和摩擦学对晶体方向和取向以及晶界特征深刻的依赖性。在热轧过程中，不同氧化铁皮厚度所测得的摩擦系数和轧制力是不断变化的。这种变化趋势与微合金钢上形成的氧化铁皮层有很大的关系，主要是与 FeO/Fe_3O_4 相晶粒边界特征有关[308]。总之，氧化铁皮的晶界化学和显微组织结构，对氧化铁皮的材料属性和力学相关性能起着非常重要的作用，将有助于利用晶界工程的理念，可选择性地进行加速氧化或抗腐蚀晶界的设计优化。

10.3.2 氧化铁皮的织构与摩擦学性能

氧化铁皮中的最优晶粒取向分布即织构状态，对高温塑性加工过程的摩擦性能有重要影响。从第 7 章氧化铁皮的织构演变实验结果可以看出，不同氧化物之间呈现着不同的纤维织构和织构组分。这些不同类型的织构类型，同时又深刻地影响着氧化铁皮在不同热加工条件下的摩擦学特征[309]。

图 10.13 给出了氧化铁皮中 Fe_3O_4 的极图表达，其中氧化样本的轧制压下量为 10%，冷却速率为 10℃/s。从图中可以看出，根据第 6~7 章氧化铁皮的显微组织结构分析可以发现，在微合金钢基体的氧化物表面形成较强的{100} 和较弱的{110} 纤维织构组分。这种氧化铁皮织构的发展，有助于其在六角石墨润滑过程中轻松滑动，从而降低系统整体的摩擦系数。这主要是因为石墨择优滑移与石墨和表面氧化物之间的取向有关[310,311]，也就是说 (0001) 石墨平行于 (111)Fe_3O_4。三角晶系材料的{0001}面是具有紧密堆积的氧阴离子的晶面，因此在紧密堆积的氧阴离子面内发生变形[225,286]。这就是在塑性变形过程中，材料基底平面{0001}将平行于 Fe_3O_4 中的晶面排列的原因。这一结果为石墨纳米粒子在水基润滑剂中的应用提供了深入的见解。

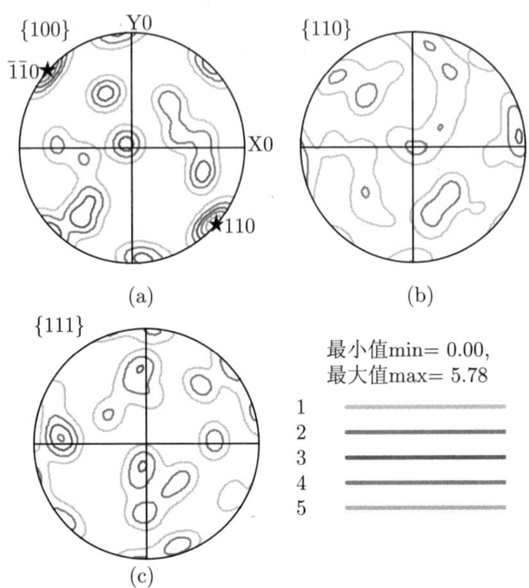

图 10.13　氧化铁皮中 Fe_3O_4 的极图表达 (后附彩图)

氧化样本的轧制压下量为 10%，冷却速率为 10℃/s

依据氧化铁皮织构解析结果，图 10.14 分析了在不同轧制压下量时，摩擦系数和轧制力的变化，并且侧重分析了氧化铁皮中氧化物相 Fe_3O_4/α-Fe_2O_3 的晶界类型和织构演进，同时对应于图形顶部中的重合位置点阵晶界类型。在高温塑性加工的热轧情况下，带钢的摩擦系数是通过前滑系数来进行计算得到的。根据 Alexander 修正的 Orowan 方程 [312]，可以用来确定热轧过程中的轧制力变化。类似的相关方法，可以参见文献 [313]。

从图 10.14 中可以看出，轧制力的增加伴随着摩擦系数的降低。当经受不同的轧制压下量时，Fe_3O_4 产生强烈的 (100) 纤维织构类型。而且，这个在特定平面方向上的变化会对摩擦系数产生重大影响。从 ⟨110⟩(轧制压下量 10%) 向 ⟨110⟩(轧制压下量 13%) 方向移动，摩擦系数从 0.101 降至 0.068。这很大程度上是由于晶粒滑移系统从晶粒中移出，并通过晶界进入另一晶粒。这一结果得到了进一步证实，当较高轧制压下量为 28%时，在 Fe_3O_4 中呈现出了低维的重合位置点阵晶界 Σ3。这就可以推断出，氧化铁皮的孪晶晶界可以有效地增强晶界的迁移，从而降低摩擦系数。对于三角晶系的 α-Fe_2O_3 氧化物的情况，较强的择优晶向出现在 (0001) 基面的法线方向。这种织构强度被认为是因为 α-Fe_2O_3 在 (0001) 面呈现的较低的表面能 (1.52J/m^2)[232]。此外，较强的 {0001}⟨110⟩ 织构组分也出现在 α-Fe_2O_3 的织构演进中，并且伴随着重合位置点阵晶界，从 Σ19c(轧制压下量 10%) 到 Σ13b(轧制压下量 13%～28%) 发展。故而，这些织构的产生可能是 α-Fe_2O_3 晶体结构本身择优基面滑移所引起的直接结果。

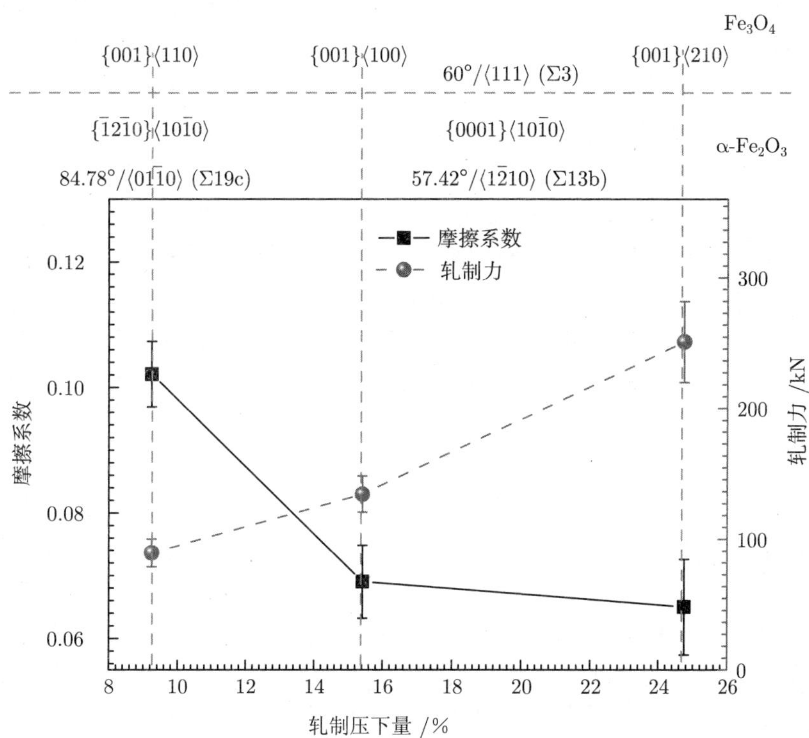

图 10.14　不同轧制压下量时，摩擦系数和轧制力的变化及其氧化物相 Fe_3O_4/α-Fe_2O_3 的晶界类型和织构演进

10.4　纳米粒子润滑中的氧化铁皮

本节将就近来发展起来的纳米粒子润滑，从氧化铁皮的角度加以简述，更详尽地论述可以参见发表的文献 [314]。首先，在高温金属塑性热加工中，引入水基纳米粒子润滑。其次，具体阐释纳米粒子润滑的基本原理，进而去发现在热轧纳米粒子润滑中，氧化铁皮所起到的摩擦力学行为作用。最后，对于在氧化铁皮初始裂纹处的润滑效应进行剖析。因为这些氧化铁皮内部的微裂纹可能创造了有效的纳米粒子收集区域，故而有效地改变了氧化铁皮与轧辊间的磨损速率。

10.4.1　水基纳米粒子润滑的源起

绿色摩擦学类似于绿色化学，目的是减少抑或是阻止污染源，从而进一步地改善体系的运行效率 [315]。不过，摩擦学不仅涉及表面化学，而且也得考虑互动接触界面处的力学和物理属性 [1,316,317]。发生在接触界面处的相互作用，其材料性能的基本特性控制着金属材料高温塑性加工过程中的摩擦、磨损和润滑过程。环境友好的加工材料、润滑剂和具体工艺过程，已经成为绿色润滑的重要影响方面。

近年来，生物可降解的润滑工艺，尤其是水基润滑剂，已经吸引了许多研究者的关注 [6,184,317]。包含纳米粒子添加剂的水基润滑剂，被认为可有效地代替传统油基润滑剂 [162,303,305]。对于高温金属塑性加工，在轧辊与工件接触界面摩擦处，这些润滑剂提供了高效的和均匀一致的润滑过程 [159]。一般情况下，这些水基润滑剂是环境友好，并且在理想上是可回收再利用的 [218,219]。而且，接触表面的织构也提供了一种操作方式来调控相关的摩擦系统中的多级表面属性，令其更加生态友好。与摩擦性能相关的表面属性包括接触材料的表面能、晶体学取向分布、晶界特征、表面织构形式及其具体的晶体学对称性结构 [318]。

不过，当绿色润滑的理念应用于高温金属加工工艺过程中时，比如热轧，相应润滑系统的摩擦学属性将会令总体状况变得异常复杂多变。这是因为在高温条件下，氧化铁皮或称金属氧化物，不可避免地生成在带钢表面。这些氧化铁皮就成了摩擦润滑过程中的严重阻碍，并引起最终产品的表面质量的进一步恶化 [17,300]。传统上来说，热轧工艺润滑的目的在于减少轧制力、摩擦和磨损，以改善生产产品的表面质量，进而减少生产工艺过程中能量动力的消耗量 [17,319]。因此，当前所采用的液体润滑剂通常是天然的有机物，其中包括动物脂肪、植物油脂、矿物或是石油成分、合成有机物及两种或是多种以上材料的混合物 [315,320]。各种各样的固体添加剂被用于改善润滑剂特定的不同属性，尤其是缓解由温度依赖而导致的润滑剂黏度的变化 [321,322]。极具发展前景的固体添加剂就是石墨和二硫化钼 [162,305,315]。

二硫化钼涂层正广泛地应用于轴承和其他滑动摩擦部件中，尤其是非氧化环境下，如卫星、航天穿梭器及其他航空设备应用中 [315]。然而，大部分金属和合金在高温工艺条件下，不可避免地受到在其上形成的表面氧化物层的困扰。结果是，石墨纳米粒子就可用于替代热轧润滑剂的添加剂。然而，对于水基润滑剂中的固体添加剂，目前的研究仍知之甚少，更不能理解润滑剂中的纳米粒子所起的作用及其在热轧工艺过程中的相关效应。因此用于增强水基润滑性能的相关技术也引起了科学方面的特别关注，并且可以大幅度地减少在金属加工过程中的所需能耗。作为折中方法并得到广泛期待的是，通过剪裁氧化铁皮内部的最优取向关系，用以增强纳米粒子润滑的摩擦性能，进而提高带钢产品的表面质量。然而，变形氧化铁皮内部晶粒的最优取向分布，即微观织构演进，对其特征研究仍旧未成体系，研究系统尚不完整。在第 6~8 章所研究的晶界、织构和局部应变等特征，旨在将氧化铁皮这方面的研究梳理成体系。同时希望能鼓励更多的科研人员投入氧化铁皮等相关问题的研究领域中来，借助新的研究方法与技术使传统制造业不断地升级换代，加工精度不断地提升，这同时也是本书的初衷。

10.4.2 纳米粒子的润滑机制

一般情况下，润滑模式通常可分为四种不同的状况：边界润滑、混合润滑、弹性流体动力润滑和流体动力润滑 [323]。在这些润滑模式中，边界和混合润滑的摩擦和磨损特别高，特别是在金属塑性加工过程中。因此，润滑剂常用于边界和/或混合润滑条件，以调节摩擦和润滑的性能。为此，本节旨在系统地理解纳米添加剂水基润滑的功能原理，从而拓展金属材料热加工和摩擦学领域的科学发现。

特定的润滑机制主要源于润滑剂分子、接触材料表面和环境之间的物理和化学相互作用。这里将着重介绍五种详细的纳米粒子润滑机制，包括：①层状材料的滚动/滑动效应；②金属氧化物和软金属中的保护薄膜效应；③碳纳米复合材料中的滚珠/修补效应；④陶瓷纳米颗粒的抛光效应；⑤聚合物基材料中的减震效应。具体而言，前者的滚动/保护薄膜机制被认为是纳米粒子对润滑增强的直接作用，而后者的修补/抛光机制属于纳米粒子的表面增强效应 [324−326]。这些纳米粒子的润滑机理分别表示在图 10.15 中。另外，不同的氧化铁皮材料具有略微不同或组合的润滑机制。

1. *滚动/滑动效应*

在滚动/滑动效应中，球形纳米粒子倾向于在界面滚动，将纯滑动摩擦改变为塑性变形过程中的混合滑动滚动摩擦，然后在边界润滑下剥离，如图 10.15(a) 所

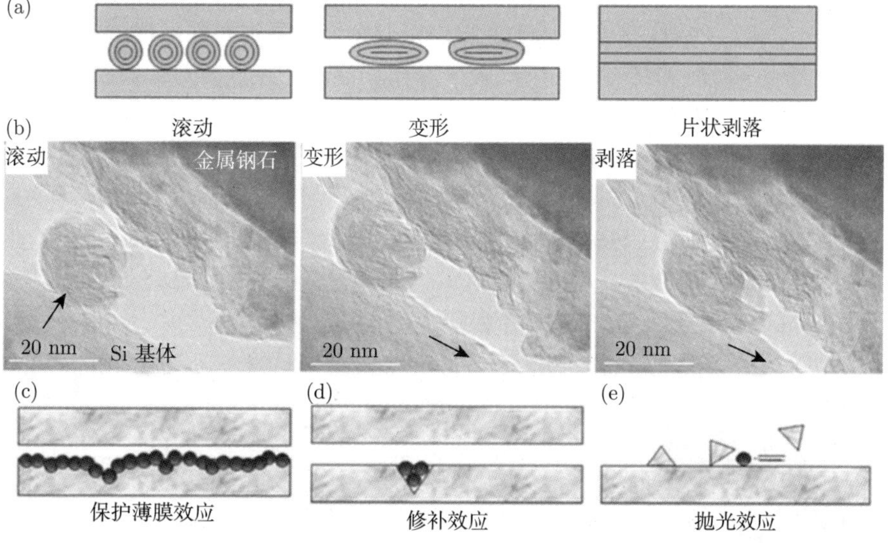

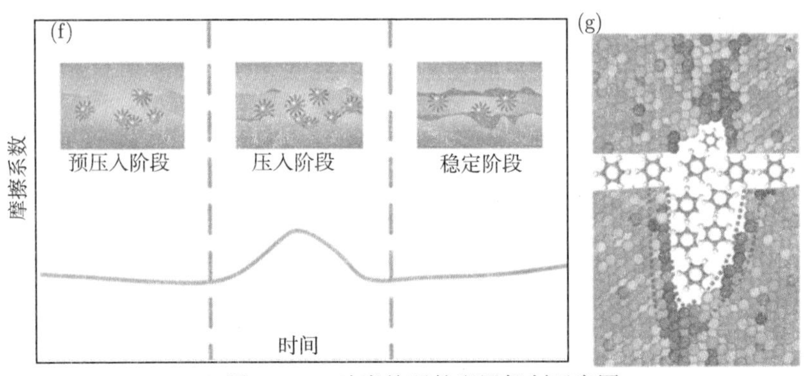

图 10.15　纳米粒子的润滑机制示意图

(a) 滚动/滑动效应; (b) 透镜原位观测 IF-MoS_2 纳米粒子滚动剥落过程; (c) 保护薄膜效应; (d) 滚珠/修补效应; (e) 抛光效应; (f) 纳米粒子压入过程; (g) 纳米粒子在氧化铁皮裂纹中的减震效应

示 [327]。这种滚动/滑动效应可能的三个步骤可以在高分辨透射电子显微镜中实时地观察到 [328]。具体而言，纳米颗粒的滚动发生在低剪切速率和压力下，这取决于纳米颗粒的形状及其机械性能。除了机械强度，纳米颗粒的滑动还取决于界面粘合的量。最终的剥落发生在纳米粒子的外层在更高的剪切应力和压力下的分层情况 [329]。从压强依赖的角度来看，三个步骤也可以是低压力下的颗粒滚动，中间压力下的滑动和高压力下的分层。类似的效应可以在 MoS_2 和其他类富勒烯纳米颗粒中找到 [330]。实质上来说，滚动/滑动润滑机制可能源于分层纳米材料中分子层之间相对较弱的范德瓦耳斯间隙的剪切作用。此外，纳米粒子在环氧复合材料中的有益作用也归因于滚动效应，随后这些纳米粒子形成薄而润滑的转移膜 [331]。

2. 保护薄膜效应

如图 10.15(c) 所示，保护薄膜效应机制可归因于在磨损表面形成的薄化学摩擦膜作为摩擦化学反应的结果，并由此减少摩擦和磨损，甚至影响某处的氢脆 [332]。例如，纳米管可以转变成薄片，在物理力的作用下，纳米管粘附在表面，最终形成一层摩擦膜，起到防腐涂层的作用 [333]。这种类型的分层机制，通常发生在低摩擦稳态摩擦学状态之前的高温和初始磨合阶段 [334,335]。此外，水基润滑剂中表面覆盖的 Cu 纳米颗粒，可以与破损裸露的钢表面发生化学反应，从而产生由 Cu、FeS 和 $FeSO_4$ 组成的摩擦保护薄膜 [336]。这可能会在连轧过程中，对钢/钢接触界面提供一些深刻的启示。这种情况下，在纳米润滑中发挥纳米粒子的两个主要作用，一个是保护薄摩擦膜的完整性，另一个是减轻了在高温下操作的高压接触表面处的粘附磨损。

3. 滚珠/修补效应

如图 10.15(d) 所示，对于滚珠/修补效应，通常是小于 100nm 的纳米粒子，可能沉积在摩擦表面上，并在基板上形成物理摩擦膜以补偿质量损失。例如，水基氧化石墨烯添加剂 [337] 可能会嵌入接触面表面，从而降低摩擦和磨损 [338,339]。同样地，在滑动表面上，富含石墨烯的摩擦膜也具有优异的摩擦学性能 [340]。纳米粒子添加剂可实现的这些润滑性能，可以归因于纳米粒子较小的尺寸和极薄的层压结构，这就提供了低剪切应力并防止金属界面之间的相互作用 [341]。

4. *抛光效应*

关于陶瓷纳米颗粒的抛光效应，如图 10.15(e) 所示。由于硬质纳米颗粒的磨蚀性，摩擦表面的粗糙度降低。相应地，磨损轨道的表面粗糙度与纳米颗粒的尺寸一致 [342]。这种润滑机制通常应用于平面磨削，或用于最小润滑量，这为弹性流体动力润滑提供了有利条件。

5. *减震效应*

由于润滑剂和摩擦表面之间的强力粘附，聚合物基材料的纳米粒子润滑效应可以有效地提高其承载能力。这是因为随着其变形发生，机械能可能被纳米颗粒所吸附并消释 [343]。因此，从能量耗散的观点来看，通过水基润滑可以实现超低摩擦。目前，在金属热变形的水基纳米粒子润滑剂中，可以发现类似的凸峰极压缓冲效应 [344]。此外，α-FeOOH 纳米粒子可以充当脱水反应的前驱体，从而形成由 α-Fe_2O_3 构成的摩擦膜 [331]。

因此，这五种润滑效应机理的各种组合，如滚动/滑动效应、保护薄膜效应、滚珠/修补效应、抛光效应和减震效应，可以用来增强经受混合和边界润滑的纳米粒子添加剂的摩擦学性能。尽管如此，确保水基纳米粒子能够有效进入润滑的接触区域，也是与水基润滑剂相关的重要问题。在滚动/滑动接触的情况下，几乎所有的纳米颗粒添加剂都可能在反向流动抑或周围偏转 [345]。除了纳米粒子本身的轮廓外，也可以考虑水基分散体的特性，特别是在接触区域的外部机械激励条件下。

10.4.3 纳米粒子与氧化铁皮

或者可以说，Fe_3O_4 晶界裂纹的形成和传播，为纳米粒子的穿透性创造了路径，如图 10.16 所示。这些纳米粒子中的一些可能被困在界面处，进而改变磨损率。若纳米粒子可以沉积在磨损的氧化物表面上，将导致光滑的表面状态以减轻压力，从而增强摩擦学性能。氧化铁皮中微小裂纹尖端的应力最大，因此反应从这些尖端以最大速度进行 [346]。然而，普遍认为氧化铁皮显微组织结构中的低角度和低重合位置点阵晶界会使裂纹的扩展受到阻碍，因为它们将溶质效应降到最低，并减小了界面与易裂变位错之间的相互作用 [347]。在这种情况下，与 Fe_3O_4 和 Σ3 相比，当在 α-Fe_2O_3 中存在 Σ13b 和 Σ19c 时，氧化铁皮容易开裂，具体数据信息参见第 6 章。值得一提的是，水蒸气可以渗入氧化铁皮与微合金钢基体的界面之间，在界面处的应力变化决定着水蒸气的渗入量，进而影响着界面处微合金钢基体的氧化反应，那么生成的氧化物就会有所不同，这样氧化铁皮的摩擦学性质也就变得更加难以捉摸。因此，在此期间可能的操作是调整具体的氧化工艺参数来获得不同类型的氧化铁皮，即当不需要时抑制裂纹扩展的手段，以及当需要时产生特定的捕获纳米颗粒的手段。正如我们的实验所确定的那样，这些过程中的某些步骤，例如，当轧制压下量大于 28%时，可以有效地减少 Fe_3O_4 内部沿着晶界的裂纹，这些裂纹的减少更有利于调控纳米颗粒润滑的摩擦学性质。

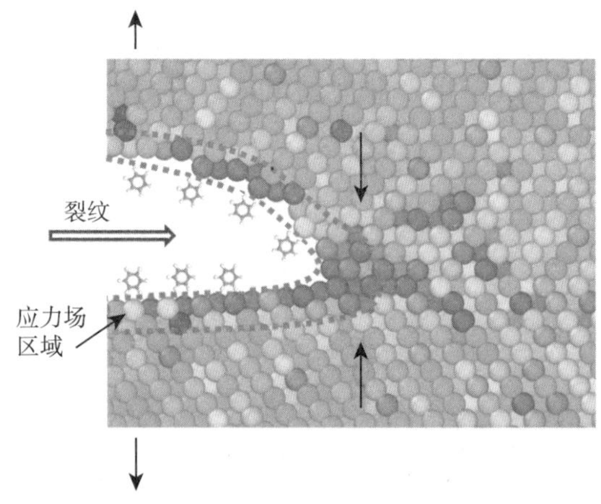

图 10.16　纳米润滑粒子在初始裂纹尖端处流动的原子示意图

石墨纳米粒子最初是作为干润滑添加剂应用于非常恶劣的环境中，如有机润滑剂被认为不适合的高温应用 [348]。最近，许多研究已经证明对纳米颗粒的尺寸、形状和表面官能团可以进行精确控制 [162]，并且已经提出了对纳米粒子的润滑机制的不同解释，包括滚动/滑动效应、保护薄膜效应、修补效应和抛光效应，具体参见 10.4.2 节。先前的研究 [349] 揭示了纳米粒子的表面增强：沉积在表面上的纳米粒子可以弥补质量损失，而润滑表面的粗糙度由于纳米粒子的存在而降低。在热轧碳钢的情况下，将分散在水中的胶体石墨用作润滑剂，以将接触界面温度保持在600℃以下。目前的工作提供了一个可能的发展方向，涉及在热轧过程中生成的氧化铁皮基于晶体学织构演变过程对摩擦性能的影响。

10.5　小　　结

(1) 依据在干燥和湿度 19.5%(体积分数) 气氛下微合金钢的氧化实验结果，可以得出以下结论。氧化铁皮主要包含 Fe_3O_4 和 α-Fe_2O_3，这是由于 FeO 在室温下是热力学不稳定的，即无法稳定存在于室温。Fe_3O_4 从热生长的 FeO 表面的析出过程，水蒸气的含量对其施加着重要的影响。氧化空气湿度不仅有助于增加氧化铁皮本身的厚度，同时也影响着氧化铁皮内部 Fe_3O_4 析出颗粒的显微结构与表面形貌。氧化铁皮展示了在毗邻钢基体的表面处生成的薄且紧致的 Fe_3O_4 接缝层，而在干燥空气氧化时，是不存在这一接缝层的。

(2) 在摩擦学实验中，研究了 Fe_3O_4 析出颗粒的显微结构和力学性能及其相应的摩擦学属性。摩擦学实验深入考察了两种类型的 Fe_3O_4 析出颗粒形貌，即球状自由颗粒和层状的密实结构，实验结果揭示，这两种不同的氧化物析出颗粒，再现着完全不同的摩擦学特性。球状自由粒子可以充当一种润滑剂，并进而抵抗磨损。然而，密实的层状显微结构可能更有助于粘附磨损，层状结构与粘附磨损之间的联系同时又依赖于层状结构本身的类型。细化晶粒的层状结构具有平滑的接触界面，所以摩擦系数相对呈降低趋势。而具有不规则形状的晶粒粗化层状结构，将导致界面表面粗糙度的不断增加。此外，在氧化铁皮与钢辊材料的摩擦过程中，滑动速率对氧化铁皮本身的剪切强度也存在着重要的影响。由此可以得出，必定存在着一个最佳的氧化铁皮厚度，使得其达到最佳的润滑状态。不过，随着不同的铁合金组分和氧化铁皮组分、氧化铁皮的结构缺陷及不同的摩擦工艺条件，这个具体的氧化铁皮厚度值却是在不断变化的。

(3) 最后，依据氧化铁皮的晶界与织构演变对摩擦学性能的影响，在高温金属塑性热加工中，介绍了水基纳米粒子润滑，阐释了纳米粒子润滑的基本原理，进而发现在热轧纳米粒子润滑中，氧化铁皮所起到的摩擦力学行为作用。氧化铁皮内部的微裂纹呈现不同的晶粒取向和晶界特征，也会容纳不同类型的纳米粒子，从而改变了氧化铁皮与轧辊间的摩擦行为。

第 11 章　金属材料 3D 打印中的氧化薄膜

3D 打印技术是增材制造 (additive manufacturing，AM) 技术的通俗称谓，属于材料快速成形制造领域。其基本加工工艺是通过计算机切片算法，将三维物体的数值模型切割为一系列平行的片层，然后控制激光、电子束或紫外线等能量束的扫描方式，将液态、粉状或丝状材料逐层固化、层层堆叠形成完整的三维物体。金属 3D 打印技术是在整体 3D 打印体系中最前沿和最有潜力的技术之一，是 3D 打印技术发展的重要标志，也是 3D 打印技术未来重要的发展方向。为此，理解金属熔化和重新固化过程中所发生的现象是金属材料 3D 打印技术的关键因素。正如氧化薄膜影响金属材料高温成形的表面质量一样，氧化薄膜必将会影响金属材料 3D 打印构件的力学性能，甚至是其成形的工艺过程。

本章将从氧化薄膜这个全新的角度来考察金属材料 3D 打印技术，并对目前常用的三类打印技术，即粉末激光选区烧结 (selective laser sintering，SLS)、激光选区熔融 (selective laser melting，SLM)、激光工程化净成型 (laser engineered net shaping, LENS) 技术予以简要的介绍。然后，重点论述了激光选区熔融工艺过程中，氧化薄膜的生成、具体特征和相应的影响机制。最后，面向金属材料 3D 打印技术，对金属熔化再固化过程中生成的氧化薄膜提出了可发展的研究愿景。

此外，更精准地说，在金属材料增材制造中，在金属材料表面所形成的氧化物层，其厚度一般约为纳米尺寸等级，因而大多数情况称为氧化薄膜 (oxide film)，而不是氧化铁皮 (oxide scale)。在工业实践中，氧化铁皮的厚度一般要大于微米级别。因而，本章沿用氧化薄膜来表示在金属增材制造中，生成的厚度为纳米尺寸的氧化物层。当然, 这些只是概念称谓的问题，事实上，任何概念都不可能精确地与现象相对应。因为概念的界限是严格划定的，而事实或现象的界限则又是不稳定的。还要提及的一点是，有些金属材料 3D 打印构件中，氧化层很难观测得到。这可能是因为在连续层沉积时，激光会破碎并搅动氧化物进入熔池。为此，在金属材料 3D 打印中，也有文献 [350] 将氧化薄膜更宽泛地理解为源起于 “氧化物夹杂”。

11.1　3D 打印技术的起源与演进

3D 打印技术并不是一个新的概念，其起源于 20 世纪 80 年代的立体光固化技术。不过，受当时的信息技术、材料科学、关键部件等因素的制约，3D 打印技术直到今日方如火如荼。这也有力地证明了，先进制造技术的发展受益于计算机信息化技术催生的数字化制造，但其革命性突破则取决于制造观念的改变。3D 打印技术的理念正是源于深刻的空间维度数学思想，通过降低制造产品的维度，将无法直接制造的三维物体化解为可制造的二维物体。模型微分和材料积分的制造思路从制造观念上突破了传统减材制造的约束，具有直接制造任意复杂结构、节省材料和个性化定制等颠覆性的特征。

经过近 30 年的发展和创新，3D 打印技术已经发展得更为成熟、精确，其打印设备价格相比以往也有所降低。3D 打印技术已形成包括粉末选区烧结、激光净成形、树脂光聚合，熔融沉积、等离子沉积、墨水直写和双光子成形等在内的众多种类，并广泛用于机械、电子、医疗、建筑和艺术等几乎所有的工程领域。作为工业 4.0 最受瞩目的技术之一，3D 打印在全球范围内的发展速度突飞猛进。我国对 3D 打印技术的发展和应用更是空前关注，《中国制造 2025》重点领域路线将 3D 打印技术列入重点发展领域。《2018~2023 年 3D 打印行业深度分析及“十三五”发展规划指导报告》认为，推动 3D 打印长足发展的原因众多，其中之一是像惠普这样的巨头发布了其喷射熔融 3D 打印机加入了增材制造。在未来一个时期内，3D 打印行业仍将在高附加值的行业内首先得到发展。尤其是目前，新的技术原理和新的应用领域不断涌现。2014 年 9 月美国 Local Motors 汽车公司利用碳纤维复合材料 3D 打印制造了新型电动汽车。上海极臻 3D 设计公司采用 3D 打印技术，生产的“盛唐” 雕塑灯获 2015 年塞拉利昂米兰卫星奖。2016 年 4 月，美国 Stratasys 公司发布了可打印 36 万种颜色和不同软硬度树脂的工业级多材料 3D 打印机。

然而，现在的多数 3D 打印机偏重几何形貌而忽视强度，所打印产品的机械性能很难满足工业需求。关乎材料结构的强度问题成为亟待超越的技术瓶颈。类似于 20 世纪第二次世界大战后，桥梁结构设计时，将桥梁坍塌事故归咎于其中微裂纹等缺陷引发的疲劳断裂，并由此衍生出断裂力学。历史再一次以不同的形式重现，微裂纹等缺陷阻碍了 3D 打印技术直接打印终端工业产品。强度问题的解决将是 3D 打印技术成为革命性制造技术的有力标志。

11.2 金属材料 3D 打印的范畴与分类

在满足结构强度方面，金属材料 3D 打印技术呈现出独特的优越性。类似地，采用激光束、电子束、等离子束等高密度能量束作为输入热源，熔化金属粉末进行零部件的加工制造。目前主流的金属材料 3D 打印技术主要有，粉末激光选区烧结，激光选区熔融，激光工程化净成形，电子束选区熔化 (electron beam selective melting，EBSM) 等。本节就前三项工业常用的金属材料 3D 打印技术，从三个角度予以简述，即工作原理、适用范围和应用发展前景。

11.2.1　粉末激光选区烧结

粉末激光选区烧结是 1989 年在美国德克萨斯大学奥斯汀分校提出的。该技术的工艺过程是在充满惰性气体的密闭腔室内，用铺粉滚筒在水平粉床上铺一层均匀密实的粉末后，加热至低于粉末熔点温度以减少热应力，然后类似光固化生成模型原理，用二氧化碳红外激光束，将截面轮廓内的粉末进行逐点熔化烧结，形成切片，并与下方已生成模型部分粘结；粉床下降再铺一层粉末并烧结；如此循环直至三维物体成形。在粉末压制成形过程中，未经烧结的粉末对模型的空腔和悬臂部分起着支撑作用，因此，粉末激光选区烧结工艺不需要建造支撑 [351]。

激光选区烧结过程的系统参数如铺粉密度、激光功率、激光光斑直径、烧结间距、扫描速度等对烧结件密度、温度残余应力及其力学性能有直接影响。激光功率小，则上下层粘结性能降低，引起烧结体分层；激光功率大，则烧结温度高，易产生较大的收缩而影响打印精度，并可能出现翘曲变形和开裂。激光光斑能量呈高斯分布，烧结密度中间高而边缘低，由此，设计合理的光斑直径、烧结间距，方能使得烧结能量在平面上分布均匀。扫描速度会影响烧结温度梯度，导致粉末烧结密度不均匀，不利于黏性流动和颗粒的重排，同样对烧结生成模型的质量有影响。因此，在激光烧结过程中与激光功率一样，扫描速度也是重要的影响因素，对烧结的温度影响较大，直接影响烧结的质量。在激光选区烧结过程中，由于烧结件中孔洞和烧结孔隙的存在，烧结件的强度等力学性能降低。未烧结粉末材料会受到温度影响而降低质量，多次重复使用将会影响烧结件质量。

目前，适用于激光选区烧结的常见材料包括金属 (钛、铝、不锈钢、多种合金等) 或非金属 (热塑性树脂有聚苯乙烯 PS、尼龙 PA、聚丙烯腈、聚碳酸酯 PC、陶瓷和蜡粉等) 的微米级球状粉末。此外，热固性树脂如环氧树脂、不饱和聚酯、酚醛树脂、氨基树脂、聚氨酯、有机硅树脂和芳杂环树脂等由于强度高、耐火性好等优点，也适用于激光选区烧结 3D 打印成形工艺。

11.2.2　粉末激光选区熔融

激光选区烧结技术催生了许多新兴的 3D 打印技术，其中激光选区熔融技术是比粉末激光选区烧结技术工艺流程更为简单的金属粉末快速成形技术，如图 11.1 所示。

该技术是将低熔点的废金属粉末，在烧结后成为高熔点粉末，并最终融化成形的过程 [352]。具体地说是通过利用 110W/cm^2 以上能量密度的激光束，快速完全融化金属粉末，经预设可凝固出任意形状零件。为此，可以熔融多种金属粉末，如钛合金、铝合金、不锈钢、高温合金和镁合金等金属粉体材料。

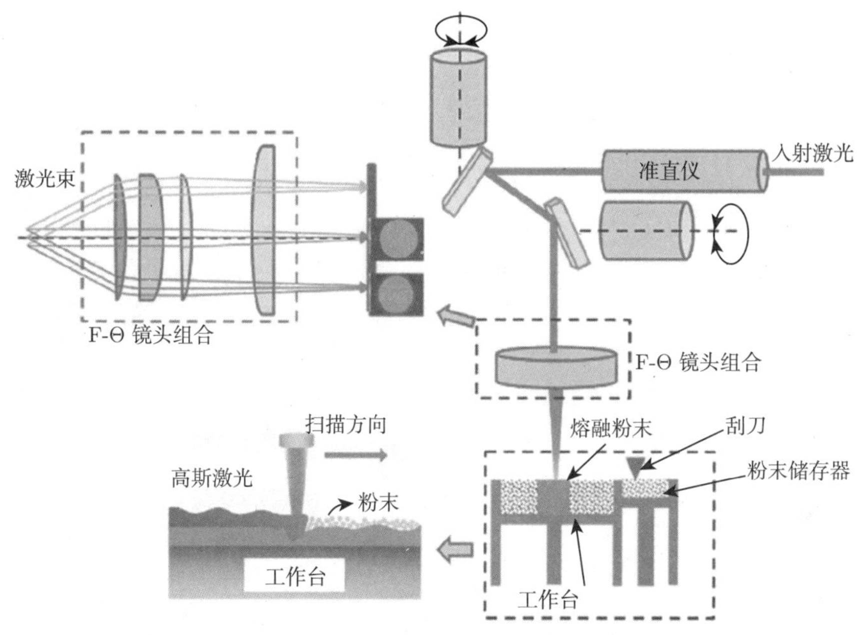

图 11.1　激光选区熔融工艺过程示意图 [353]

与此同时，金属行业的发展也促进着 3D 打印产业技术的不断深入拓展，激光选区熔融技术是增材制造体系中最前沿和最具发展潜力的技术之一。目前，激光选区熔融技术行业在全球有六大巨头，包括 3D 打印行业的创始者 3D Systems，Stratasys，领先的工业级 3D 打印机生产商 EOS，桌面级 3D 打印界的首家企业 Makerbot，来自德国的另一家巨头 —— 金属 3D 打印机厂商 SLM Solutions，纽约 3D 打印耗材厂商 Graphene 3D Lab。研究该行业的国家集中在德国、英国、日本和美国等，国外产品价格昂贵，且绝大部分技术垄断，工艺参数固化。近年来，美国通用电气 (GE) 公司也成立了金属材料激光熔融 3D 打印研发团队，并且在 2012 年收购了 Morris 和 RQM 两家专业从事激光选区熔融制造技术的公司。GE 公司更是希望将采用激光选区熔融技术生产制造的燃油喷嘴应用在 LEAP 喷气发动机中，每台发动机预计使用 19 个该燃油喷嘴。2012 年 NASA 马歇尔太空飞行中心成功采用激光选区熔融技术制造了复杂结构的金属零部件样件，希望应用于“太空发射系统”重型运载火箭。2013 年 8 月 NASA 对采用激光选区熔融技术制造的 J-2X 发动机喷注器样件进行了热试实验，证明了激光选区熔融技术制造的金属零部件可以满足发动机的使用要求。还有欧洲 AirBus 公司已经在 A300 和 A350XWB 机型上使用了金属材料 3D 打印技术制造的支架类零件。

纵观工业下游的需求场景，医疗、航空航天、汽车将有望成为 3D 打印技术的主力爆发点，尤其是航空航天设备制造是激光选区熔融技术最具应用前景的领域之一。这主要源于: ①适应航空航天设备 "多品种、小批量" 的多种合金特点; ②出于减重与强度的要求, 激光选区熔融技术成形的零件精度高和力学性能良好, 能够契合于航空航天设备中复杂结构件或大型异构件; ③激光选区熔融技术的增量制造方式可将原材料利用率提高至 90%以上。正如最近, 金属粉末材料激光选区熔融技术制造商 Arconic 已与空客达成协定, 为 A320 提供激光选区熔融技术的高温镍超级合金的管道组件和钛制管道机身组件。这些激光选区熔融技术打印零部件的工业应用, 无疑为金属材料 3D 打印技术注入了新力量, 尽管在材料和工艺方面还存在一些工艺共性问题有待解决。国内外已有很多学者对激光选区熔融技术的设备研发、软件开发、材料工艺、成形工艺、应用探索等方面进行深入研究 [354,355]。在成形工艺、缺陷控制、应力控制、成形显微演变和提高成形件力学性能等方面开展了大量的研究工作 [353,356]。

11.2.3 激光工程化净成形技术

激光工程化净成形技术由美国 Sandia 国家实验室在 1999 年提出的。该技术以金属粉末或丝材为原材料 (不锈钢、镍基合金、钛合金、铜合金、铝等), 采用高能量密度激光束对材料逐层熔化并快速逐层凝固沉积, 直接由零件 CAD 模型一步完成全致密、高性能、大型复杂金属零件的直接近终成形。由于形成材料间的冶金结合, 可获得致密度和强度均较高的金属零件。

激光工程化净成形技术相关研究工作的重点在于熔覆设备的研制与开发、熔池动力学、合金成分的设计、裂纹的形成、扩展和控制方法, 以及熔覆层与基体之间的结合力等。激光熔覆技术在国内尚未完全实现产业化的主要原因是熔覆层质量的不稳定。激光熔覆过程中, 加热和冷却的速度极快, 最高速度可达 1012℃/s, 由此而引起的不均匀加热和冷却会产生残余应力, 进而严重影响成品的成形精度。由于熔覆层和基体材料的温度梯度和热膨胀系数的差异, 可能在熔覆层中产生多种缺陷, 主要包括气孔、裂纹、变形和表面不平度。例如, 新近的 EBAM 技术 (electron beam additive manufacturing) 使用大功率激光器, 光斑直径一般在 1mm 左右, 所得到的金属零件的尺寸精度和表面粗糙度都较差, 只能制作粗毛坯, 需精加工后才能使用。

总之, 大型金属构件激光快速成形技术研究能否得到持续发展, 在很大程度上将取决于对激光快速成形过程内应力演化行为规律、内部缺陷形成机理和内部组织形成规律等关键基础问题的研究深度和认识程度。要实现对大型整体钛合金结构件激光快速成形过程内应力的有效控制和零件变形开裂的有效预防、有效突破一直是制约大型金属结构件激光快速成形技术发展的内部强度质量瓶颈, 须理解的是:

(1) 在高能量密度的激光热源作用下, 零件 "热应力" 的演化规律及其与激光快速成形工艺条件与扫描填充模式及零件结构的关系；

(2) 周期性、高温度梯度、剧烈加热和冷却过程中材料的短时非平衡固态相变“组织应力”形成规律及其与激光快速成形工艺条件的关系；

(3) 超高温度梯度作用下，移动熔池“强约束凝固收缩应力”的形成机理、演化规律；

(4) 热应力、组织应力、凝固收缩应力和外约束应力的非稳态耦合行为演化规律及其与零件变形开裂之间的关系。

具体到生产工艺上，对激光快速成形大型钛合金结构件内部质量的有效控制调节，须深入研究的是：

(1) 移动熔池激光超常冶金动力学，快速凝固形核、生长、局部凝固组织特征与激光快速成形工艺参数和激光成形条件之间的相互关系；

(2) 移动熔池局部快速凝固行为和 3D 成形零件凝固组织形成规律之间的关系；

(3) 移动熔池局部凝固过程与零件特有的内部冶金缺陷形成规律间的关系等。

然而，我国在 3D 打印技术研发上，大多从事非金属材料如高分子树脂材料的增材制造的原理、工艺、装备、材料开发及应用方面的研究，而从事金属构件增材制造技术方面的研究较少。在装备研制方面，金属高端增材制造装备仍有待于进一步自主研发；在应用方面，增材制造技术主要用于产品模型、医疗实验及工艺品，而直接成形工业领域中的金属功能性零件较少。相应地，在金属增材制造的材料工艺研究方面的投入也在逐年上升。

金属材料 3D 打印技术的发展方向主要有三个：一是如何在现有使用材料的基础上加强材料结构和属性之间关系的研究，根据材料的性质进一步优化工艺参数、增加打印速度、降低孔隙率和氧含量、改善表面质量；二是研发新材料使其适用于 3D 打印，如开发耐氧化腐蚀、耐高温和综合力学性能优异的新材料；三是修订并完善 3D 打印。

综上所述，这些金属材料 3D 打印技术在制造自由度、原材料利用率等方面具有明显的优势，尤其适用于小批量、定制化的加工制造。所打印的构件在工业应用和个人消费两个方面都不断攀升，尤其是工业应用的下游行业正在不断向外拓展，直接制造的零部件占比也在逐年提升。在欧洲使用 3D 打印钛合金骨骼的患者已经超过 3 万例。美国一家医院甚至使用 3D 打印出的头骨替换了患者高达 75%的受损骨骼。德国西门子打印的涡轮叶片在 13000 转/分钟和 1250℃的严苛条件下，通过了满负荷工作测试，这些都是近两三年来金属材料 3D 打印制造领域的重要突破。此外，金属材料 3D 打印技术在航空航天、武器装备、医疗等高端制造领域具有巨大的应用前景和优势，能够实现从原型设计到终端用户零部件生产的转变。

换句话说，越来越多的特种金属生产商和金属集中制造商意识到增材制造 3D

打印能帮助其提供极致的客户定制解决方案，同时又能降低成本。尽管自 2010 年金属制造商才逐渐选择这种技术，但不得不承认金属行业的发展是这一转变背后的主要推动力。这主要是因为金属材料在工业应用方面一般要超过聚合物。例如，卡朋特开始生产一种高强、低氧钛粉末应用于航空航天市场，势必锐航空系统公司和 Norsk Titanium AS 合作生产 3D 打印钛零部件，应用于商业航空航天市场。通用电气宣布正在研发全球最大的激光 3D 打印机，用金属粉末打印零部件，新产品将用于航空航天、汽车、发电、石油和天然气等各个行业。预计在未来的十年，金属材料 3D 打印技术将不断创新，并逐渐开始引领制造产业的发展。

11.3 金属熔融再固化中的氧化薄膜

理解金属熔融再固化过程中所发生的氧化现象是金属激光选区烧结/熔融 SLS/SLM 技术的关键因素。对金属熔融再固化中溅射物产生过程的研究结果表明，所打印构件的残余物中存在着富含挥发性合金元素的表面氧化物，而且金属材料的熔化状态和熔池稳定性取决于在金属激光选区烧结/熔融过程中可能形成的氧化物本身的力学属性和物理性质。为此，本节首先简略地探讨影响金属材料 3D 打印构件强度的因素。然后，重点阐释选区熔融中的氧化薄膜的形成过程及其相关特征。

11.3.1 影响打印构件强度的工艺参数

在金属材料 3D 打印时，影响构件强度的工艺参数众多，这里仅就熔池行为中的 Marangoni 对流效应及其激光溅射特性予以简述。其他相关方面可参见综述文献 [357]。

一般情况下，金属熔融再固化后的材料强度满足质量平方规律，过剩质量密度要求高达 0.9 mg/cm^3。因而，提高所打印的构件强度，更利于实际应用的拓展。激光选区逐点烧结/熔融技术实际上提供了一种逐点控制、设计金属材料微结构的方法，从而有可能获得超越传统冶金工艺的优异机械性能。然而，影响金属激光选区烧结打印部件力学性能的因素众多，如金属粉末的合金成分、粒度分布、球形度、表面形貌等材料因素，以及铺粉密度和厚度、激光功率、光斑直径、扫描速度和扫描方向等工艺因素。此外，在高能量密度的激光热源作用下, 金属粉末迅速熔化形成微熔池, 激光热源移走后熔池内熔体快速冷却凝固, 温度梯度和冷却速度非常高。这种不均匀的温度分布对成形件的显微组织影响也很大, 在微合金钢的成形件中会引起非平衡组织，如薄片状马氏体，或是具有择优取向的显微组织结构。连同温度应力，显微组织的变化都会导致成形件的微裂纹，层间脱粘或翘曲变形等成形缺陷。激光产生的局部高温使金属瞬间熔解气化并产生极高的高压，影响金相组织结构并引发孔隙和裂纹等缺陷。这些因素都将降低打印部件的拉伸强度、疲劳性能和断裂韧性。通常采用热处理以降低或消除材料的微结构特征、孔隙、裂纹和残余应力。此外，当进行激光逐点选区烧结技术的粉末固化时，液滴在粗糙固体材料表面蒸发的润湿效应等物理力学行为会产生所打印产品的表面质量、气孔夹杂等界面缺陷，也会影响材料强度。

1. Marangoni 对流

在金属粉末的激光选区逐点烧结/熔融的过程中，工作气氛中氧气的存在及金属表面往往会形成复杂的金属氧化物或氢氧化物，由于 Marangoni 对流的开始而加剧了球化现象，如图 11.2(a) 所示。由此而产生的主要问题是激光能量对烧结/熔池的显著高吸收以及液体金属表面张力，这增加了固相和液相之间的润湿角，可以抑制光栅线之间的颗粒间粘结/熔化和单独的层 [358,359]。因此，在铝合金的激光选区逐点烧结/熔融加工期间使用受控气氛是非常重要的，因为它可以防止不希望的反应，扫除来自烧结室的有害反应产物，引发所期望的物理或是化学的反应，如使用氮气氛形成 AlN(氮化铝)，它改善了烧结铝部件的尺寸稳定性，并减少金属表面上存在的氧化物，如铁离子氨 [360]。

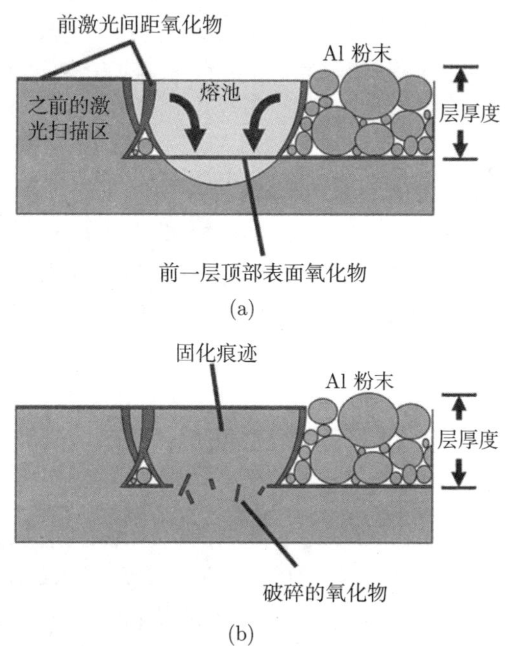

图 11.2 激光选区熔融 Marangoni 对流 (a)，氧化物破碎和熔池固化 (b) 示意图 [361]

根据 Louvis 等的研究 [361]，熔池上表面的氧化膜在激光束下蒸发，但在其他表面上保持完好，如图 11.2(b) 所示。由此可以推断出，搅动熔池的 Marangoni 对流效应是最有可能的机制。通过这种调节机制，较低的氧化物膜被破坏，侧面的氧化物却得以保留，从而形成氧化物的 “壁”，如图 11.3(b) 所示。换句话说，也可以这样理解，熔池顶部的氧化物在激光下蒸发，形成氧化物颗粒烟雾，而熔池搅拌可能是由于 Marangoni 力倾向于打破熔池底部的氧化物，从而使得高能量密度的激光热源熔化底层的金属粉末，从而完成成形过程。然而，由于熔池未能润湿周围材料，熔池两侧的氧化物保持完整，产生了薄弱区域和多孔性区域。

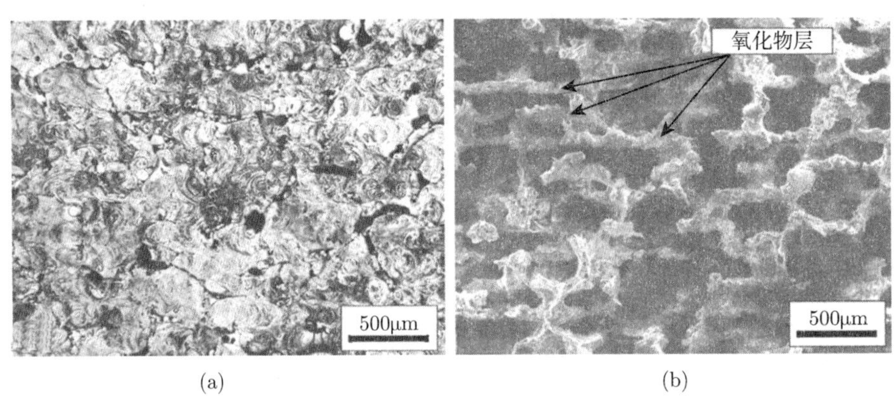

图 11.3 激光选区熔融后 Keller's 腐蚀的 6061 样本光镜图 (a) 和 NaOH 腐蚀后的电镜图显示氧化物的侧壁形貌 (b)[361]

更具体地来说，这种效应类似于激光焊接中所发生的过程。以激光焊接铝为例来说，熔池顶部的氧化膜蒸发会增加相对于侧面的表面张力，并且它与温度分布的影响会在熔池内产生搅动，这可能会破坏基底上的氧化膜而不是侧面上的氧化膜。通常在焊缝中可以看到，如果表面张力随温度的变化大于零，则由于液体从焊缝的侧面被拉到中间，会产生深度较窄的焊缝 [362]。这似乎与此处观察到的过程类似，其中在熔池侧形成的氧化物不受影响，但下面的氧化物似乎被破坏，如图 11.2(b) 所示。以极高的激光功率加工铝及其合金，可能会引起熔池尺寸变化，进而引起熔池内的液体在较高温度下流动。

通过使用惰性气体，如氩气或氮气来雾化熔体 (这种惰性气体雾化法可以制备低含氧量细粒度的球形金属粉末)，从而大大减少金属粉末成形过程中氧化反应的发生。例如，惰性气体雾化法制备低氧细粒度的钛和钛合金。然而该方法也可以用于非金属材料或反应性材料如钢。与此同时，如何减轻氧化的有害影响并确保良好的润湿性是成功实现铝合金 SLS/SLM 加工逐层固结的决定性条件。为此可以看出，对铝合金的激光选区熔融的进一步研究，应该主要针对控制氧化过程的新方法。

2. 激光溅射研究

由于氧化物直接来源于熔池，那么相应的激光溅射研究可以提供在激光选区熔融过程中发生相关氧化反应的重要信息。例如，在 316L 和 Al-Si10-Mg 激光溅射中，如图 11.4 所示，可以发现较厚的氧化层形成在激光溅射滴的表面上[353]。由于这个原因，可以认为在金属熔融过程中，主要以熔融金属材料的形式喷射，并且随后在激光选区熔融构建腔室内飞溅行进时而被氧化。

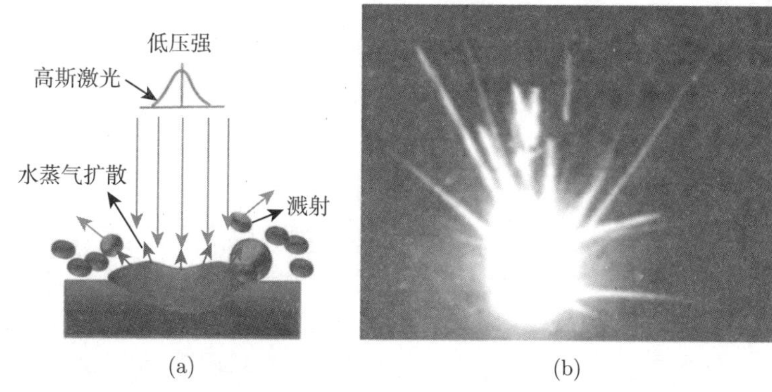

图 11.4 激光选区熔融时，熔池的热行为示意图 (a)；溅射的影响 (b)

激光溅射的表征揭示了表面氧化物富集材料中最易挥发的合金元素。该加工期间形成的激光溅射不含氧化物，这可能是因为合金不具有挥发性高的合金元素。促进有效的传导熔化将减少氧化发生和溅射。不过，在 Ti-6Al-4V 中，合金元素的挥发性降低，可以用来解释为何在 Ti-6Al-4V 激光溅射中，不存在可见厚度的氧化物。这主要是因为金属材料粉末颗粒经历了较快的冷却速率，同时氧气部分压强也降低，将形成厚度较薄的纳米尺寸氧化物。这些现象可用表面敏感检测技术进行细致的冶金分析，从中就可发现不可见的氧化物层。

由此可以推断出溅射表面上氧化物的形成取决于金属材料中合金元素的种类与含量。例如，对氧气具有高亲和力的元素将形成厚度在 1μm 范围内的氧化物层。与合金元素相关的氧化薄膜的形成，将在第 11.3.4 节中进行更深一步的论述。

简而言之，结构/工艺/设计一体化关涉到多类学科的基本问题，对 3D 打印超大尺寸工业构件尤为重要。在金属快速熔融再固化过程中，改善构件高温性能逐渐成为优化创新设计的关键。例如，热加工固化反应的动力学模型 (温度、压力模具)，打印构件温度场研究等。故而，激光烧结过程对打印材料的影响亟待科学的理解，需要采用蒙特卡罗、相场动力学、有限单元等模拟方法并结合物理实验技术，系统性地研究高温微熔池传热传质过程、金相组织演化以及温度应力场导致的翘曲开裂等过程。在激光加工的铝合金构件中，已经报道了孔隙内表面处存在着氧化

膜 [363]。在激光选区烧结/熔融加工的铝合金标准构件里，不可避免地也会存在氧化膜，预计其会触发所打印构件的裂纹或夹杂物等强度质量缺陷。

几乎所有关于氧化膜对铝加工影响的研究，都与常规制造工艺如烧结、传统铸造和挤压铸造有关。然而，相比之下，激光选区熔融过程中的氧化可能是更重要的问题，因为粉末将被结合到熔池中的表面氧化膜，会影响到液态金属熔池对侧壁的润湿能力，并且任何以前建成的固体路径的侧面和熔池下方也将被氧化膜覆盖。这些薄膜不仅粘着，还可以在非常低的氧浓度下形成 (在 600°C时为 10^{-52} 氧气部分压强)[364]。因此，处理铝及其合金所需的高激光功率可能不是因为熔化金属的问题，更多的是关涉到难以破坏这些氧化物膜，从而进一步改善侧壁和熔池之间的润湿性能, 形成了均匀分布的稳定熔池。

11.3.2 氧化夹杂物的生成

一般说来，铝合金有效烧结和熔融加工的主要障碍就是氧化。残余的氧气可能被包入熔池中，并与 Al 或 Mg 元素反应生成氧化物。氧化夹杂物存在于表面显微组织结构中，可能降低激光选区熔融处理样品的致密度和力学性能。例如，在烧结过程中，粉末颗粒表面的氧化物会阻碍扩散 [365]，而熔融铝上粘附的薄氧化膜会使表面平滑并降低润湿性。当搅拌进入熔融金属时，氧化物也会引起问题，因为生成的氧化物可能会楔入成形材料内的微孔处，从而使得成形构件内产生材料属性薄弱的区域。激光选区熔融过程中，铝的氧化是难以避免的，在铝的熔点下氧化铝的解离压强为 10^{-52} 氧气部分压强。那么，在激光选区熔融加工材料时，合金与大气之间的恒定反应会降低氧含量。即使氧气浓度非常低，氧化膜也会形成。这些氧化膜具有许多效果，包括钝化熔融金属表面，降低其反应性并增加穿透表面的难度，同时实际降低表面张力等。

在激光选区烧结/熔融工艺的密闭制备腔室内，存在着氧气的部分压强，当较高能量密度的激光束使得微区金属熔融时，熔池达到的超高温度，将会导致金属材料氧化薄膜的形成 [366]。Louvis 等指出 [361]，激光选区熔融加工铝及其合金时，遇到的困难似乎是由薄氧化膜引起的，并且在许多方面这些缺陷与常规铸造中所观测到的显微组织结构类似。在固体和液体金属表面上形成的氧化膜，在激光器阴影处，3D 打印铝成形构件断面的每层之间会留下被氧化的氧化薄膜，并且两个氧化膜相遇，这些氧化过程耦合在一起，可能会形成构件内部的孔隙缺陷。不过，由于氧化膜的生成不能完全避免，所以如果想要制备致密度较高的高强度构件，那么激光选区熔融工艺必须深入地理解这些氧化物的生成机制和影响原理。这也是激光选区熔融制造高致密度构件需要高激光功率的原因。为此，本节将就粉末选区熔融技术中，金属熔融再固化过程中形成的氧化薄膜及其氧化夹杂物予以论述。

激光熔池的高温度梯度和高热导率使输入热量急速消耗，导致熔池温度降低、液相黏度增加、润湿性变差以及熔池熔体表面的氧化层增加，可导致典型的冶金缺陷“球化”效应及孔隙、夹杂、微裂纹等冶金缺陷[367]。如图 11.5 所示，其激光选区熔融制备的 316L 不锈钢样本表面激光溅射生成的氧化物夹杂物。能谱分析确实表明，黑色区域与溅射颗粒的剩余表面相比富含 Mn、Si 和 O，表明暗区由 Mn 和 Si 氧化物的组合组成。如果这些元素对氧气有很大的亲和力，就像在 Mn、Si 和 Mg 的情况下一样，可以形成厚度为几个微米的氧化物。在 Ti-6Al-4V 加工期间，形成的激光溅射不含氧化物，这可能是因为合金不具有挥发性高的合金元素。不管材料如何，选择性氧化会发生在 316L 和 Al-Si10-Mg 的冷凝物颗粒表面。分析表明，表面氧化物的形成是通过表面富集合金中存在的最易挥发的元素来支持的。如果这些元素对氧也具有很大的亲和力，如 Mn、Si 和 Mg 的情况那样，就可以形成厚的氧化层 (达到几个微米等级)。

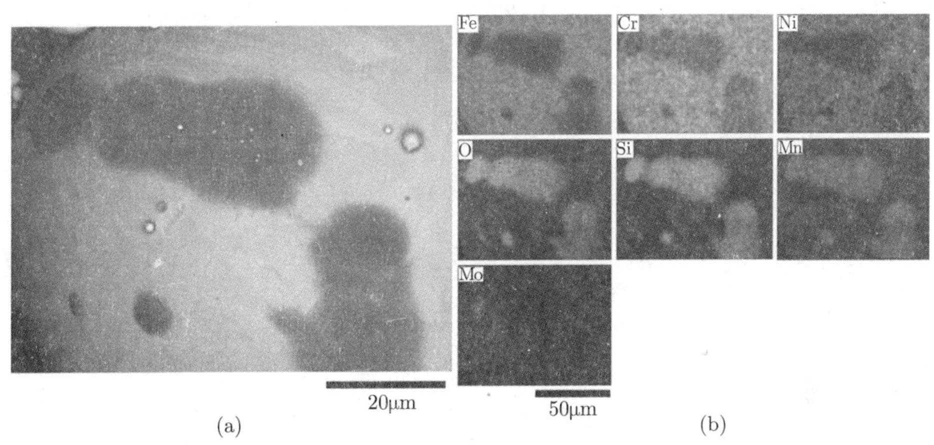

图 11.5 激光选区熔融制备的 316L 不锈钢样本表面，激光溅射生成的氧化物夹杂 (a) 电镜图片和 (b) 能谱分析图[368]

材料表面的状况对入射激光的能量吸收，以及激光光斑的阈值功率密度都有很大影响。一般状态下，纯铝具有非常低的激光束吸收率。不同的散射值可能是由激光束的表面氧化物厚度、粗糙度和波长的差异造成的。铝通常在工件表面具有连续的氧化层，因为它对氧气有很高的化学亲和力。在较高能量的激光束下，上部熔融表面的温度足够高，以使熔池顶部的氧化膜汽化，这就导致分析的烟尘颗粒中的镁含量过高。然而，控制润湿的氧化物膜在熔池下方和侧面，而不在顶部，因为在这些区域可以熔合形成固体。这些区域的熔合需要一个氧化物涂覆的熔融金属区域与另一个氧化物涂覆的熔融金属区域的润湿，因此类似于在熔融铝和氧化铝之间进行的润湿实验。这种行为被认为是因为熔融金属被控制润湿过程的薄氧化膜所包围，因此在合理的低温下工艺缓慢，在 973K(5×10^{-5}Pa) 的真空下，需要 1000s

润湿角度达到 108°。在较高温度下观察到快速润湿，并且提出通过形成 α-Al_2O_3 使氧化物蒸发。研究已经证实了润湿需要非常高的温度和较长的保持时间。在较高熔融温度下，α-Al_2O_3 接触角减小，其具体数值取决于氧气的部分压强 [369]。这与第 2 章所提及的氧化动力学理论是相契合的。

11.3.3 选区熔融中的氧化薄膜的特征

传统上认为，纳米尺寸厚度范围内的保护性氧化物层，典型金属如不锈钢和钛合金，对激光选区熔融生产具有可忽略的影响，因为它们可以在激光熔池中被激光器打断和搅动光束。反之，当存在较厚的氧化物时，认为氧化物层不能被激光束完全破坏 (或蒸发)。为此，氧化物残留物显著地影响着熔池状态及其稳定性 [361]。氧化物层确实倾向于降低金属基材的润湿特性，并由此引起熔融材料的球化，影响熔池中的流动性，并因此影响激光能量的吸收，进而阻碍顶部沉积层的均匀熔化至下部的固体基体。

表面氧化物膜通过促进球化和破坏激光烧结/熔化层之间的颗粒间聚结/润湿来抑制致密化机制。类似于金属材料的铸造工艺 [370]，氧化物可能通过合金元素添加到金属粉末中 (旧氧化物)，或通过表面湍流流动的空气/气体夹带进入熔池氧化物。在激光选区烧结/熔融处理过程中。例如，在雾化之前，向铝合金添加 Mg 或 Si 可能会改变氧化膜的性质。具体来说，镁促进了薄层和 Si 中尖晶石 ($MgAl_2O_4$) 的形成，形成了莫来石 ($Al_2O_3 \cdot SiO_2$)。如前所述，由于扫描轨道中合金元素的汽化不均匀，而扫描轨道的位置随时间变化，因此保护气体可能并不是真正纯净的，所以扫描轨道快速波动趋向于捕获保护气体甚至空气 [371–373]。因此，一些氧化物颗粒可能出现在扫描轨道蒸汽中。熔池中的液态金属表面由于随后空气或保护气体进入熔池而被氧化，进而形成氧化膜。

粉末状铝合金中的氧化薄膜存在于两个界面处：①干燥的未粘合的内表面；②金属粉末的湿润外表面。根据 Campbell 的观点 [370]，氧化物膜总是从干燥侧拓展到未干燥侧。在铝合金的激光选区烧结/熔融加工过程中，氧化膜的湿润侧可能是晶界位置 [374]，因为铝枝晶可能不会向未润湿干燥侧氧化膜方向生长 [375]，折叠的双层氧化膜两侧之间的间隙构成铝合金部件中的裂缝，其间的宽度总是小于 10μm。因此，氧化膜的未润湿侧成为气体和收缩孔隙的潜在成核位点。在激光加工中报道了孔隙内表面的氧化膜 [350]。

此外，铝合金粉末的改进致密化动力学 [367]，通过破坏覆盖铝颗粒的氧化物膜而变得明显，促进层间的颗粒间熔化，这一过程有助于氧化物模附近的铝金属颗粒熔化，或者形成均匀厚度的氧化物层，如图 11.6 所示。

在不锈钢和钛合金等金属上，可以发现厚度较薄的纳米范围的保护性氧化层，通过熔池动力学可以进行搅拌 [361]，并且可能对金属激光选区熔融生产的影响忽略不计。但是，该熔池动力学的方法不会完全破坏，而是蒸发掉较厚的氧化物层。这些残余氧化物倾向于降低润湿能力，诱发球化，并进而恶化熔池稳定性。对于金属激光选区熔融中使用的典型能量输入 ($10^5 \sim 10^7$ W/cm^2)，一些金属化合物可能会得到一定程度的蒸发 [366,376]。关于金属激光选区熔融材料蒸发的研究很少，但有关激光焊接的研究报告指出，蒸发会影响激光吸收，从而导致所制备构件内部的烟气再次沉积，并引发从熔池中喷射激光时更大的飞溅现象 [377−380]。

(a) 热处理前的氧化形貌

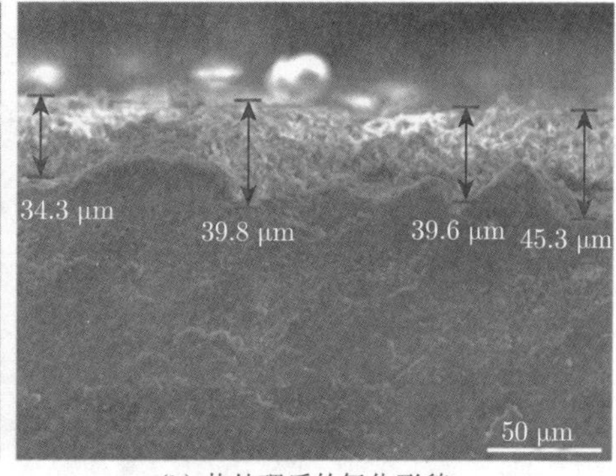

(b) 热处理后的氧化形貌

图 11.6　3D 打印铝合金微弧氧化物层截面形貌 [367]

11.3.4　合金元素对氧化物膜的影响

金属材料中合金元素的添加，使得在激光选区熔融过程中，氧化物膜的形成机制更为复杂。由于微合金化添加物与液气界面的分离，降低了氧化物的有效表面张力。而且，合金化添加也可以破坏表面氧化膜。在激光溅射研究中发现，氧化物的组成分析显示特定合金元素会出现选择性氧化。这些合金元素主要是 316L 不锈钢中的 Mn(和 Si) 和 Al-Si10-Mg 中的 Mg[368]。

不锈钢、铝合金等金属材料中含有大量的合金元素，在高温加工成形过程中，易于形成各种各样的氧化物。因此，激光选区熔融生产的不锈钢、铝或铝合金部件的质量也受到氧化膜形成的影响。与传统铸造相类似，理解这些氧化薄膜的行为属性以及如何抑制氧化物生成，对于改善激光选区熔融生产工艺和提高构件质量都是尤为关键的因素。

在激光选区熔融制备的 316L 不锈钢中，如图 11.7(a) 所示显示了样本相应横截面氧化物的聚焦离子束电镜图 [368]。从图中可以看出氧化物层跨越了钢基体的几个晶粒，并达到约 5μm 的最大厚度。图 11.7(b) 显示的 EDS 能谱分析证实了，这些氧化物区域确实富含 Mn、O 和 Si 等元素。由此可知，氧化物的位置与晶界偏析没有关系。

不过，在激光溅射的氧化物的组分分析时发现，不同基体材料的选择性氧化元素不同，例如在 316L 不锈钢中的 Mn(和 Si) 和在 AlSi10Mg 中的 Mg 的选择性氧化。或者可以说，Mn 和 Si 的表面偏析可能是溅射表面上形成的薄均匀表面 (熔融) 氧化物的脱湿和凝聚的结果。以这种方式，氧化物的形成不会妨碍 Mn 和 Si 向溅射材料表面的体积扩散。值得注意的是，氧在 Ti 固溶体中溶解到较为显著的浓度 (不像 Fe 和 Al 合金)。这可能解释了尽管在粉末床熔融 3D 打印过程中发生氧吸收，但 Ti-6Al-4V 溅射物表面上却不存在稳定的氧化物的原因。

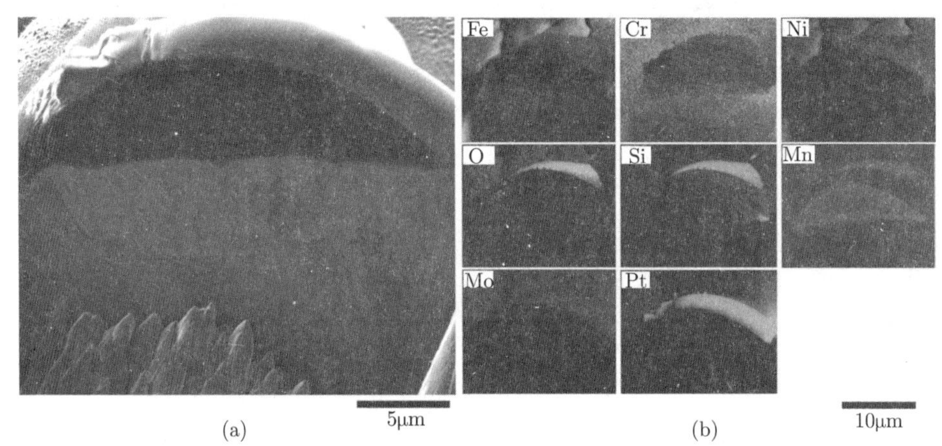

图 11.7　激光选区熔融制备的 316L 不锈钢样本断面氧化物 [368]

(a) 聚焦离子束电镜图；(b) EDS 能谱分析图

此外，Ellingham 图 (图 2.1) 表明，Mn 和 Si 元素的氧化电位要比 Fe 和 Cr 高几个数量级 [366,381]。因此，这些合金元素与氧的高亲和力可以用来解释 Mn 和 Si 在 316L 激光溅射表面上选择性氧化的原因。而支撑这些表面氧化物生长的元素合金在相应位置的表面偏析现象，其背后的确切原因尚更深入的探索。

11.3.5　金属快速熔融再固化中的氧化机制

与第 2~10 章金属材料高温成形过程中的氧化过程相比较，本章的不同之处就在于在金属熔融再固化过程中，氧化过程被限定为体扩散。那就可以说，金属材料 3D 打印过程中的氧化是对温度、气氛和氧气部分压强极其敏感的。这就可以打比方说，如果前几章所谈及的金属材料高温成形时的氧化过程中其金属材料的氧化速率像街道上的轿车以每小时 40 公里的速度行进，那么金属材料 3D 打印过程中金属材料的氧化速率就是高速路上每小时 120 公里的汽车，甚至是超音速飞机。二者氧化速率的量级差别是悬殊的，这一点在研究金属熔融再固化时的氧化物膜时还是要切记的。

一般情况下，粉末表面覆盖着由相对均匀的氧化铁层 (典型厚度低于 10nm) 和几个数量级较厚的 Mn 和 Si 氧化物组成的异质氧化物层 [382]。例如，316L 不锈钢，这些区域是表面氧化物。图 11.8(a) 显示了在 Al-Si10-Mg 激光溅射表面上发现的氧化层。能谱成分分析表明，氧化物特别富含 Mg，如图 11.8(b) 所示。

结合图 11.8(b) 的能谱分析可以得出，此处与晶界无关的微合金元素偏析效应正好迎合了之前章节中所阐述的晶界扩散与体扩散的理念 (见 2.1 节和 6.5 节)。前文已经提及过在扩散控制氧化过程中，存在着两种扩散类型可以发生在材料的晶界处，或是晶粒内部。而且，在高温扩散控制氧化过程中，晶界扩散比体积扩散具有更小的活化能，晶界扩散适用于在氧化温度较低和基体晶粒尺寸较小即较高密度的晶界区域。为此，晶界扩散被限定在金属材料氧化的初始阶段，并且形成的氧化层相对较薄。而通过晶粒内部的体扩散，仅在非常高的温度下才起作用。值得一提的是，激光选区熔融生产工艺中，所不同的是要确知所观测到的边界是形成构件基体的晶界，抑或是成形过程中扫描过的路径所形成的显微组织结构相连接的边界 [383]。

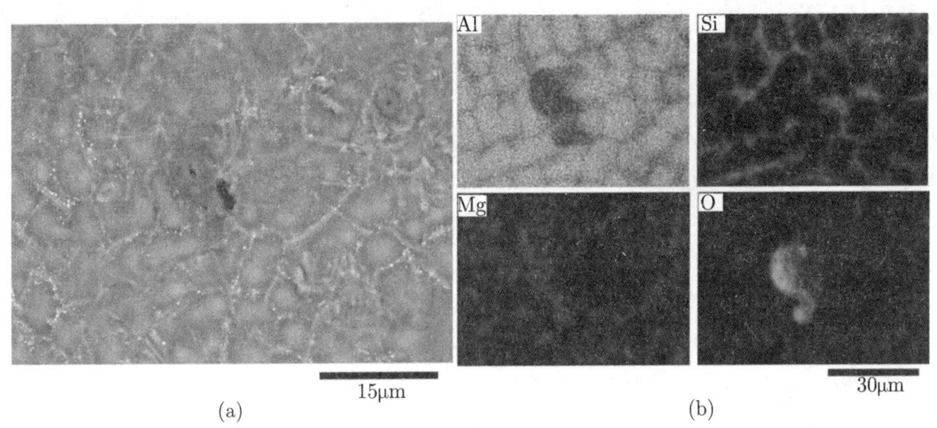

(a)　　(b)

图 11.8　激光选区熔融制备的 Al-Si10-Mg 合金 [368]

(a) 激光溅射引起的表面氧化物的背散射图；(b) 能谱分析图

11.4　金属材料 3D 打印中高温氧化的研究展望

金属快速熔融再固化过程中，不希望在金属基体表面形成氧化薄膜。去除这种氧化膜的方法是中断氧化过程，而不是尽力去避免其发生。也就是说，依据上述几章所述，金属材料在高温塑性加工中所形成的氧化铁皮，主要关注的是如何去除氧化铁皮的过程，俗称除鳞；而在金属材料 3D 打印中，不是避免氧化的发生，而是中断氧化的反应，即去氧化 (dis-oxidzing)。这可能就是金属材料 3D 打印中高温氧化研究时需要注意的关键点。

科学技术的发展是相辅相成的。3D 打印这种先进的制造技术，必定会催生更多更新颖的产业。与此同时，也会让诸多平日里所言的夕阳研究方向焕发出新的生机与活力。可以说，金属材料的高温氧化正是随着增材制造技术的发展而不断向前推进的。不过，在金属材料 3D 打印新兴技术遇到高温氧化问题时，是不是可以回溯到过去的某一点，将那里的高温氧化理论移植过来呢？当然，这不能说是 3D 打印这个研究方向帮助高温氧化那个研究领域，也不能说哪个学科优于另外一个学科。科学学科的主要任务是在不同的研究领域之间，汲取不同素材，而展开学科之间的协作性研究。科学研究在不断向前推进的过程中，不同学科领域不再是离散的单主体的聚合，也不再是一个有机整体似的隶属，而是一种复杂而成分多样的主体间的结构，有明显重叠的领域，身处其中的个别研究之间存在着互动。

(1) 金属快速熔融再固化过程中，不希望在金属基体表面形成氧化薄膜。去除这种氧化膜的方法是中断氧化过程，而不是尽力去避免其发生。Marangoni 对流效应和溅射过程中的氧化分析，可能依旧是未来分析激光选区熔融中氧化物形成的主要关注焦点。与前几章对金属高温氧化的研究思路类似，氧化薄膜的形成也依赖于基体材料的属性、气氛、温度和氧气部分压强。从这四个方面出发，再结合基体合金元素高温快速熔融再固化过程的工艺参数等其他因素，就可以系统性地建构诸多金属材料，在其他相关增材制造技术类型中 (如激光选区熔化)，进行金属构件成形时的氧化问题研究。

(2) 激光选区烧结/熔融和多材料 3D 打印，可以通过相关的界面增韧、整合制造复杂的整体架构、界面/工艺相关约束、多材料打印时的界面层失效问题、界面性能不稳定、界面裂纹扩展、夹芯壳体的构型。陶瓷和高分子材料间的粘结体系中，其粘结界面的力学机制 (如失稳状态) 和界面层的断裂破坏机制。尤其是在以剪切为主导的外载荷作用下，裂纹尖端的奇异性断裂等问题。多材料结合处、结构突变区域形成强度的梯度场等，这些研究工作皆涉及界面裂纹控制和产生机制。界面强度中断裂力学与裂纹扩展、界面强度的提高依赖于 3D 打印制备工艺参数，整体结构材料裂纹扩展断裂是必须要应对的问题。

(3) 此外，现在部分 3D 打印后的金属构件，为了消除其内部的残余应力并改善其力学性能，多采用退火后处理技术。不过，在退火腔室内，氧气的存在将促使氧化物的形成，与此同时在腔室内降低了合金元素的部分压强，并因此促使合金元素进一步向构件表面扩散。故而，在 3D 打印金属构件的后处理工艺中，可能也需要考虑到氧化问题。

(4) 有色金属和铝合金粉末可以一起考虑，因为其亲氧能力强，并能形成非常稳定的氧化物。因此在高温熔融再固化时，需要使用高真空或高纯度惰性气体气氛进行加工。预计从激光选区烧结/熔融加工和材料参数开始设计，如何深入理解氧化物破坏机理，从而获得金属粉末材料成形构件良好的显微组织结构和力学性质。对这些基本原理方面的理解，可能有助于理解在 3D 打印过程中氧化物膜的破坏机制，以及作为后处理和材料参数的影响。

(5) 正如在铝合金铸件中一样，氧化膜破碎工艺过程也是由铝合金制成的激光选区烧结/熔融部件的后处理部分。然而，氧化膜的潜在作用在激光选区烧结/熔融铝合金部件中，由于存在一些缺陷如孔隙度、开裂和合金元素的损失，而至今并未被细致地阐明。预计未来消除这些缺陷后，氧化膜的潜在作用将在未来的铝合金激光选区烧结/熔融加工中得到突出强调。

第 12 章　金属材料高温氧化的总结与展望

12.1　研究成果小结

在金属材料高温氧化领域，这项研究工作提出了一种容易制备的，组分可调控的 Fe_3O_4 氧化铁皮显微组织结构。这种免酸洗氧化铁皮可以应用于热轧带钢工艺过程，并在后续快速冷却时，能够呈现所需要的摩擦力学性能。为简洁清晰起见，本章仅概要之前各章所获得的主要研究发现，其他相关具体的细节性结论，可参见以上相关各章的详尽论述。

12.1.1　微合金钢的初始氧化及其工艺参数的影响

利用高温共聚焦显微镜进行了原位初始氧化过程的在线检测，研究结果表明了晶界扩散是占主导地位的传输机制，并用以调控微合金钢在氧化温度为 550~850℃ 范围内的初始氧化进程。由此可以得出，在钢基体本身的晶粒尺寸和晶界特征等分布会决定着所生成在其上的氧化铁皮及其与钢基体粘结相关的表面质量缺陷。解析了钢基体的晶粒细化效应，在晶粒尺寸较大的钢基体表面上形成的氧化铁皮，在冷却至室温过程中，可能极易促使氧化铁皮粘结属性的恶化。氧化温度为 550℃时，氧化铁皮对于钢基体晶粒细化效应反应更加地敏感。第 4 章提出了紧致氧化铁皮的显微组织结构。

成功地搭建了热轧快速冷却实验测试平台，可以通过调节水流量来准确控制冷却速率。这种在线调控方式完全不同于传统冷却装置，之前的控冷实验中是通过更换样本厚度来调节冷却速率的方式。

轧制压下量从 5% 增加至 40% 的过程，氧化铁皮表面粗糙度不断降低，但出现了大量的表面质量缺陷，可取决于中间值的轧制压下量。随着冷却速率增加 (10~100℃/s)，可以导致氧化铁皮出现显著的表面裂纹。获得均匀表面形貌和良好粘结氧化铁皮的工艺条件是冷却速率为 20℃/s，轧制压下量为 12%，其他工艺参数对氧化铁皮的影响参见第 5 章。

12.1.2　基于织构分析的氧化铁皮特征

电子背散射衍射与能谱仪相结合完全同步的采集分析技术，同时结合三离子束切割仪试样断面制备方案，成功地应用于研究氧化铁皮的显微组织结构和元素分析。可获得关于氧化铁皮的形貌和晶体学相关的量化信息数据，可用以阐释氧化铁皮中的择优氧化生长和变形路径。再者，对不同轧制压下量与冷却速率下的氧化铁皮进行了晶粒重构，并提炼出氧化物相和钢基体的微观织构演变。与传统检测的宏观织构相比，检测中考虑到了单个晶粒的最优化取向分布，获取了更多的定量化数据信息。与此同时，采用多种不同的织构表达方式，如极图和取向密度分布函数 ODF 截面分布图，辅以织构强度曲线图等量化的氧化铁皮晶体学相关研究结果。最后，更深入地探索表征了氧化铁皮内局部区域上的塑性应变。

氧化铁皮显微组织结构主要由三层氧化物组成，并含有双相异构的 Fe_3O_4 层，晶粒尺寸为 3.5~12μm。与此同时，氧化铁皮形成了高比率的小角度晶界和低维重合点阵晶界。具体数据信息可参见第 6 章。这些晶粒与晶界的具体化晶体学数据信息，可以为氧化铁皮的晶界工程提供有力的科学性指导。

氧化铁皮内的氧化物相和钢基体的织构演进简述为 Fe_3O_4 沿氧化物生长方向上，形成高强度的 θ 纤维织构，主要包括$\{100\}\langle 001\rangle$ 和$\{001\}\langle 110\rangle$ 织构组分。随着轧制压下量和冷却速率的增加，会逐渐转移到$\{100\}\langle 210\rangle$ 织构。α-Fe_2O_3 主要是$\{0001\}\{10\bar{1}0\}$织构组分，生长路径为沿着 Fe_3O_4 晶粒的 $\langle 001\rangle$ 晶向成 54.76℃角度倾斜方向。晶粒尺寸不同时，织构分布也有所不同，详见第 7 章。

在氧化铁皮的不同位置划定微区，深入地分析了氧化物和钢基体内部的局部应变/取向差分布的演变规律。研究结果表明在氧化铁皮表层区域内，Fe_3O_4 具有相对较低的平均局部取向差，并呈现 Fe_3O_4 相对较低的塑性应变值。氧化铁皮中间层的裂纹边缘通常产生相对较高的局部取向差分布，因而存在着较高强度的局部应变场。Fe_3O_4 的$\{001\}$//ND 纤维织构由表面能量最小化导出，即高温氧化而引起的。而$\{001\}$ $\langle 120\rangle$ 织构组分归因于其最高的施密特因子，是高温塑性加工时的外加载荷所导致的。具体演变规律的定量化分析可参见第 8 章。

热动力学分析提供了强有力的证明，Fe_3O_4 的成核速率明显高于自由铁单质的析出过程。这主要是由于 Fe_3O_4 具有高的自由焓及富氧 FeO 在共析温度以下的较低热力学稳定性。第 9 章所采用的能动反应机制的分析、离子扩散数值模型及其焓基算法技术，皆可用于研究在热轧快速冷却工艺条件下，高温初始生成的氧化铁皮内部的相转变过程。

12.1.3 氧化铁皮应用与拓展：纳米润滑与 3D 打印

在可调气氛的热力模拟平台 Gleeble 3500 中进行的短时氧化实验，然后利用销对盘的摩擦学实验配置，考察氧化铁皮的力学性能和摩擦学属性，进而提出了热轧过程中的水基纳米粒子润滑时，氧化铁皮所起到的摩擦力学行为作用，氧化铁皮所展现的不同晶粒取向和晶界特征从本质上改变了氧化铁皮与轧辊间的润滑效应。具体的影响机制可参见第 10 章。

基于金属材料高温氧化铁皮的科学研究思路，构建了金属材料 3D 打印过程的氧化薄膜的研究框架，并试图理解金属快速熔融再固化时，可能形成的氧化物的力学属性和物理性质。并以金属激光选区烧结/熔融技术为例，深入探讨了与之前各章金属材料高温成形过程中的氧化过程的不同之处。获得的主要发现是，金属材料 3D 打印时氧化物的形成是基于体扩散而不是晶界扩散，并且氧化温度和合金元素的影响较为重要。详细的分析构建过程可参见第 11 章的内容。

12.2　金属材料高温氧化铁皮的研究展望

到目前为止，可以尝试着去发现并试图组合多种不同的最前沿分析检测技术，本研究的科学研究方式可以为未来其他钢种的氧化过程研究提供相应的架构。

高温氧化机理的建立。氧化物表面的离子传输过程及其在钢基体与氧化铁皮界面间温度依赖的表面属性问题，所有这些习以为常并认为存在之必然的基本现象的理论深层次研究，皆会大大有助于增强氧化铁皮本身与钢基体的粘合属性，并有可能不断地改善氧化铁皮的晶体脆塑性转变，提升力学属性和物理性质。

快速水流冷却技术被证明是实用高效的。可以大力引入这种方法技术，并将其应用于研究其他高级别带钢内部的相转变过程。再者，联合离子束切割制备和电子背散射衍射分析技术，可以提供一整套快速的检测分析方法，去鉴定断面表面的单个晶粒的晶向分布情况。上述这些研究方法技术，可以不断地向外拓展到其他相关的多相合金，或是在混合气氛下合金的高温氧化过程。这将会大大地推动高温氧化实验检测技术的研究进展。挑战和机遇并存，尝试着去获得的实验结果并深入地分析其影响机制和发生机制，无疑将是更加丰富无比。

焓基数值模拟技术已经引发了相同研究背景下可能发生的涉及相转变和晶粒生长动力学的前沿性探索。所需要的更深入的研究就是基于原子水平单一氧化介质在基体晶界间的离子传输机制及其模拟氧化气氛与氧化物相之间的离子互动关系。若更深一层地分析，可以引入分子动力学和第一性原理来模拟金属材料 3D 打印过程中生成的氧化薄膜，及其水基纳米粒子润滑的数值模拟问题等。

在热力学模拟实验机 Gleeble 3500 中所进行的短时氧化实验及其销对盘配置的摩擦学实验，提供了有效地摩擦学实验评估框架，来测定所生成氧化铁皮的摩擦力学属性。对于更深入地研究 Fe_3O_4 析出颗粒的系统性磨损机制，大量的摩擦实验和冷加工测试也是在未来研究中需要不断探索的。此外，可以结合纳米压痕及其相关的划痕等表面测试技术，建构起考察氧化铁皮力学属性的检测平台，这将与基础扩散模型研究和数值模拟研究一起，为有针对性地分析搭建氧化铁皮的材料基因数据库做前期的准备工作。

在基于织构分析氧化铁皮的方法和技术，不断地积累不同工艺参数条件下的实验数据，不同工况下的晶粒/晶界特征，为晶界工程提供有力的后备保证，从而进一步地调控氧化铁皮的力学属性和物理性能。这些关涉氧化铁皮晶粒/晶界和织构的演进数据，将会在未来的金属材料激光选区烧结/熔融加工中，凸显氧化膜的潜在作用，为金属材料的 3D 打印技术储备基础能量。待理解了增材制造过程中工艺参数对构件强度的影响，理解了质量缺陷如孔隙度、开裂和合金元素的损失等问题之后，预计未来高温熔融再固化时的氧化薄膜形成机制将会得以彰显。

参考文献

[1] KRZYZANOWSKI M, BEYNON J H, FARRUGIA D C. Oxide Scale Behavior in High Temperature Metal Processing[M]. Weinheim: John Wiley & Sons, 2010.

[2] YOUNG D J. High Temperature Oxidation and Corrosion of Metals[M]. Oxford: Elsevier, 2008.

[3] BIRKS N, MEIER G H, PETTIT F S. Introduction to the High Temperature Oxidation of Metals[M]. Cambridge: Cambridge University Press, 2006.

[4] 崔忠圻. 金属学与热处理 [M]. 北京: 机械工业出版社, 2010.

[5] ROBERTS W L. Hot Rolling of Steel[M]. USA: M. Dekker, 1983.

[6] CHEN R Y, YEUN W Y D. Review of the high-temperature oxidation of iron and carbon steels in air or oxygen[J]. Oxidation of Metals, 2003, 59: 433-468.

[7] PAIDASSI J. The precipitation of Fe_3O_4 in scales formed by oxidation of iron at elevated temperatures[J]. Acta Metallurgica., 1955, 3: 447-451(in French).

[8] WRIEDT H A. Fe-O (iron-oxygen)//Massalski T B, Murray J L, Bennet L H, et al. Binary Alloy Phase Diagrams. Ohio: ASM International, Materials Park, 1990: 1739-1744.

[9] GOZZI D, CIGNINI P L, PETRUCCI L, et al. Role of oxygen supply in high-temperature growth of compact oxide scale[J]. Journal of Materials Science, 1990, 25: 4562-4566.

[10] ABULUWEFA H, GUTHRIE R I L, AJERSCH F. The effect of oxygen concentration on the oxidation of low-carbon steel in the temperature range 1000 to 1250°C[J]. Oxidation of Metals, 1996, 46: 423-440.

[11] GLEESON B, HADAVI S M M, YOUNG D J. Isothermal transformation behavior of thermally-grown wustite[J]. High Temperature Technology, 2000, 17: 311-318.

[12] ZHOU C H, MA H T, LI Y, et al. Eutectoid magnetite in wüstite under conditions of compressive stress and cooling[J]. Oxidation of Metals, 2012, 78: 145-152.

[13] HAYASHI S, MIZUMOTO K, YONEDA S, et al. The mechanism of phase transformation in thermally-grown FeO scale formed on pure-Fe in air[J]. Oxidation of Metals, 2014, 81: 357-371.

[14] CHEN R Y, YUEN W Y D. A study of the scale structure of hot-rolled steel strip by simulated coiling and cooling[J]. Oxidation of Metals, 2000, 53: 539-560.

[15] JIA T, LIU Z, HU H, et al. The optimal design for the production of hot rolled strip with "tight oxide scale" by using multi-objective optimization[J]. Transactions of the Iron & Steel Institute of Japan, 2011, 51: 1468-1473.

[16] 江雷, 冯琳. 仿生智能纳米界面材料 [M]. 北京: 化学工业出版社, 2016.
[17] HIGGINSON R L, ROEBUCK B, PALMIERE E J. Texture development in oxide scales on steel substrates[J]. Scripta Materialia, 2002, 47: 337-342.
[18] ZHANG M, SHAO G. Characterization and properties of oxide scales on hot-rolled strips[J]. Materials Science and Engineering A, 2007, s452-453: 189-193.
[19] KIM B K, SZPUNAR J A. Orientation imaging microscopy for the study on high temperature oxidation[J]. Scripta Materialia, 2001, 44: 2605-2610.
[20] BIROSCA S, HIGGINSON R L. Phase identification of oxide scale on low carbon steel[J]. High Temperature Technology, 2005, 22: 179-184.
[21] TANEI H, KONDO Y. Effects of initial scale structure on transformation behavior of wustite[J]. Transactions of the Iron and Steel Institute of Japan, 2012, 52: 105-109.
[22] 王国栋, 吴迪, 刘振宇, 等. 中国轧钢技术的发展现状和展望 [J]. 中国冶金, 2009, 19: 1-14.
[23] YU X. A Study of Oxides Formed on Hot-Rolled Steel Strip[M]. Saarbrücken: LAP Lambert Academic Publishing, 2015.
[24] 高执棣. 化学热力学基础 [M]. 北京: 北京大学出版社, 2006.
[25] 顾惕人, 等. 表面化学 [M]. 北京: 科学出版社, 2003.
[26] ELLINGHAM H J T. The physical chemistry of process metallurgy[J]. Journal of the Society of Chemical Industry, 1944, 63: 125-133.
[27] JURICIC C. On the Mechanisms of Internal Stress Formation in Multiphase Iron Oxide Scales [D], Bochum: Ruhr University Bochum, 2008.
[28] KUBASCHEWSKI O, HOPKTNS B E. Oxidation of Metals and Alloys[M]. London: Butterworths, 1962.
[29] KOFSTAD P. High-Temperature Oxidation of Metals[M]. New York: Wiley, 1966.
[30] KHANNA A S. Introduction to High Temperature Oxidation and Corrosion[M]. Ohio: ASM International, 2002.
[31] PINDER L W, DAWSON K, TATLOCK G J. High temperature corrosion of low alloy steels[M]//COTTIS B, GRAHAM M, LINDSAY R. Shreir's Corrosion, Oxford: Elsevier, 2010: 558-582.
[32] WAGNER C. Equations for transport in solid oxides and sulfides of transition metals[J]. Progress in Solid State Chemistry, 1975, 10: 3-16.
[33] AMAMI B, ADDOU M, MONTY C J A. Selfdiffusion and point defects in iron oxides: FeO, Fe_3O_4, α-Fe_2O_3. Defect and Diffusion Forum, 2001: 1051-1056.
[34] PETERSON N L, CHEN W K, WOLF D. Correlation and isotope effects for cation diffusion in magnetite[J]. Journal of Physics and Chemistry of Solids, 1980, 41: 709-719.
[35] ATKINSON A, O'DWYER M L, TAYLOR R I. ^{55}Fe diffusion in magnetite crystals at 500℃ and its relevance to oxidation of iron[J]. Radiation Effects, 1983, 18: 2371-2379.

[36] CAPLAN D, COHEN M. Scaling of iron at 500℃[J]. Corrosion Science, 1963, 3: 139-143.

[37] SMELTZER W W, YOUNG D J. Oxidation properties of transition metal[J]. Progress Solid State Chemistry, 1975, 10: 17-54.

[38] ATKINSON A. Transport processes during the growth of oxide films at elevated temperature[J]. Review of Modern Physics, 2008, 57: 437-470.

[39] EVANS H E. Stress effects in high temperature oxidation of metals[J]. Metallurgical Reviews, 1995, 40: 1-40.

[40] EVANS H E. Cracking and spalling of protective oxide layers [J]. Materials Science & Engineering A, 1989, 120: 139-146.

[41] KOFSTAD P. On the formation of porosity and microchannels in growing scales[J]. Oxidation of Metals, 1985, 24: 265-276.

[42] MITCHELL T E, VOSS D A, BUTLER E P. The observation of stress effects during the high temperature oxidation of iron[J]. Journal of Materials Science, 1982, 17: 1825-1833.

[43] ISWANDI A, BOSSIER P, VANDENABEELE J, et al. On the growth strain origin and stress evolution prediction during oxidation of metals[J]. Applied Surface Science, 2006, 252: 5700-5713.

[44] PILLING N B, BEDWORTH R E. Oxidation of metals at high temperatures[J]. Journal of the Institute of Metals, 1923, 29: 529-591.

[45] JONES D A. Principles and Prevention of Corrosion[M]. USA: Prentice-Hall, 1996.

[46] REVIE R W. Corrosion and Corrosion Control[M]. Hoboken: John Wiley & Sons, 2008.

[47] EVANS H E, LOBB R C. Conditions for the initiation of oxide-scale cracking and spallation[J]. Corrosion Science, 1984, 24: 209-222.

[48] STRINGER J. Stress generation and adhesion in growing oxide scales[J]. Materials and Corrosion, 2015, 23: 747-755.

[49] TANIGUCHI S, CARPENTER D L. The influence of scale/metal interface characteristics on the oxidation behaviour of iron at elevated temperatures [J]. Corrosion Science, 1979, 19: 15-26.

[50] SHEASBY J S, BOGGS W E, TURKDOGAN E T. Scale growth on steels at 1200℃: rationale of rate and morphology[J]. Metal Science Journal, 2013, 18: 127-136.

[51] DAVIES M H, SIMNAD M T, BIRCHENALL C E. On the mechanism and kinetics of the scaling of iron[J]. JOM, 1951, 3: 889-896.

[52] IORDANOVA I, SURTCHEV M, FORCEY K S, et al. High-temperature surface oxidation of low-carbon rimming steel[J]. Surface and Interface Analysis, 2015, 30: 158-160.

[53] PETTIT F S, WAGNER J B, Jr. Transition from the linear to the parabolic rate law during the oxidation of iron to wüstite in CO-CO_2 mixtures[J]. Acta Metallurgica, 1964, 12: 35-40.

[54] CHEN R Y, YUEN W Y D. Short-time oxidation behavior of low-carbon, low-silicon steel in air at 850–1180℃: II. linear to parabolic transition determined using existing gas-phase transport and solid-phase diffusion theories[J]. Oxidation of Metals, 2010, 73: 353-373.

[55] CHEN R Y, YUEN W Y D. Short-time oxidation behavior of low-carbon, low-silicon steel in air at 850-1 180℃-I: oxidation kinetics[J]. Oxidation of Metals, 2008, 70: 39-68.

[56] GOURSAT A G, SMELTZER W W. Kinetics and morphological development of the oxide scale on iron at high temperatures in oxygen at low pressure[J]. Oxidation of Metals, 1973, 6: 101-116.

[57] CARPENTER D L, RAY A C. The effect of metallurgical pretreatment on the kinetics of oxidation of iron at 700℃ in pure gaseous oxygen[J]. Corrosion Science, 1973, 13: 493-498.

[58] HSU H S. The formation of multilayer scales on pure metals[J]. Oxidation of Metals, 1986, 26: 315-332.

[59] GESMUNDO F, VIANI F. The formation of multilayer scales in the parabolic oxidation of pure metals—I. Relationships between the different rate constants[J]. Corrosion Science, 1978, 18: 217-230.

[60] SHAW R D, ROLLS R. The calculation of relative layer thicknesses in a two-component scale[J]. Cheminform, 1974, 14: 443-450.

[61] GARNAUD G, RAPP R A. Thickness of the oxide layers formed during the oxidation of iron[J]. Oxidation of Metals, 1977, 11: 193-198.

[62] PAIDASSI J. The kinetics of the oxidation of iron in the range 700—1250℃[J]. Acta Metallurgica et Materialia, 1958, 6: 184-194(in French).

[63] BOLT P H. Understanding the properties of oxide scales on hot rolled steel strip[J]. Steel Research International, 2004, 75: 399-404.

[64] YUEN W Y D, CHEN R Y. Short-time oxidation behavior of low-carbon, low-silicon steel in air at 850-1, 180℃-III: mixed linear-and-parabolic to parabolic transition determined using local mass-transport theories[J]. Oxidation of Metals, 2010, 74: 255-274.

[65] SAKAI H, TSUJI T, NAITO K. Oxidation of iron in air between 523 and 673K[J]. Journal of Nuclear Science & Technology, 1985, 22: 158-161.

[66] HUSSEY R J, CAPLAN D, GRAHAM M J. The growth and structure of oxide films on Fe. II. Oxidation of polycrystalline Fe at 240—320℃[J]. Oxidation of Metals, 1981, 15: 421-435.

[67] GULBRANSEN E A, RUKA R. Kinetics of solid phase reactions in oxide films on iron-the reversible transformation at or near 570℃[J]. JOM, 1950, 2: 1500-1508.

[68] CAPLAN D, SPROULE G I, HUSSEY R J, Comparison of the kinetics of high-temperature oxidation of Fe as influenced by metal purity and cold work[J]. Corrosion Science, 1970, 10: 9-17.

[69] CAPLAN D, COHEN M. Effect of cold work on the oxidation of iron from 400—650°C[J]. Corrosion Science, 1966, 6: 321-326.

[70] BOGGS W E, KACHIK R H. The oxidation of iron-carbon alloys at 500°C[J]. Journal of the Electrochemical Society, 1969, 116.

[71] CAPLAN D, HUSSEY R J, SPROULE G I, et al. The effect of FeO grain size and cavities on the oxidation of Fe[J]. Corrosion Science, 1981, 21: 689-711.

[72] VIANI F, GESMUNDO F. The relationships between the different rate constants and the diffusion properties of the oxides in the parabolic oxidation of a metal or a lower oxide to multilayer scales: application to the oxidation of iron[J]. Corrosion Science, 1980, 20: 541-554.

[73] HOWE C I, MCENANEY B, SCOTT V D. A new kinetic model for nucleation and growth of duplex oxide scales on iron between 350 and 500°C[J]. Corrosion Science, 1985, 25: 195-207.

[74] CORNELL R M, SCHWERTMANN U. The Iron Oxides : Structure, Properties, Reactions, Occurences and Uses[M]. Weinheim: Wiley-VCH, 2003.

[75] GOLDSCHMIDT H J. The crystal structures of Fe, FeO and Fe_3O_4 and their interrelations[J]. Journal of the Iron and Steel Institute, 1942, 146: 157-180.

[76] ILSCHNER B, MLITZKE E. The kinetics of precipitation in wustite ($Fe_{1-x}O$)[J]. Acta Metallurgica, 1965, 13: 855-867(in German).

[77] HAZEN R M, RAYMOND J. Wustite ($Fe_{1-x}O$): a review of its defect structure and physical properties[J]. Reviews of Geophysics, 1984, 22: 37-46.

[78] MROWEC S, PODGóRECKA A. Defect structure and transport properties of non-stoichiometric ferrous oxide[J]. Journal of Materials Science, 1987, 22: 4181-4189.

[79] SICKAFUS K E, WILLS J M, GRIMES N W. Structure of spinel[J]. Journal of the American Ceramic Society, 2010, 82: 3279-3292.

[80] FONTIJN W F J, VAN DER ZAAG P J, FEINER L F, et al. A consistent interpretation of the magneto-optical spectra of spinel type ferrites (invited)[J]. Journal of Applied Physics, 1999, 85: 5100-5105.

[81] FLEET M E. The structure of magnetite: symmetry of cubic spinels[J]. Journal of Solid State Chemistry, 1986, 62: 75-82.

[82] GILLOT B, ROUSSET A, DUPRE G. Influence of crystallite size on the oxidation kinetics of magnetite[J]. Journal of Solid State Chemistry, 1978, 25: 263-271.

[83] FRANCIS R, LEES D G. Some observations on the growth mechanism of haematite during the oxidation of iron at 823K[J]. Corrosion Science, 1976, 16: 847-855.

[84] CHANG Y N, WEI F I. High temperature oxidation of low alloy steels[J]. Journal of Materials Science, 1989, 24: 14-22.

[85] SCHMUKI P. From Bacon to barriers: a review on the passivity of metals and alloys[J]. Journal of Solid State Electrochemistry, 2002, 6: 145-164.

[86] SAUNDERS S R J, MONTEIRO M, RIZZO F. The oxidation behaviour of metals and alloys at high temperatures in atmospheres containing water vapour: a review[J]. Progress in Materials Science, 2008, 53: 775-837.

[87] DOUGLASS D L, KOFSTAD P, RAHMEL P, et al. International workshop on high-temperature corrosion[J]. Oxidation of Metals, 1996, 45: 529-620.

[88] SUN W. A study on the Characteristics of Oxide Scale in Hot Rolling of Steel[D]. Wollongong: University of Wollongong, 2005.

[89] TANG J. A Study of Oxide Scale Deformation and Surface Roughness Transformation in Hot Strip Rolling[M]. Wollongong: University of Wollongong, 2006.

[90] ABULUWEFA H. Characterization of Oxides Growth of Low Carbon Steel During Reheating. Montreal: McGill University, 1996.

[91] 李志峰, 曹光明, 王福祥, 等. 热轧钢材表面氧化铁皮微观结构表征技术综述 [J]. 轧钢, 2017, 34: 56-60.

[92] BASABE V V, SZPUNAR J A. Growth rate and phase composition of oxide scales during hot rolling of low carbon steel[J]. ISIJ International, 2004, 44: 1554-1559.

[93] SAMARASEKERA L V, HAWBOLTT E B. Overview of modelling the microstructural state of steel strip during hot rolling[J]. Journal of the South African Institute of Mining and Metallurgy, 1995.

[94] JONSSON T, PUJILAKSONO B, HALLSTRöM S, et al. An ESEM in situ investigation of the influence of H_2O on iron oxidation at 500°C[J]. Corrosion Science, 2009, 51: 1914-1924.

[95] BERTRAND N, DESGRANGES C, POQUILLON D, et al. Iron oxidation at low temperature (260—500°C) in air and the effect of water vapor[J]. Oxidation of Metals, 2010, 73: 139-162.

[96] JOHANSSON L G, HALVARSSON M, PUJILAKSONO B, et al. Oxidation of iron at 400—600°C in dry and wet O_2[J]. Corrosion Science, 2010, 52: 1560-1569.

[97] TOMINAGA J, WAKIMOTO K Y, MORI T, et al. Manufacture of wire rods with good descaling property[J]. Transactions of the Iron and Steel Institute of Japan, 2006, 22: 646-656.

[98] BURKE D P, HIGGINSON R L. Characterisation of multicomponent scales by electron back scattered diffraction (EBSD)[J]. Scripta Materialia, 2000, 42: 277-281.

[99] MATSUNO F. Blistering and hydraulic removability of scale films of rimmed steel at high temperature[J]. Tetsu-to-Hagane, 2010, 65: 413-421.

[100] LI C S, XU J Z, HE X M, et al. Formation and control of strip scale pores in hot rolling[J]. Journal of Materials Processing Technology, 2001, 116: 201-204.

[101] 郭大勇, 任玉辉, 高航, 等. 提高高碳钢盘条氧化铁皮附着性研究 [J]. 上海金属, 2016, 38: 43-47.

[102] TANIGUCHI S. Stresses developed during the oxidation of metals and alloys[J]. ISIJ International, 2006, 25: 3-13.

[103] JURICIC C, PINTO H, CARDINALI D, et al. Evolution of microstructure and internal stresses in multi-phase oxide scales grown on (110) surfaces of iron single crystals at 650℃[J]. Oxidation of Metals, 2010, 73: 115-138.

[104] CHEN R Y, YUEN W Y D. Oxidation of low-carbon, low-silicon mild steel at 450—900℃ under conditions relevant to hot-strip processing[J]. Oxidation of Metals, 2002, 57: 53-79.

[105] 杨奕, 刘振宇, 曹光明, 等. 低合金钢中合金元素高温氧化行为研究 [J]. 轧钢, 2016, 33: 38-41.

[106] TANIGUCHI S, YAMAMOTO K, MEGUMI D, et al. Characteristics of scale/substrate interface area of Si-containing low-carbon steels at high temperatures[J]. Materials Science and Engineering A, 2001, 308: 250-257.

[107] FUKAGAWA T, OKADA H, MAEHARA Y. Mechanism of red scale defect formation in Si-added hot-rolled steel sheets[J]. Isij International, 1994, 34: 906-911.

[108] STOTT F H, WOOD G C, STRINGER J. The influence of alloying elements on the development and maintenance of protective scales[J]. Oxidation of Metals, 1995, 44: 113-145.

[109] KIZU T, NAGATAKI Y, INAZUMI T, et al. Effects of chemical composition and oxidation temperature on the adhesion of scale in plain carbon steels[J]. ISIJ International, 2001, 41: 1494-1501.

[110] GOTO H, KEN-ICHI M, HONMA H. Effect of the primary oxide on the behavior of the oxide precipitating during solidification of steel[J]. ISIJ International, 2007, 36: 537-542.

[111] MARSTON H F, BOLT P H, LEPRINCE G, et al. Challenges in the modelling of scale formation and decarburisation of high carbon, special and general steels[J]. Ironmaking and Steelmaking, 2004, 31: 57-65.

[112] EYNDE X V, BOURDON G, ZEIMETZ E, et al. Investigation of the formation, constitution and properties of scale formed during the finishing, rolling, cooling and coiling of thin hot strips[R]. EUR, 2004: 21128.

[113] ECHSLER H, ITO S, SCHÜTZE M. Mechanical properties of oxide scales on mild steel at 800 to 1000℃[J]. Oxidation of Metals, 2003, 60: 241-269.

[114] MANNING M I. Geometrical effects on oxide scale integrity[J]. Corrosion Science, 1981, 21: 301-316.

[115] TOMLINSON W J, CATCHPOLE S. Air speed and the oxidation of mild steel[J]. Corrosion Science, 1968, 8: 845-849.

[116] BHATTACHARYA R, JHA G, KUNDU S, et al. Influence of cooling rate on the structure and formation of oxide scale in low carbon steel wire rods during hot rolling[J]. Surface & Coatings Technology, 2006, 201: 526-532.

[117] QI Y H, LOURS P, LEMAOULT Y. Spallation process of thermally grown oxides by in-situ CCD monitoring technique[J]. Journal of Iron and Steel Research, 2009, 16: 90-94.

[118] CHATTOPADHYAY A, KUMAR P, ROY D. Study on formation of “easy to remove oxide scale”during mechanical descaling of high carbon wire rods[J]. Surface and Coatings Technology, 2009, 203: 2912-2915.

[119] KAWALLA R, STEINERT F. Investigation of the influence of processing parameters during hot rolling on tertiary scale formation[J]. Materials Science and Engineering Technology, 2007, 38: 36-42 (in German).

[120] 何永全, 刘红艳, 孙彬, 等. 低碳钢表面氧化铁皮在连续冷却过程中的组织转变 [J]. 材料热处理学报, 2015, 1: 035.

[121] ABULUWEFA H T, GUTHRIE R I L, AJERSCH F. Oxidation of low carbon steel in multicomponent gases: Part I. Reaction mechanisms during isothermal oxidation[J]. Metallurgical & Materials Transactions A, 1997, 28: 1633-1641.

[122] 王建明, 刘懿萱, 孙彬, 等. Fe-0.6 Si 合金表面氧化铁皮空气条件下等温转变行为的研究 [J]. 轧钢, 2017, 34: 12-16.

[123] BAUD J, FERRIER A, MANENC J. Study of magnetite film formation at metal-scale interface during cooling of steel products[J]. Oxidation of Metals, 1978, 12: 331-342.

[124] YANG D J. Shougang Group Technical Report[R]. Beijing, 2010.

[125] 曹光明, 何永全, 刘小江, 等. 热轧低碳钢卷取后冷却过程中三次氧化铁皮结构转变行为 [J]. 中南大学学报 (自然科学版), 2014, 45: 1790-1796.

[126] ZHAO J, JIANG Z. Rolling of Advanced High Strength Steels: Theory, Simulation and Practice[M]. New York: CRC Press, 2017.

[127] 付松岳, 任勇, 程晓茹, 等. 高碳钢盘条三次氧化铁皮机械剥离性能 [J]. 钢铁, 2016, 51: 73-77.

[128] 周旬, 王松涛, 王晓东, 等. 机架间除鳞对热轧带钢三次氧化铁皮的影响分析 [J]. 轧钢, 2016, 17-21.

[129] SACHS K, JAY G T F J. Magnetite seam at the scale/metal interface on mild steel[J]. J. Iron Steel I., 1960, 195: 180-189.

[130] SHAIOVICH Y L, ZVINCHUK R A. Conditions of magnetite precipitation during decomposition of wüstite $Fe_{1-x}O$[J]. Physica Status Solidi, 2010, 48: 543-550.

[131] SCHMID B, AAS N, GRONG Q et al. High-temperature oxidation of iron and the decay of wüstite studied with in situ ESEM[J]. Oxidation of Metals, 2002, 57: 115-130.

[132] KOBAYASHI A, SETO K, URABE T, et al. Effect of scale microstructure on scale adhesion of low carbon sheet steel[J]. Materials Science Forum, 2006, 522-523: 409-416.

[133] CHANG L, LIN S N. Analytical electron microscopy study of interfacial oxides formed on a hot-rolled low-carbon steel[J]. Oxidation of Metals, 2005, 63: 131-144.

[134] SUÁREZ L, RODRÍGUEZ-CALVILLO P, HOUBAERT Y, et al. Analysis of deformed oxide layers grown on steel[J]. Oxidation of Metals, 2011, 75: 281-295.

[135] WEST G D, BIROSCA S, HIGGINSON R L. Phase determination and microstructure of oxide scales formed on steel at high temperature[J]. Journal of Microscopy, 2005, 217: 122-129.

[136] MENDELSON M I, FINE M E. Enhancement of fracture properties of wustite by precipitation[J]. Journal of the American Ceramic Society, 1974, 57: 154-159.

[137] CHATTOPADHYAY A, CHANDA T. Role of silicon on oxide morphology and pickling behaviour of automotive steels[J]. Scripta Materialia, 2008, 58: 882-885.

[138] CHEN R Y, YUEN W Y D. Oxide-scale structures formed on commercial hot-rolled steel strip and their formation mechanisms[J]. Oxidation of Metals, 2001, 56: 89-118.

[139] 王银军, 董汉君, 穆海玲, 等. 卷取后的热轧带钢氧化铁皮显微分析 [J]. 中国冶金, 2007, 17: 40-44.

[140] HACHTEL L. Scale structure and scale defects on hot strip[J]. Practical. Metallography, 1995, 32: 332-344 (in German).

[141] GIBBS G B, HALES R. The influence of metal lattice vacancies on the oxidation of high temperature materials[J]. Corrosion Science, 1977, 17: 487,499-497,507.

[142] ATKINSON A, TAYLOR R I, HUGHES A E. A quantitative demonstration of the grain boundary diffusion mechanism for the oxidation of metals[J]. Philosophical Magazine Part A, 1982, 45: 823-833.

[143] INOUE A, NITTA H, IIJIMA Y. Grain boundary self-diffusion in high purity iron[J]. Acta Materialia, 2007, 55: 5910-5916.

[144] NYCHKA J A, PULLEN C, HE M Y, et al. Surface oxide cracking associated with oxidation-induced grain boundary sliding in the underlying alloy[J]. Acta Materialia, 2004, 52: 1097-1105.

[145] WOOD G C, STRINGER J. The adhesion of growing oxide scales to the substrate[J]. Journal De Physique IV, 1993, 03: 65-74.

[146] 李志峰, 何永全, 曹光明, 等. 热轧钢材氧化铁皮的高温形变机理研究 [J]. 材料导报, 2018, 2: 020.

[147] CLARKE D R. The lateral growth strain accompanying the formation of a thermally grown oxide[J]. Acta Materialia, 2003, 51: 1393-1407.

[148] BULL S J. Modeling of residual stress in oxide scales[J]. Oxidation of Metals, 1998, 49: 1-17.

[149] SCHÜTZE M, HOLMES D R, WATERHOUSE R B. Protective Oxide Scales and Their Breakdown[M]. Weinheim: John Wiley & Sons, 1997.

[150] TORRES M, COLAS R. Growth and breakage of the oxide layer during hot rolling of low carbon steels[C]//Proceedings 1st International Conference Modelling of Metal Rolling Processes, London, 1993: 629-623.

[151] SCHÜTZE M. Mechanical properties of oxide scales[J]. Oxidation of Metals, 1995, 44: 29-61.

[152] YU Y, LENARD J G. Estimating the resistance to deformation of the layer of scale during hot rolling of carbon steel strips[J]. Journal of Materials Processing Technology, 2002, 121: 60-68.

[153] TILEY J, ZHANG Y, LENARD J G. Hot compression testing of mild steel industrial reheat furnace scale[J]. Steel Research International, 1999, 70: 437-440.

[154] HIDAKA Y, ANRAKU T, OTSUKA N. Deformation of iron oxides upon tensile tests at 600—1250℃[J]. Oxidation of Metals, 2003, 59: 97-113.

[155] HIDAKA Y, IIDA S. Influence of surface oxide scale of Fe-Cr alloy on tool lubrication characteristic during hot rolling[J]. Tetsu-to-Hagane, 2010, 96: 156-161 (in Japanese).

[156] MUNTHER P A, LENARD J G. The effect of scaling on interfacial friction in hot rolling of steels[J]. Journal of Materials Processing Technology, 1999, 88: 105-113.

[157] SUÁREZ L, HOUBAERT Y, EYNDE X V, et al. High temperature deformation of oxide scale[J]. Corrosion Science, 2009, 51: 309-315.

[158] LI Y H, SELLARS C M. Comparative investigations of interfacial heat transfer behaviour during hot forging and rolling of steel with oxide scale formation[J]. Journal of Materials Processing Technology, 1998, s80-81: 282-286.

[159] VERGNE C, BOHER C, GRAS R, et al. Influence of oxides on friction in hot rolling: experimental investigations and tribological modelling[J]. Wear, 2006, 260: 957-975.

[160] PETERSON M B, CALABRESE S J, LI S Z, et al. Frictional properties of lubricating oxide coatings[J]. Tribology, 1990, 17: 15-25.

[161] LE H R, SUTCLIFFE M P F. The effect of surface deformation on lubrication and oxide-scale fracture in cold metal rolling[J]. Metallurgical and Materials Transactions B, 2004, 35: 919-928.

[162] STACHOWIAK G, BATCHELOR A. Engineering Tribology [M]. Oxford: Butterworth-Heinemann, 2014.

[163] JIANG Z Y, TANG J, SUN W, et al. Analysis of tribological feature of the oxide scale in hot strip rolling[J]. Tribology International, 2010, 43: 1339-1345.

[164] FISCHER-CRIPPS A C. Nanoindentation (3 ed.)[M]. New York: Springer, 2011.

[165] WIKSTRÖM P, BLASIAK W, DU S C. A study on oxide scale formation of low carbon steel using thermo gravimetric technique[J]. Ironmaking and Steelmaking, 2008, 35: 621-632.

[166] LEE M, RAPP R A. Development of scale morphology during wustite growth on iron at high temperature[J]. Oxidation of Metals, 1988, 30: 125-138.

[167] REICHMANN A, POELT P, BRANDL C, et al. High-temperature corrosion of steel in an ESEM with subsequent scale characterisation by Raman microscopy[J]. Oxidation of Metals, 2008, 70: 257-266.

[168] CHUNG D D L, DEHAVEN P W D, ARNOLD H, et al. X-ray diffraction at elevated temperatures: a method for in situ process analysis[J]. Journal of Applied Crystallography, 1994, 27: 441-442.

[169] LIU J O, SOMNATH S, KING W P. Heated atomic force microscope cantilever with high resistivity for improved temperature sensitivity[J]. Sensors and Actuators A Physical, 2013, 201: 141-147.

[170] KOLOSOV V Y, THÖLÉN A R. Transmission electron microscopy studies of the specific structure of crystals formed by phase transition in iron oxide amorphous films[J]. Acta Materialia, 2000, 48: 1829-1840.

[171] CHEN R Y, YUEN W Y D. Examination of oxide scales of hot rolled steel products[J]. ISIJ International, 2006, 45: 52-59.

[172] UTSUNOMIYA H, DOI S, HARA K I, et al. Deformation of oxide scale on steel surface during hot rolling[J]. CIRP Annals-Manufacturing Technology, 2009, 58: 271-274.

[173] COLAS R. Modelling heat transfer during hot rolling of steel strip[J]. Modelling and Simulation in Materials Science and Engineering, 1995, 3: 437.

[174] GARZA M D L, ARTIGAS A, MONSALVE A, et al. Modelling the spalling of oxide scales during hot rolling of steel strip[J]. Oxidation of Metals, 2008, 70: 137-148.

[175] LENARD J G, PIETRZYK M, CSER L. Mathematical and physical simulation of the properties of hot rolled products[M]. Amsterdam: Elsevier, 1999.

[176] 刘旭辉, 成小军, 曹光明, 等. CSP 热轧过程中氧化铁皮结构和厚度演变规律研究 [J]. 金属材料与冶金工程, 2011, 38: 7-10.

[177] 曹光明, 孙彬, 邹颖, 等. 板带热连轧过程氧化铁皮厚度变化的数值模拟 [J]. 钢铁研究学报, 2010, 22: 13-16.

[178] KRZYZANOWSKI M, RAINFORTH W M. Application of combined discrete/finite element multiscale method for modelling of Mg redistribution during hot rolling of alluminium[J]. Computer Methods in Materials Science, 2009, 9: 271-276.

[179] ZHOU H, QU J, CHERKAOUI M. Finite element analysis of oxidation induced metal depletion at oxide-metal interface[J]. Computational Materials Science, 2010, 48: 842-847.

[180] MACKRODT W C. Atomistic simulation of the surfaces of oxides[J]. Journal of the Chemical Society Faraday Transactions Molecular and Chemical Physics, 1989, 85: 541-554.

[181] RAPAPORT D C. The Art of Molecular Dynamics Simulation[M]. Cambridge: Cambridge University Press, 2004.

[182] MELFO W M, DIPPENAAR R J. In situ observations of early oxide formation in steel under hot-olling conditions[J]. Journal of Microscopy, 2007, 225: 147-155.

[183] PHELAN D, REID M, DIPPENAAR R. Experimental and modelling studies into high temperature phase transformations[J]. Computational Materials Science, 2005, 34: 282-

289.

[184] WEI D B, HUANG J X, ZHANG A W, et al. Study on the oxidation of stainless steels 304 and 304L in humid air and the friction during hot rolling[J]. Wear, 2009, 267: 1741-1745.

[185] HERMAN J C. Impact of new rolling and cooling technologies on thermomechanically processed steels[J]. Ironmaking and Steelmaking, 2013, 28: 159-163.

[186] GIANNUZZI L A, PRENIZTER B I, KEMPSHALL B W. Introduction to Focused Ion Beams: Instrumentation, Theory, Techniques and Practice[M]. New York: Springer, 2005.

[187] SCHWARTS A J, KUMAR M, ADAMS B L. Electron Backscatter Diffraction in Materials Science[M]. New York: Kluwer Academic/Plenum Publishers, 2000.

[188] ENGLER O, RANDLE V. Introduction to Texture Analysis: Macrotexture, Microtexture and Orientation Mapping[M]. Boca Raton: CRC Press, 2010.

[189] CULLITY B D, STOCK S R. Elements of X-Ray Diffraction[M]. London: Prentice Hall, 2001.

[190] HU J, DU L X, WANG J J, et al. Cooling process and mechanical properties design of hot-rolled low carbon high strength microalloyed steel for automotive wheel usage[J]. Materials and Design, 2014, 53: 332-337.

[191] UEDA M, KAWAMURA K, MARUYAMA T. Void formation in magnetite scale formed on iron at 823 K-elucidation by chemical potential distribution[J]. Materials Science Forum, 2006, 522-523: 37-44.

[192] ZHAO J, LEE J H, YONG W K, et al. Enhancing mechanical properties of a low-carbon microalloyed cast steel by controlled heat treatment[J]. Materials Science and Engineering A, 2013, 559: 427-435.

[193] ZHAO J, JIANG Z, CHONG S L. Enhancing impact fracture toughness and tensile properties of a microalloyed cast steel by hot forging and post-forging heat treatment processes[J]. Materials & Design, 2013, 47: 227-233.

[194] HUMPHREYS F J, HATHERLY Y M. Recrystallization and Related Annealing Phenomena[M]. Oxford: Elsevier, 2004.

[195] UBHI H S, BROUGH I, LARSEN K. Study of recovery and recrystallisation in a folded Al alloy[J]. Materials Science Forum, 2013, 753: 7-10.

[196] YU X L, WEI D B, WANG X D, et al. Experimental study on adhesion of oxide scale on hot-rolled steel strip[J]. Advanced Materials Research, 2012, 472-475: 622-625.

[197] GESMUNDO F, NIU Y, OQUAB D, et al. The air oxidation of two-phase Fe-Cu alloys at 600—800℃[J]. Oxidation of Metals, 1998, 49: 115-146.

[198] MEHRER H, BÖRNSTEIN L. Numerical Data and Functional Relationships in Science and Technology: Group III[M]. Berlin: Springer, 1990.

[199] FISHER J C. Calculation of diffusion penetration curves for surface and grain boundary diffusion[J]. Journal of Applied Physics, 1951, 22: 74-77.

[200] SUZUKI A, MISHIN Y. Interaction of point defects with grain boundaries in fcc metals[J]. Interface Science, 2003, 11: 425-437.

[201] 孙彬, 何永全, 刘振宇. 热轧钢氧化铁皮层对基体钢腐蚀动力学及电化学行为的影响 [J]. 材料导报, 2016, 30: 100-104:126.

[202] 孙彬, 何永权, 刘振宇. 氧化铁皮微观组织对热轧带钢耐侯性能的影响 [J]. 功能材料, 2016, 47: 2072-2077.

[203] PENG X, YAN J, ZHOU Y, et al. Effect of grain refinement on the resistance of 304 stainless steel to breakaway oxidation in wet air[J]. Acta Materialia, 2005, 53: 5079-5088.

[204] AUINGER M, NARAPARAJU R, CHRIST H J, et al. Modelling high temperature oxidation in iron-chromium systems: combined kinetic and thermodynamic calculation of the long-term behaviour and experimental verification[J]. Oxidation of Metals, 2011, 76: 247-258.

[205] PALADINO A E, COBLE R L. Effect of grain boundaries on diffusion-controlled processes in aluminum oxide[J]. Journal of the American Ceramic Society, 1963, 46: 133-136.

[206] HERCHL R, KHOI N N, HOMMA T, et al. Short-circuit diffusion in the growth of nickel oxide scales on nickel crystal faces[J]. Oxidation of Metals, 1972, 4: 35-49.

[207] KURODA K, LABUN P A, WELSCH G, et al. Oxide-formation characteristics in the early stages of oxidation of Fe and Fe-Cr alloys[J]. Oxidation of Metals, 1983, 19: 117-127.

[208] WILSON P R, CHEN Z. The effect of manganese and chromium on surface oxidation products formed during batch annealing of low carbon steel strip[J]. Corrosion Science, 2007, 49: 1305-1320.

[209] SUÁREZ L, RODRíGUEZ-CALVILLO P, HOUBAERT Y, et al. Oxidation of ultra low carbon and silicon bearing steels[J]. Corrosion Science, 2010, 52: 2044-2049.

[210] WANG F. The effect of nanocrystallization on the selective oxidation and adhesion of Al_2O_3 scales[J]. Oxidation of Metals, 1997, 48: 215-224.

[211] NOVIKOV V I U. Grain Growth and Control of Microstructure and Texture in Polycrystalline Materials[M]. Boca Raton: CRC Press, 1997.

[212] SINGH R, SCHNEIBEL J H, DIVINSKI S, et al. Grain boundary diffusion of Fe in ultrafine-grained nanocluster-strengthened ferritic steel[J]. Acta Materialia, 2011, 59: 1346-1353.

[213] YU X L, JIANG Z Y, WANG X D, et al. Effect of coiling temperature on oxide scale of hot-rolled strip[J]. Advanced Materials Research, 2012, 415-417: 853-858.

[214] YU X L, JIANG Z Y, ZHAO J W, et al. Effect of cooling rate on oxidation behaviour of microalloyed steel[J]. Applied Mechanics and Materials, 2013, 395-396: 273-278.

[215] LI Y H, SELLARS C M. Cracking and deformation of surface scale during hot rolling of steel[J]. Metal Science Journal, 2002, 18: 304-311.

[216] 王尚, 杨荃, 任云鹤, 等. 热轧带钢氧化铁皮拉伸开裂行为 [J]. 工程科学学报, 2017, 39: 1540-1545.

[217] 曹光明, 石发才, 孙彬, 等. 汽车大梁钢的氧化铁皮结构控制与剥落行为 [J]. 材料热处理学报, 2014, 35: 161-167.

[218] LI H. Microtexture based analysis of surface asperity flattening behavior of annealed aluminum alloy in uniaxial planar compression[J]. Tribology International, 2013, 66: 282-288.

[219] LI H, JIANG Z, WEI D, et al. Influence of friction on surface asperity flattening process in cold uniaxial planar compression (CUPC)[J]. Tribology Letters, 2014, 53: 383-393.

[220] KIM J H, KIM D I, SHIM J H, et al. Investigation into the high temperature oxidation of Cu-bearing austenitic stainless steel using simultaneous electron backscatter diffraction-energy dispersive spectroscopy analysis[J]. Corrosion Science, 2013, 77: 397-402.

[221] YU X L, JIANG Z Y, YANG D J, et al. Precipitation behavior of magnetite in oxide scale during cooling of microalloyed low carbon steel[J]. Advanced Materials Research, 2012, 572: 249-254.

[222] PHILIPPE M J, WAGNER F, MELLAB F E, et al. Modelling of texture evolution for materials of hexagonal symmetry—I. Application to zinc alloys[J]. Acta Metallurgica Et Materialia, 1994, 42: 239-250.

[223] REICHEL F, JEURGENS L P H, MITTEMEIJER E J. The effect of substrate orientation on the kinetics of ultra-thin oxide-film growth on Al single crystals[J]. Acta Materialia, 2008, 56: 2897-2907.

[224] EVANS H E, LI H Y, BOWEN P. A mechanism for stress-aided grain boundary oxidation ahead of cracks[J]. Scripta Materialia, 2013, 69: 179-182.

[225] JURICIC C, PINTO H, CARDINALI D, et al. Effect of substrate grain size on the growth, texture and internal stresses ofiIron oxide scales forming at 450℃[J]. Oxidation of Metals, 2010, 73: 15-41.

[226] YU X L, JIANG Z Y, ZHAO J W, et al. A Review of microstructure and microtexture of tertiary oxide Scale in a hot strip mill[J]. Key Engineering Materials, 2016, 716: 843-855.

[227] KIM B K, SZPWNAR J A. Orientation Imaging Microscopy in Research on High Temperature Oxidation[M]//Schwartz A J. Electron Backscatter Diffraction in Materials Science. Boston: Springer, 2009: 361-393.

[228] BUNGE H J. Texture Analysis in Materials Science: Mathematical Methods[M]. Berlin: Butterworths, 1982.

[229] ROBERTSON J, MANNING M I. Limits to adherence of oxide scales[J]. Metal Science Journal, 1990, 6: 81-92.

[230] KAMAYA M, WILKINSON A J, TITCHMARSH J M. Quantification of plastic strain of stainless steel and nickel alloy by electron backscatter diffraction[J]. Acta Materialia, 2006, 54: 539-548.

[231] SHINODA K, DEMURA M, MURAKAMI H, et al. Characterization of crystallographic texture in plasma-sprayed splats by electron-backscattered diffraction[J]. Surface and Coatings Technology, 2010, 204: 3614-3618.

[232] BRITO P, PINTO H, GENZEL C, et al. Epitaxial stress and texture in thin oxide layers grown on Fe-Al alloys[J]. Acta Materialia, 2012, 60: 1230-1237.

[233] 潘金生, 仝健民, 田民波. 材料科学基础 [M]. 北京: 清华大学出版社, 2011.

[234] LEHOCKEY E M, PALUMBO G, LIN P. Grain boundary structure effects on cold work embrittlement of microalloyed steels[J]. Scripta Materialia, 1998, 39: 353-358.

[235] YU X, ZHOU J. Grain Boundary in Oxide Scale During High-Temperature Metal Processing[M]//TAŃSKI T, BOREK W. Study of Grain Boundary Character. London: In Tech, 2017.

[236] HORITA T, KISHIMOTO H, YAMAJI K, et al. Effect of grain boundaries on the formation of oxide scale in Fe-Cr alloy for SOFCs[J]. Solid State Ionics, 2008, 179: 1320-1324.

[237] DEEPAK K, MANDAL S, ATHREYA C N, et al. Implication of grain boundary engineering on high temperature hot corrosion of alloy 617[J]. Corrosion Science, 2016, 106: 293-297.

[238] FEDOROVA E, BRACCINI M, PARRY V, et al. Comparison of damaging behavior of oxide scales grown on austenitic stainless steels using tensile test and cyclic thermogravimetry[J]. Corrosion Science, 2016, 103: 145-156.

[239] YAN J, GAO Y, GU Y, et al. Role of grain boundaries on the cyclic steam oxidation behaviour of 18-8 austenitic stainless steel[J]. Oxidation of Metals, 2016, 85: 409-424.

[240] KRUSKA K, LOZANO-PEREZ S, SAXEY D W, et al. Nanoscale characterisation of grain boundary oxidation in cold-worked stainless steels[J]. Corrosion Science, 2012, 63: 225-233.

[241] DUGDALE H, ARMSTRONG D E J, TARLETON E, et al. How oxidized grain boundaries fail[J]. Acta Materialia, 2013, 61: 4707-4713.

[242] PHANIRAJ M P, KIM D I, CHO Y W. Effect of grain boundary characteristics on the oxidation behavior of ferritic stainless steel[J]. Corrosion Science, 2011, 53: 4124-4130.

[243] HEUER A H, AZAR M Z. A disconnection mechanism of enhanced grain boundary diffusion in Al_2O_3[J]. Scripta Materialia, 2015, 102: 15-18.

[244] JIANG R, GAO N, REED P A S. Influence of orientation-dependent grain boundary oxidation on fatigue cracking behaviour in an advanced Ni-based superalloy[J]. Journal of Materials Science, 2015, 50: 4379-4386.

[245] YU X, JIANG Z, ZHAO J, et al. Effects of grain boundaries in oxide scale on tribological properties of nanoparticles lubrication[J]. Wear, 2015, 332-333: 1286-1292.

[246] RETTBERG L H, LAUX B, HE M Y, et al. Growth stresses in thermally grown oxides on nickel-based single-crystal alloys[J]. Metallurgical and Materials Transactions A, 2016, 47: 1132-1142.

[247] XU P G, YIN F X, HUAN Y H, et al. Texture dedicated grain size dependence of normal anisotropy in low-carbon steel strips[J]. Materials Science and Engineering A, 2006, 433: 8-17.

[248] SONG R, PONGE D, RAABE D, et al. Microstructure and crystallographic texture of an ultrafine grained C-Mn steel and their evolution during warm deformation and annealing[J]. Acta Materialia, 2005, 53: 845-858.

[249] SUN L, MUSZKA K, WYNNE B P, et al. Influence of strain history and cooling rate on the austenite decomposition behavior and phase transformation products in a microalloyed steel[J]. Metallurgical and Materials Transactions A, 2014, 45: 3619-3630.

[250] SUN L, MUSZKA K, WYNNE B P, et al. Effect of strain path on dynamic strain-induced transformation in a microalloyed steel[J]. Acta Materialia, 2014, 66: 132-149.

[251] LI F, SUN Z, LUO S, et al. Ionic diffusion in the oxidation of iron—effect of support and its implications to chemical looping applications[J]. Energy and Environmental Science, 2011, 4: 876-880.

[252] YU X, JIANG Z, ZHAO J, et al. Crystallographic texture based analysis of Fe_3O_4/α-Fe_2O_3 scale formed on a hot-rolled microalloyed steel[J]. Transactions of the Iron and Steel Institute of Japan, 2015, 55: 278-284.

[253] VEAL B W, PAULIKAS A P. Growth strains and creep in thermally grown alumina: oxide growth mechanisms[J]. Journal of Applied Physics, 2008, 104: 383-607.

[254] VEAL B W, PAULIKAS A P, HOU P Y. Tensile stress and creep in thermally grown oxide[J]. Nature Materials, 2006, 5: 349-351.

[255] WANG C M, GENC A, CHENG H, et al. In-Situ TEM visualization of vacancy injection and chemical partition during oxidation of Ni-Cr nanoparticles[J]. Scientific Reports, 2014, 4: 3683-3683.

[256] YU X, JIANG Z, ZHAO J, et al. A Comparison of texture development in an experimental and industrial tertiary oxide scale in a hot strip mill[J]. Metallurgical and Materials Transactions B, 2015, 46: 2503-2513.

[257] WANG Y N, HUANG J C. Texture analysis in hexagonal materials[J]. Materials Chemistry and Physics, 2003, 81: 11-26.

[258] WENK H R, CANOVA G, MOLINARI A, et al. Texture development in halite: comparison of Taylor model and self-consistent theory[J]. Acta Metallurgica, 1989, 37: 2017-2029.

[259] DUCLOS R, DOUKHAN N, ESCAIG B. High temperature creep behaviour of nearly stoichiometric alumina spinel[J]. Journal of Materials Science, 1978, 13: 1740-1748.

[260] DAVIES G J, GOODWILL D J, KALLEND J S. Charts for analysing crystallite distribution function plots for cubic materials[J]. Journal of Applied Crystallography, 1971, 4: 67-70.

[261] DAVIES G J, GOODWILL D J, KALLEND J S. Charts for analysing crystallite orientation distribution function plots for hexagonal materials[J]. Journal of Applied Crystallography, 1971, 4: 193-196.

[262] RAABE D. Overview on basic types of hot rolling textures of steels[J]. Steel Research International, 2003, 74: 327-337.

[263] WRIGHT S I, NOWELL M M, FIELD D P. A review of strain analysis using electron backscatter diffraction[J]. Microscopy and Microanalysis the Official Journal of Microscopy Society of America Microbeam Analysis Society Microscopical Society of Canada, 2011, 17: 316.

[264] KANG J Y, BACROIX B, RÉGLÉ H, et al. Effect of deformation mode and grain orientation on misorientation development in a body-centered cubic steel[J]. Acta Materialia, 2007, 55: 4935-4946.

[265] MIAO J, POLLOCK T M, JONES J W. Microstructural extremes and the transition from fatigue crack initiation to small crack growth in a polycrystalline nickel-base superalloy[J]. Acta Materialia, 2012, 60: 2840-2854.

[266] YU X, JIANG Z, ZHAO J, et al. Local strain analysis of the tertiary oxide scale formed on a hot-rolled steel strip via EBSD[J]. Surface and Coatings Technology, 2015, 277: 151-159.

[267] CAO J, WU J. Strain effects in low-dimensional transition metal oxides[J]. Materials Science and Engineering R, 2011, 71: 35-52.

[268] CHANG C P, CHU M W, JENG H T, et al. Condensation of two-dimensional oxide-interfacial charges into one-dimensional electron chains by the misfit-dislocation strain field[J]. Nature Communications, 2014, 5: 3522.

[269] YU X, JIANG Z, ZHAO J, et al. Microstructure and microtexture evolutions of deformed oxide layers on a hot-rolled microalloyed steel[J]. Corrosion Science, 2015, 90: 140-152.

[270] LAW F, YI Y, HIDAYA T, et al. Identification of geometrically necessary dislocations in solid phase crystallized poly-Si[J]. Journal of Applied Physics, 2013, 114: 144-154.

[271] CHENG W J, CHANG Y Y, WANG C J. Observation of high-temperature phase transformation in the aluminide Cr-Mo steel using EBSD[J]. Surface and Coatings Technology, 2008, 203: 401-406.

[272] TANG J, TIEU A K, JIANG Z Y. Modelling of oxide scale surface roughness in hot metal forming[J]. Journal of Materials Processing Technology, 2006, 177: 126-129.

[273] GHADBEIGI H, PINNA C, CELOTTO S, et al. Local plastic strain evolution in a high strength dual-phase steel[J]. Materials Science and Engineering A, 2010, 527: 5026-5032.

[274] YU X, JIANG Z, ZHAO J, et al. Dependence of texture development on the grain size of tertiary oxide scales formed on a microalloyed steel[J]. Surface and Coatings Technology, 2015, 272: 39-49.

[275] MARTIN G, SINCLAIR C W, LEBENSOHN R A. Microscale plastic strain heterogeneity in slip dominated deformation of magnesium alloy containing rare earth[J]. Materials Science and Engineering A, 2014, 603: 37-51.

[276] TASAN C C, HOEFNAGELS J P M, DIEHL M, et al. Strain localization and damage in dual phase steels investigated by coupled in-situ deformation experiments and crystal plasticity simulations[J]. International Journal of Plasticity, 2014, 63: 198-210.

[277] BIROSCA S, GIOACCHINO F D, STEKOVIC S, et al. A quantitative approach to study the effect of local texture and heterogeneous plastic strain on the deformation micromechanism in RR1000 nickel-based superalloy[J]. Acta Materialia, 2014, 74: 110-124.

[278] GIOACCHINO F D, FONSECA J Q D. Plastic strain mapping with sub-micron resolution using digital image correlation[J]. Experimental Mechanics, 2013, 53: 743-754.

[279] LI Z, FISHER E S. Single crystal elastic constants of zinc ferrite ($ZnFe_2O_4$)[J]. Journal of Materials Science Letters, 1990, 9: 759-760.

[280] LEE S B, KIM D I, HONG S H, et al. Texture evolution of abnormal grains with post-deposition annealing temperature in nanocrystalline Cu thin films[J]. Metallurgical and Materials Transactions A, 2013, 44: 152-162.

[281] BISHOP J F W, HILL R. XLVI. A theory of the plastic distortion of a polycrystalline aggregate under combined stresses[J]. Philosophical Magazine, 1951, 42: 414-427.

[282] HOSFORD W F. The Mechanics of Crystals and Textured Polycrystals[M]. New York: Oxford University Press, 1993.

[283] TILL J L, MOSKOWITZ B. Magnetite deformation mechanism maps for better prediction of strain partitioning[J]. Geophysical Research Letters, 2013, 40: 697-702.

[284] OH K H, PARK S M, YANG M K, et al. Thermomechanical treatment for enhancing gamma fiber component in recrystallization texture of copper-bearing bake hardening steel[J]. Materials Science and Engineering A, 2011, 528: 6455-6462.

[285] MERRIMAN C C, FIELD D P, TRIVEDI P. Orientation dependence of dislocation structure evolution during cold rolling of aluminum[J]. Materials Science and Engineering A, 2008, 494: 28-35.

[286] CONDON N G, MURRAY P W, LEIBSLE F M, et al. Fe_3O_4(111) termination of α-Fe_2O_3 (0001)[J]. Surface Science, 1994, 310: L609-L613.

[287] LAGOEIRO L E. Transformation of magnetite to hematite and its influence on the dissolution of iron oxide minerals[J]. Journal of Metamorphic Geology, 1998, 16: 415-

423.

[288] WATANABE Y, ISHII K. Geometrical consideration of the crystallography of the transformation from α-Fe_2O_3 to Fe_3O_4[J]. Physica Status Solidi, 1995, 150: 673-686.

[289] WEI D, JIANG Z, HAN J. Modelling of the evolution of crack of nanoscale in iron[J]. Computational Materials Science, 2013, 69: 270-277.

[290] SONG J, CURTIN W A. Atomic mechanism and prediction of hydrogen embrittlement in iron[J]. Nature Materials, 2013, 12: 145-151.

[291] VALETTE S, TROLLIARD G, DENOIRJEAN A, et al. Iron/wüstite/magnetite/alumina relationships in plasma coated steel: a TEM study[J]. Solid State Ionics, 2007, 178: 429-437.

[292] BARBOSA P F, LAGOEIRO L. Crystallographic texture of the magnetite-hematite transformation: evidence for topotactic relationships in natural samples from Quadrilátero Ferrífero, Brazil[J]. American Mineralogist, 2010, 95: 118-125.

[293] 于洋, 唐帅, 郭晓波, 等. 热轧卷板氧化铁皮形成机制及控制策略的研究 [J]. 钢铁, 2006, 41: 50-52.

[294] ZUMBRUNNEN D A, AZIZ M. Convective heat transfer enhancement due to intermittency in an impinging jet[J]. Journal of Heat Transfer, 1993, 51: 91-98.

[295] YU X L, JIANG Z, WEI D B, et al. Modelling of temperature-dependent growth kinetics of oxide scale on hot-rolled steel strip[J]. Advanced Science Letters, 2012, 13: 219-223.

[296] KOKADO J I, HATTA N, TAKUDA H, et al. An analysis of film boiling phenomena of subcooled water spreading radially on a hot steel plate[J]. Computer Methods in Materials Science, 2009, 9: 271-276.

[297] YU X, JIANG Z, WEI D, et al. Enthalpy-based modelling of phase transformation of oxide scale on hot-rolled steel strip[J]. Steel Research International, 2012: 999-1002.

[298] NEDJAR B. An enthalpy-based finite element method for nonlinear heat problems involving phase change[J]. Computers and Structures, 2002, 80: 9-21.

[299] JIANG Z Y, YU X L, ZHAO J W, et al. Tribological analysis of oxide scales during cooling process of rolled microalloyed steel[J]. Advanced Materials Research, 2014, 1017: 435-440.

[300] YU X, JIANG Z, WEI D, et al. Tribological properties of magnetite precipitate from oxide scale in hot-rolled microalloyed steel[J]. Wear, 2013, 302: 1286-1294.

[301] JIANG J, STOTT F H, STACK M M. A mathematical model for sliding wear of metals at elevated temperatures[J]. Wear, 1995, s 181-183: 20-31.

[302] STOTT F H, GLASCOTT J, WOOD G C. Factors affecting the progressive development of wear-protective oxides on iron-based alloys during sliding at elevated temperatures[J]. Wear, 1984, 97: 93-106.

[303] STOTT F H. The role of oxidation in the wear of alloys[J]. Tribology International, 1998, 31: 61-71.

[304] PAUSCHITZ A, ROY M, FRANEK F. Mechanisms of sliding wear of metals and alloys at elevated temperatures[J]. Tribology International, 2008, 41: 584-602.

[305] SPUZIC S, STRAFFORD K N, SUBRAMANIAN C, et al. Wear of hot rolling mill rolls: an overview[J]. Wear, 1994, 176: 261-271.

[306] LIU W, SUN X, STEPHENS E, et al. Interfacial shear strength of oxide scale and SS 441 substrate[J]. Metallurgical and Materials Transactions A, 2011, 42: 1222-1228.

[307] CHAN K S. A grain boundary fracture model for predicting dynamic embrittlement and oxidation-induced cracking in superalloys[J]. Metallurgical and Materials Transactions A, 2015, 46: 2491-2505.

[308] YU X, JIANG Z, ZHAO J, et al. Effect of a grain-refined microalloyed steel substrate on the formation mechanism of a tight oxide scale[J]. Corrosion Science, 2014, 85: 115-125.

[309] YU X, JIANG Z, ZHAO J, et al. The role of oxide-scale microtexture on tribological behavior in nanoparticle lubrication of hot rolling[J]. Tribology International, 2016, 93: 190-201.

[310] HSU S M. Nanolubrication: concept and design[J]. Tribology International, 2004, 37: 537-545.

[311] LUONG L H S, HEIJKOOP T. The influence of scale on friction in hot metal working[J]. Wear, 1981, 71: 93-102.

[312] ALEXANDER J M, BREWER R C B, ROWE G W. Manufacturing Technology[M]. Chichester: Ellis Horwood, 1993.

[313] LENARD J G. An Examination of the Coefficient of Friction[C]// Lenard J G. Metal Forming Science and Practice: A State-of-the-Art Volume in Honour of Professor JA Schey's 80th Birthday. Oxford: Elsevier, 2002: 85-114.

[314] YU X, ZHOU J, JIANG Z. Developments and possibilities for nanoparticles in water-based lubrication during metal processing[J]. Reviews in Nanoscience and Nanotechnology, 2016, 5: 136-163.

[315] BHUSHAN B, KO P L. Introduction to Tribology[M]. Weinheim: John Wiley & Sons, 2002.

[316] Li Z, SUN Q, GAO M. Preparation of water-soluble magnetite nanocrystals from hydrated ferric salts in 2-pyrrolidone: mechanism leading to Fe_3O_4[J]. Angewandte Chemie, 2004, 44: 123-126.

[317] GHASEMI R, ELMQUIST L. The relationship between flake graphite orientation, smearing effect, and closing tendency under abrasive wear conditions[J]. Wear, 2014, 317: 153-162.

[318] BUCKLEY D H. Surface films and metallurgy related to lubrication and wear[J]. Progress in Surface Science, 1982, 12: 1-153.

[319] LU R, ZHANG H, MITSUYA Y, et al. Influence of surface roughness and coating on the friction properties of nanometer-thick liquid lubricant films[J]. Wear, 2014, 319: 56-61.

[320] WANG H, YAN L, GAO D, et al. Tribological properties of superamphiphobic PPS/PTFE composite coating in the oilfield produced water[J]. Wear, 2014, 319: 62-68.

[321] WANG D, CHEN X, OESER M, et al. Study of micro-texture and skid resistance change of granite slabs during the polishing with the Aachen Polishing Machine[J]. Wear, 2014, 318: 1-11.

[322] RABINOWICZ E. Friction and Wear of Materials[M]. New York: Wiley, 1995.

[323] TANG Z, LI S. A review of recent developments of friction modifiers for liquid lubricants (2007-present)[J]. Current Opinion in Solid State and Materials Science, 2014, 18: 119-139.

[324] DAI W, KHEIREDDIN B, GAO H, et al. Roles of nanoparticles in oil lubrication ☆ [J]. Tribology International, 2016, 102: 88-98.

[325] HU C, BAI M, LV J, et al. Molecular dynamics simulation of mechanism of nanoparticle in improving load-carrying capacity of lubricant film[J]. Computational Materials Science, 2015, 109: 97-103.

[326] LEE K, HWANG Y, CHEONG S, et al. Understanding the role of nanoparticles in nano-oil lubrication[J]. Tribology Letters, 2009, 35: 127-131.

[327] TOMALA A, VENGUDUSAMY B, RIPOLL M R. Interaction between selected MoS_2 nanoparticles and ZDDP tribofilms[J]. Tribology Letters, 2015, 59: 26.

[328] LAHOUIJ I, VACHER B, DASSENOY F. Direct observation by in situ transmission electron microscopy of the behaviour of IF-MoS_2 nanoparticles during sliding tests: influence of the crystal structure[J]. Lubrication Science, 2014, 26: 163-173.

[329] SPEAR J C, EWERS B W, BATTEAS J D. 2D-nanomaterials for controlling friction and wear at interfaces[J]. Nano Today, 2015, 10: 301-314.

[330] HU K H, HU X G, XU Y F, et al. The effect of morphology on the tribological properties of MoS_2 in liquid paraffin[J]. Tribology Letters, 2010, 40: 155-165.

[331] GAO C, ZHANG G, WANG T, et al. Enhancing the tribological performance of PEEK exposed to water-lubrication by filling goethite (α-FeOOH) nanoparticles[J]. RSC Advances, 2016, 6: 51247-51256.

[332] NISTE V B, TANAKA H, RATOI M, et al. WS_2 nanoadditized lubricant for applications affected by hydrogen embrittlement[J]. RSC Advances, 2015, 5: 40678-40687.

[333] KALIN M, KOGOVŠEK J, REMŠKAR M. Mechanisms and improvements in the friction and wear behavior using MoS_2 nanotubes as potential oil additives[J]. Wear, 2012, s 280-281: 36-45.

[334] KRAJNIK P, RASHID A, PUŠAVEC F, et al. Transitioning to sustainable production–Part III: developments and possibilities for integration of nanotechnology into material processing technologies[J]. Journal of Cleaner Production, 2015, 112: 204.

[335] SAHOO R R, BISWAS S K. Deformation and friction of MoS_2 particles in liquid suspensions used to lubricate sliding contact[J]. Thin Solid Films, 2010, 518: 5995-6005.

[336] ZHANG C, ZHANG S, SONG S, et al.Preparation and tribological properties of surface-capped copper nanoparticle as a water-based lubricant additive[J]. Tribology Letters, 2014, 54: 25-33.

[337] LIU Y H, WANG X K, PAN G S, et al. A comparative study between graphene oxide and diamond nanoparticles as water-based lubricating additives[J]. Science China Technological Sciences, 2013, 56: 152-157.

[338] SONG H J, LI N. Frictional behavior of oxide graphene nanosheets as water-base lubricant additive[J]. Applied Physics A, 2011, 105: 827-832.

[339] HAKALA T J. Water-based boundary lubrication with biomolecule additives on diamond-like carbon and stainless steel surfaces[J]. Cancer Research, 2015, 49: 4446-4451.

[340] FAN X, WANG L. High-performance lubricant additives based on modified graphene oxide by ionic liquids[J]. Journal of Colloid and Interface Science, 2015, 452: 98-108.

[341] YUAN M, SU F, CHEN Y. Synthesis of nano-Cu/graphene oxide composites by supercritical CO_2-assisted deposition as a novel material for reducing friction and wear[J]. Chemical Engineering Journal, 2015, 281: 11-19.

[342] ZHANG D, LI C, JIA D, et al. Specific grinding energy and surface roughness of nanoparticle jet minimum quantity lubrication in grinding[J]. 中国航空学报 (英文版), 2015, 28: 570-581.

[343] DENG M, LI J, ZHANG C, et al. Investigation of running-in process in water-based lubrication aimed at achieving super-low friction[J]. Tribology International, 2016, 102: 257-264.

[344] NIU T, SUN J, WANG Y, et al. Lubrication mechanism of nanoparticles in metal hot deformation[C]//中国功能材料科技与产业高层论坛摘要集, 2014: 31-38.

[345] SPIKES H. Friction modifier additives[J]. Tribology Letters, 2015, 60: 5.

[346] LIANG S, SHEN Z, YI M, et al. In-situ exfoliated graphene for high-performance water-based lubricants[J]. Carbon, 2016, 96: 1181-1190.

[347] ZHAO J, HE Y, WANG Y, et al. An investigation on the tribological properties of multilayer graphene and MoS_2 nanosheets as additives used in hydraulic applications[J]. Tribology International, 2016, 97: 14-20.

[348] GARA L, ZOU Q. Friction and wear characteristics of water-based ZnO and Al_2O_3 nanofluids[J]. Tribology Transactions, 2012, 55: 345-350.

[349] WANG L, SASAKI T. Titanium oxide nanosheets: graphene analogues with versatile functionalities[J]. Chemical Reviews, 2014, 114: 9455.

[350] CAO X, WALLACE W, IMMARIGEON J-P, et al. Research and progress in laser welding of wrought aluminum alloys. II. Metallurgical microstructures, defects, and mechanical properties[J]. Materials and Manufacturing Processes, 2003, 18: 23-49.

[351] SHIRAZI S F S, GHAREHKHANI S, MEHRALI M, et al. A review on powder-based additive manufacturing for tissue engineering: selective laser sintering and inkjet 3D printing[J]. Science and Technology of Advanced Materials, 2015, 16: 033502.

[352] WEI P, WEI Z, CHEN Z, et al. The AlSi10Mg samples produced by selective laser melting: single track, densification, microstructure and mechanical behavior[J]. Applied Surface Science, 2017, 408: 38-50.

[353] LI X, JI G, CHEN Z, et al. Selective laser melting of nano-TiB_2 decorated AlSi10Mg alloy with high fracture strength and ductility[J]. Acta Materialia, 2017, 129: 183-193.

[354] HERZOG D, SEYDA V, WYCISK E, et al. Additive manufacturing of metals[J]. Acta Materialia, 2016, 117: 371-392.

[355] WU J, WANG X, WANG W, et al. Microstructure and strength of selectively laser melted AlSi10Mg[J]. Acta Materialia, 2016, 117: 311-320.

[356] CHEN B, MOON S, YAO X, et al. Strength and strain hardening of a selective laser melted AlSi10Mg alloy[J]. Scripta Materialia, 2017, 141: 45-49.

[357] OLAKANMI E O, COCHRANE R F, DALGARNO K W. A review on selective laser sintering/melting (SLS/SLM) of aluminium alloy powders: processing, microstructure, and properties[J]. Progress in Materials Science, 2015, 74: 401-477.

[358] WANG X, ZHANG L, FANG M, et al. The effect of atmosphere on the structure and properties of a selective laser melted Al-12Si alloy[J]. Materials Science and Engineering: A, 2014, 597: 370-375.

[359] GU D, DAI D. Role of melt behavior in modifying oxidation distribution using an interface incorporated model in selective laser melting of aluminum-based material[J]. Journal of Applied Physics, 2016, 120: 083104.

[360] SCHAFFER G, HALL B, BONNER S, et al. The effect of the atmosphere and the role of pore filling on the sintering of aluminium[J]. Acta Materialia, 2006, 54: 131-138.

[361] LOUVIS E, FOX P, SUTCLIFFE C J. Selective laser melting of aluminium components[J]. Journal of Materials Processing Technology, 2011, 211: 275-284.

[362] LU S, FUJII H, NOGI K, Marangoni convection and weld shape variations in He-CO_2 shielded gas tungsten arc welding on SUS304 stainless steel[J]. Journal of Materials Science, 2008, 43: 4583-4591.

[363] CAO X, WALLACE W, POON C, et al. Research and progress in laser welding of wrought aluminum alloys. I. Laser welding processes[J]. Materials and Manufacturing Processes, 2003, 18: 1-22.

[364] GASKELL D R. Introduction to the Thermodynamics of Materials[M]. Washington: Taylor & Francis, 1995.

[365] MUNIR Z. Analytical treatment of the role of surface oxide layers in the sintering of metals[J]. Journal of Materials Science, 1979, 14: 2733-2740.

[366] DAS S. Physical aspects of process control in selective laser sintering of metals[J]. Advanced Engineering Materials, 2003, 5: 701-711.

[367] 边培莹, 邵晓东, 杜敬利. 激光选区熔化 AlSi10Mg 表面微弧氧化及其耐磨耐蚀性 [J]. 中国表面工程, 2018, 31(1): 88-95.

[368] SIMONELLI M, TUCK C, ABOULKHAIR N T, et al. A study on the laser spatter and the oxidation reactions during selective laser melting of 316L stainless steel, Al-Si10-Mg, and Ti-6Al-4V[J]. Metallurgical and Materials Transactions A, 2015, 46: 3842-3851.

[369] LEVI G, KAPLAN W D. Oxygen induced interfacial phenomena during wetting of alumina by liquid aluminium[J]. Acta Materialia, 2002, 50: 75-88.

[370] CAMPBELL J. Castings[M]. Oxford: Buster worth-Heinemam, 2003.

[371] MORGAN R, PAPWORTH A, SUTCLIFFE C, et al. High density net shape components by direct laser re-melting of single-phase powders[J]. Journal of Materials Science, 2002, 37: 3093-3100.

[372] O'NEILL W, SUTCLIFFE C, MORGAN R, et al. Investigation on multi-layer direct metal laser sintering of 316L stainless steel powder beds[J]. CIRP Annals-Manufacturing Technology, 1999, 48: 151-154.

[373] SUTTON A P, BALLUFFI R W. 晶体材料中的界面: Interfaces in Crystalline Materials[M]. 北京: 高等教育出版社, 2016.

[374] NYAHUMWA C, GREEN N R, CAMPBELL J. The concept of the fatigue potential of cast alloys[J]. Journal of the Mechanical Behavior of Materials, 1998, 9: 227-236.

[375] CAO X, CAMPBELL J. Convection-free precipitation of primary iron-rich phase in liquid Al11.5Si0.4Mg alloy[J]. AFS Transactions, 2001, 109: 501-515.

[376] VERHAEGHE F, CRAEGHS T, HEULENS J, et al. A pragmatic model for selective laser melting with evaporation[J]. Acta Materialia, 2009, 57: 6006-6012.

[377] ZHANG M, CHEN G, ZHOU Y, et al. Observation of spatter formation mechanisms in high-power fiber laser welding of thick plate[J]. Applied Surface Science, 2013, 280: 868-875.

[378] LOW D, LI L, BYRD P. Spatter prevention during the laser drilling of selected aerospace materials[J]. Journal of Materials Processing Technology, 2003, 139: 71-76.

[379] LI S, CHEN G, KATAYAMA S, et al. Relationship between spatter formation and dynamic molten pool during high-power deep-penetration laser welding[J]. Applied Surface Science, 2014, 303: 481-488.

[380] KAPLAN A F H, POWELL J. Spatter in laser welding[J]. Journal of Laser Applications, 2011, 23: 3337-3344.

[381] WILSON P, CHEN Z. The effect of manganese and chromium on surface oxidation products formed during batch annealing of low carbon steel strip[J]. Corrosion Science, 2007, 49: 1305-1320.

[382] HRYHA E, GIERL C, NYBORG L, et al. Surface composition of the steel powders pre-alloyed with manganese[J]. Applied Surface Science, 2010, 256: 3946-3961.

[383] PRASHANTH K, ECKERT J. Formation of metastable cellular microstructures in selective laser melted alloys[J]. Journal of Alloys and Compounds, 2017, 707: 27-34.

致　谢

博士后研究工作的三年岁月，是我生之旅途中最为曼妙的一段风景线。我非常有幸能在材料科学与工程学院周济院士课题组开展博士后研究工作。周老师为人亲切和悦，理性谦逊，学术严谨厚重，慨赐教益，让我领悟了很多科学哲学的理念和自由独立的思想，也让我学会了面对生活的淡定与从容。万分感谢周老师的学术指导和资助支持。周老师不惜时日，专精学问，授业解惑，我受惠既巨，感激亦深。

我要感谢的人很多，此处只能择最重要者。首先，要感谢澳大利亚伍伦贡大学的姜正义教授和澳大利亚悉尼科技大学韦东滨副教授在我攻读博士期间的指导，让我可以将这部分研究工作持续下来。关于研究工作中的实验部分，还要感谢清华大学电镜中心和澳大利亚伍伦贡大学工程学院的每一个实验室，特别感谢电镜中心的 Azdiar Gazder 研究员，没有他在电子背散射衍射技术方面的专精知识，这部分研究工作不可能完成。同时，也要感谢首钢技术中心的欧阳代军博士提供多种多样的金属材料样本，还有澳大利亚伍伦贡大学的赵敬伟老师，在论文写作和出版方面提供的协助与鼓舞。此外，非常感谢清华大学深圳学院李勃教授，机械工程学院赵乾教授和周济院士课题组的李状博士后、李幸运博士、李浩华博士、吴玲玲博士、王晓波博士、杨添博士等，感谢你们一贯的周到体贴，在风雨路途中温暖人心。

我还要感谢中国科学技术大学图书馆提供的宁静舒适的学习氛围，使我得以思考这些基本的问题与内容。最后，感谢中国科学技术大学工程科学学院，中国科学院材料力学行为和设计重点实验室，在所有其他学者忙于出版大量的基础研究任务时，能允许我离开实验室近四个月专门撰写本书，以将博士后期间的工作整理成书，以飨读者。

于相龙
中国科学技术大学
2018 年 5 月

编　后　记

《博士后文库》(以下简称《文库》) 是汇集自然科学领域博士后研究人员优秀学术成果的系列丛书。《文库》致力于打造专属于博士后学术创新的旗舰品牌, 营造博士后百花齐放的学术氛围, 提升博士后优秀成果的学术和社会影响力。

《文库》出版资助工作开展以来, 得到了全国博士后管委会办公室、中国博士后科学基金会、中国科学院、科学出版社等有关单位领导的大力支持, 众多热心博士后事业的专家学者给予积极的建议, 工作人员做了大量艰苦细致的工作。在此, 我们一并表示感谢!

《博士后文库》编委会

彩　　图

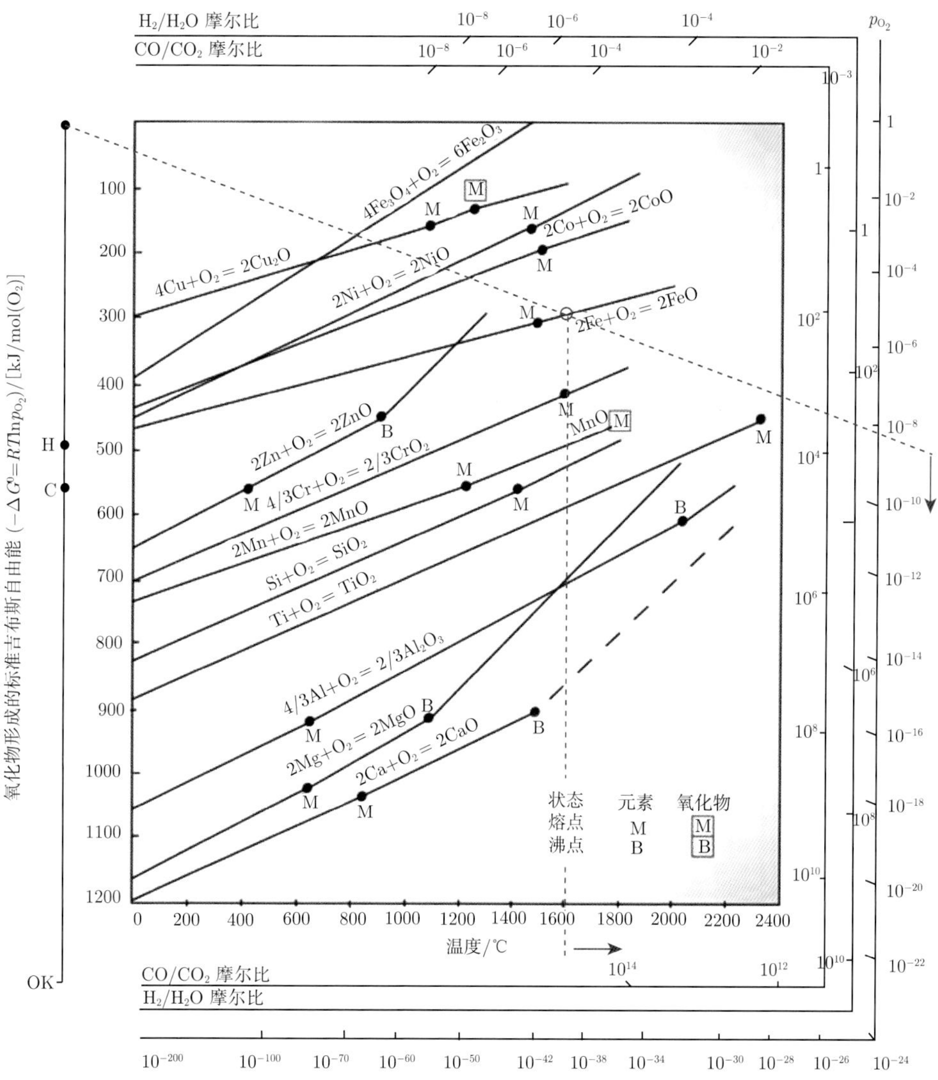

图 2.1　Ellingham/Richardson 标准吉布斯自由能图 [26,27]

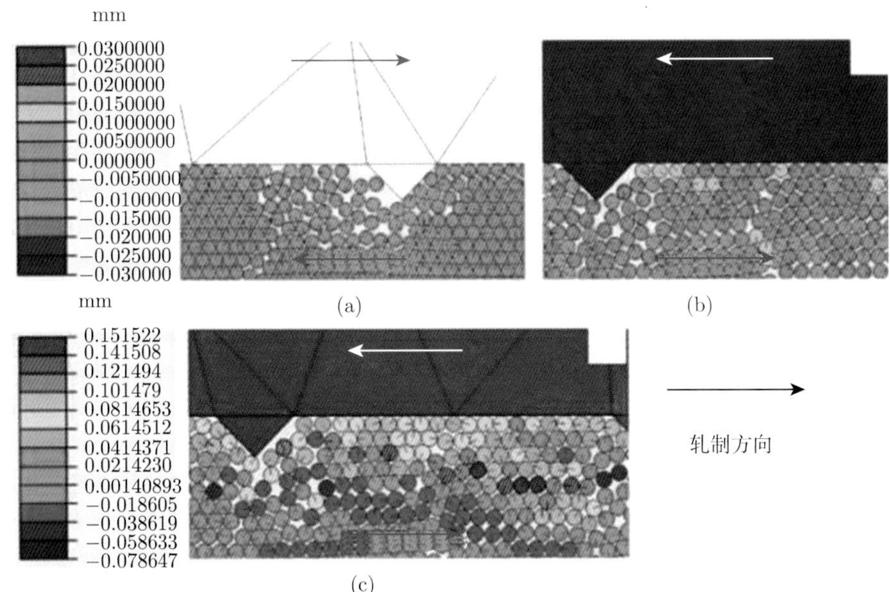

图 2.29 热轧铝合金的亚表面层数值模拟中，离散单元粒子在图 (a) 和图 (b) 垂直 (y) 方向上的位移量，(c) 径向 (x) 方向上的位移量 [178]

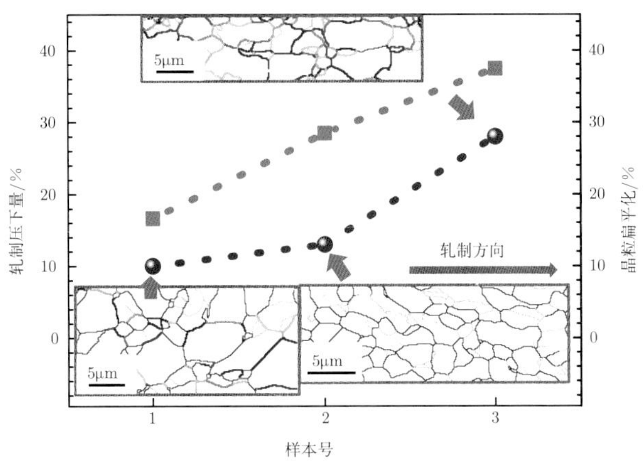

图 6.2 热轧快速冷却实验后，不同轧制压下量和冷却速率时微合金钢基体的电子背散射衍射晶界分布图

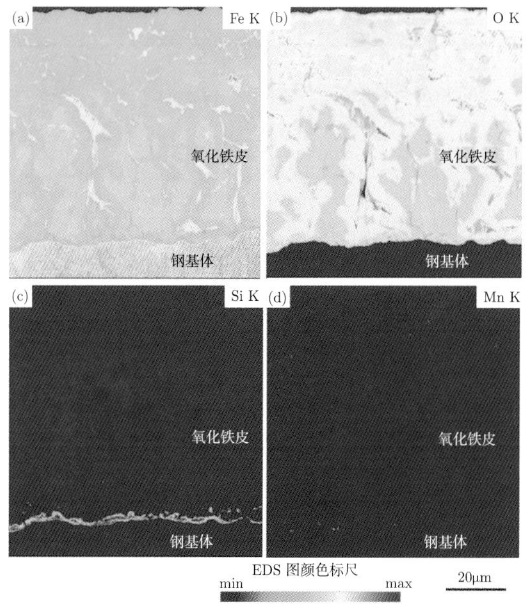

图 6.5　氧化铁皮内 (a) 铁，(b) 氧，(c) 硅，(d) 锰元素的能谱面扫描图

其中氧化样本的轧制压下量为 10%，冷却速率为 10℃/s

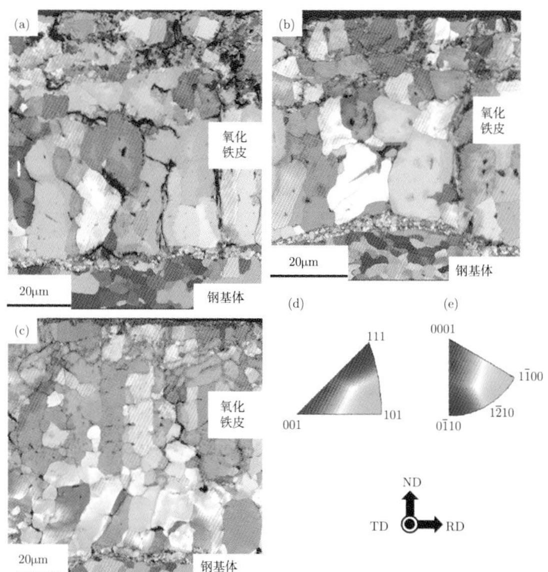

图 6.6　电子背散射衍射 EBSD/IPF 晶粒取向分布扫描图，其氧化样本的轧制压下量和冷却速率分别为 (a)10%，10℃/s，(b)13%，23℃/s，(c)28%，28℃/s；图中颜色键控分别为 (d) 立方对称晶系的 α-Fe、FeO 和 Fe_3O_4 及其 (e) 三角晶系的 α-Fe_2O_3

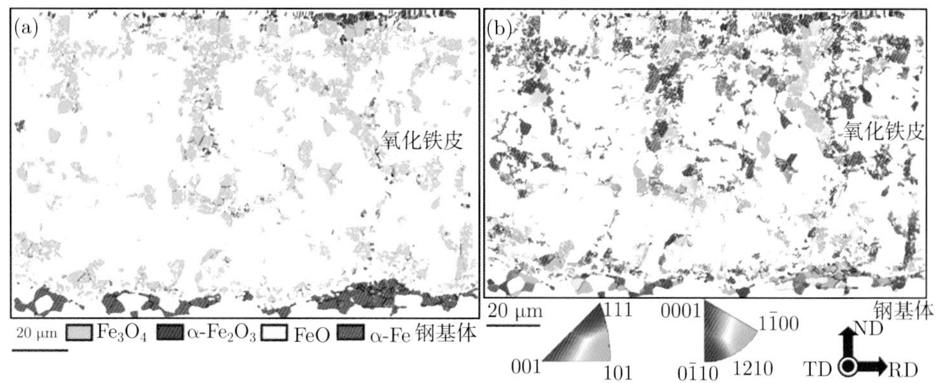

图 6.8　氧化铁皮晶粒尺寸在 1~5μm 时，电子背散射衍射

(a) 物相分布图；(b) 晶粒取向分布图

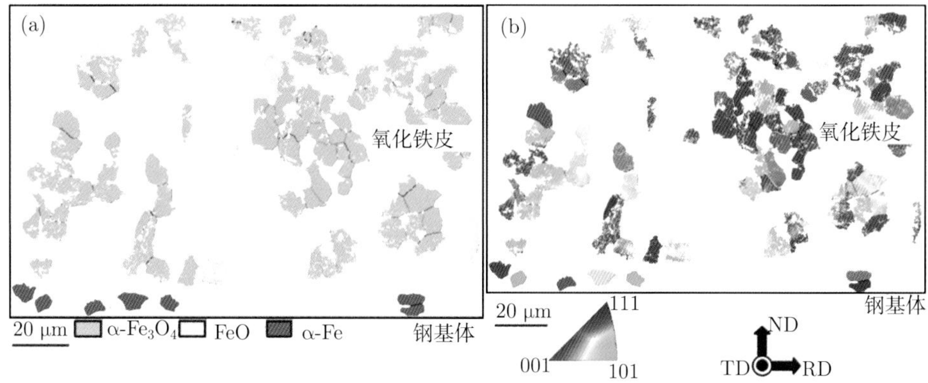

图 6.9　氧化铁皮晶粒尺寸在 5~10μm 时，电子背散射衍射

(a) 物相分布图；(b) 晶粒取向分布图

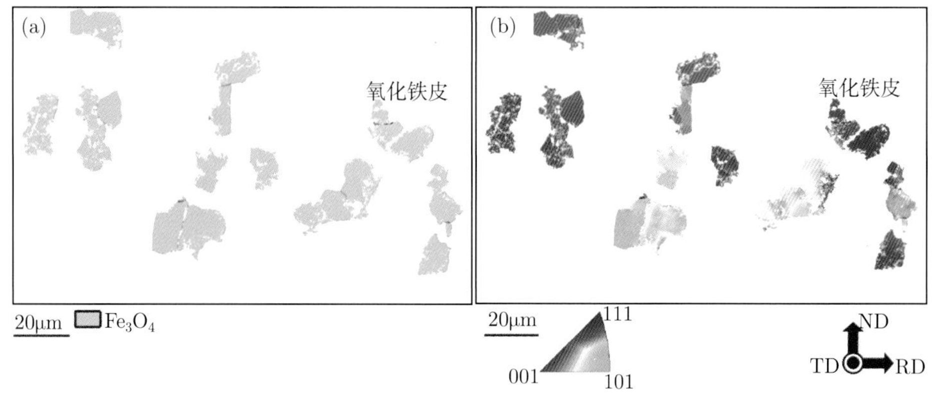

图 6.10　氧化铁皮晶粒尺寸在 10~15μm 时，电子背散射衍射

(a) 物相分布图；(b) 晶粒取向分布图

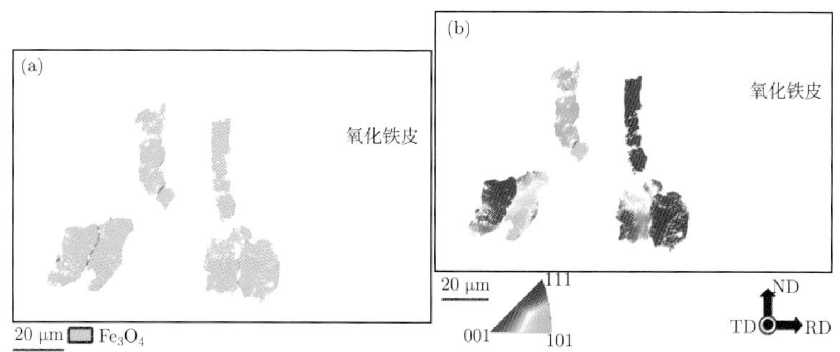

图 6.11　氧化铁皮晶粒尺寸大于 15μm 时，电子背散射衍射

(a) 物相分布图；(b) 晶粒取向分布图

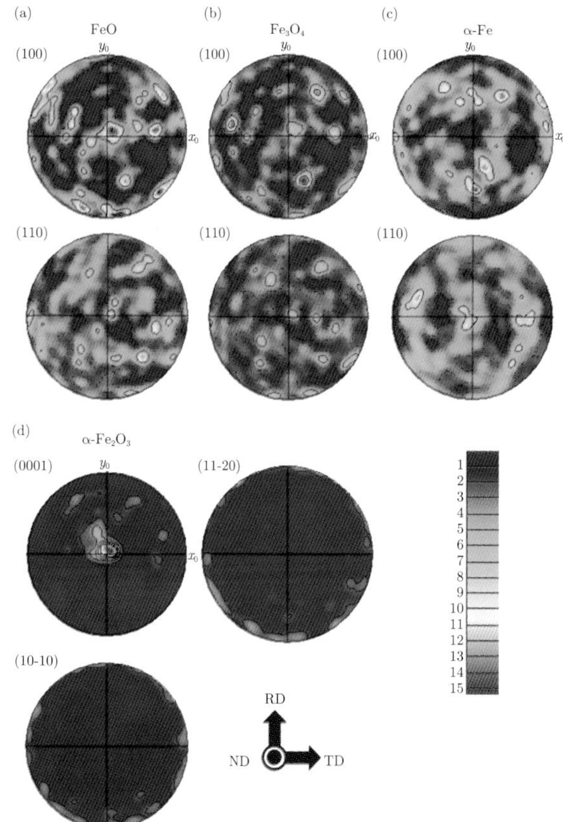

图 7.1　氧化铁皮中(a)FeO，(b)Fe_3O_4 和(c) 钢基体(α-Fe)，(d)α-Fe_2O_3 在不同晶面上的极图

其中氧化样本的轧制压下量为 10%，冷却速率为 10℃/s

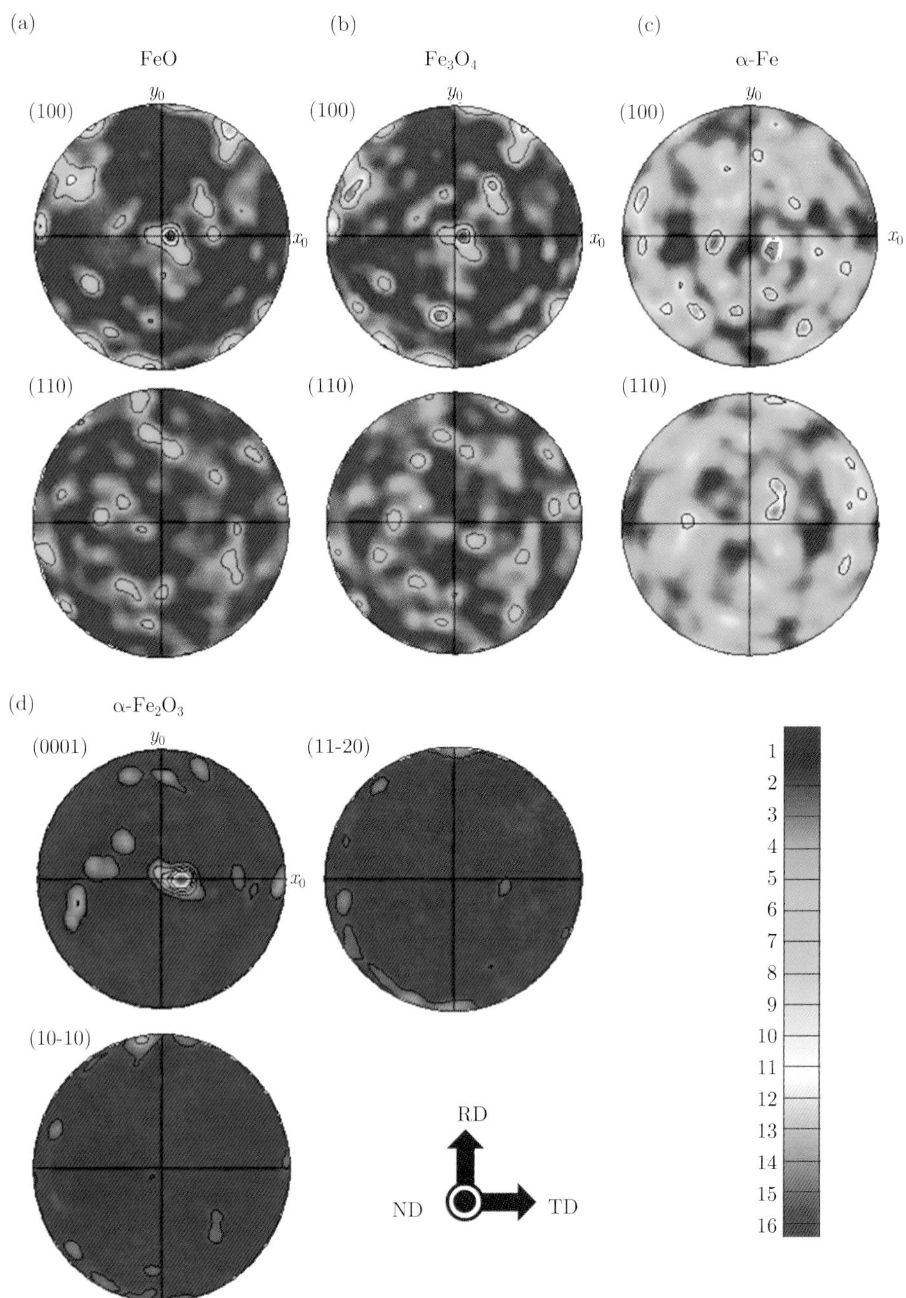

图 7.2 氧化铁皮中 (a)FeO，(b)Fe_3O_4 和 (c) 钢基体 (α-Fe)，(d)α-Fe_2O_3 在不同晶面上的极图

其中氧化样本的轧制压下量为 13%，冷却速率为 23°C/s

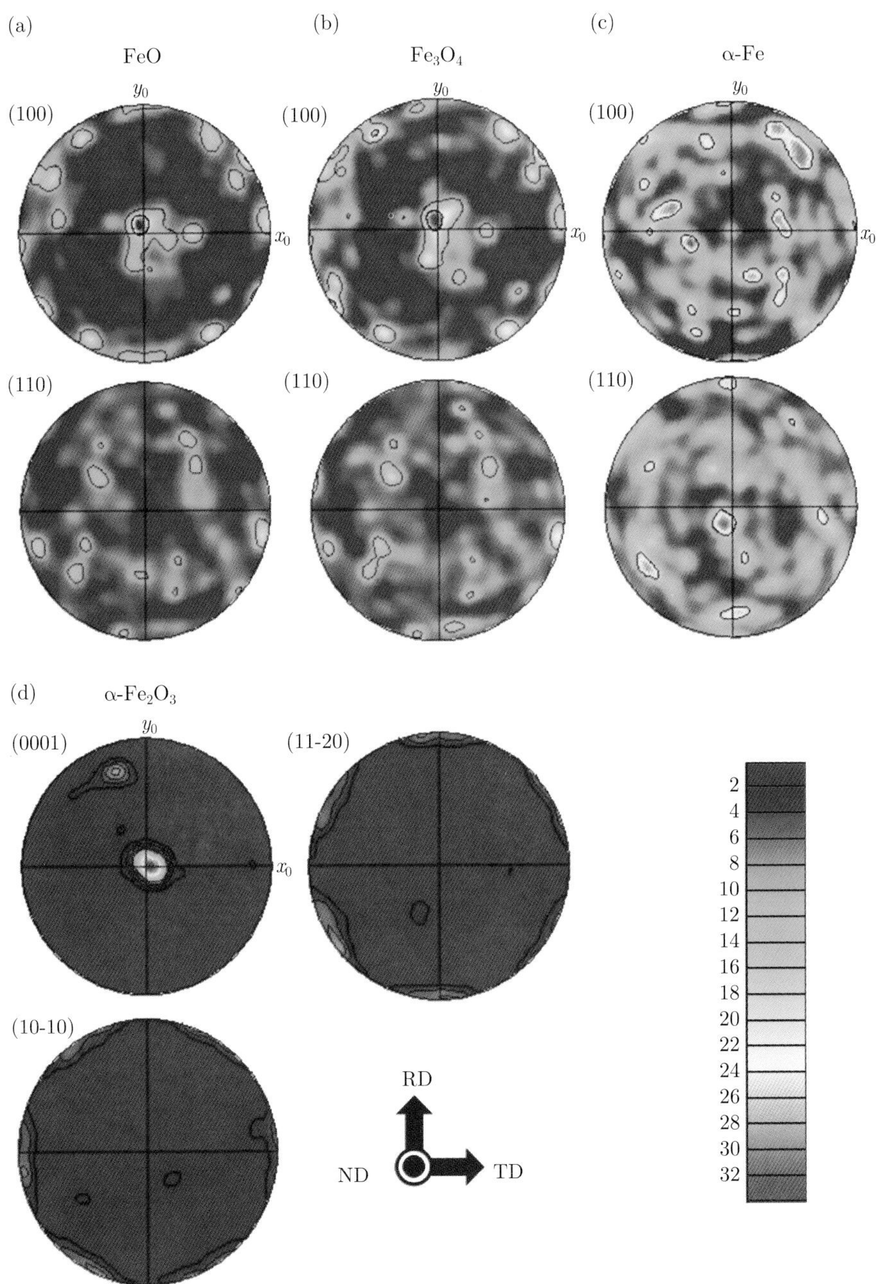

图 7.3 氧化铁皮中 (a)FeO，(b)Fe_3O_4 和 (c) 钢基体 (α-Fe)，(d)α-Fe_2O_3 在不同晶面上的极图

其中氧化样本的轧制压下量为 28%，冷却速率为 28°C/s

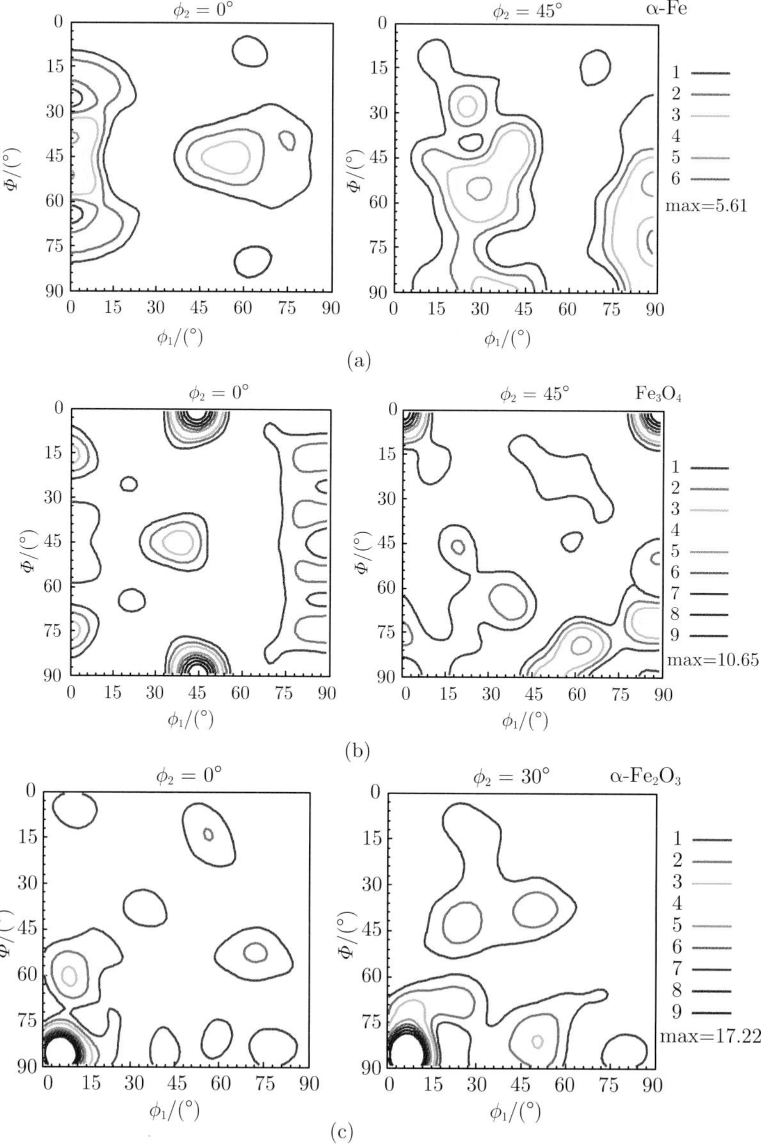

图 7.5　取向密度分布函数 ODF 截面分布

(a) 钢基体 (α-Fe)；(b)Fe_3O_4；(c)α-Fe_2O_3，其中氧化样本的轧制压下量为 10%，冷却速率为 10℃/s

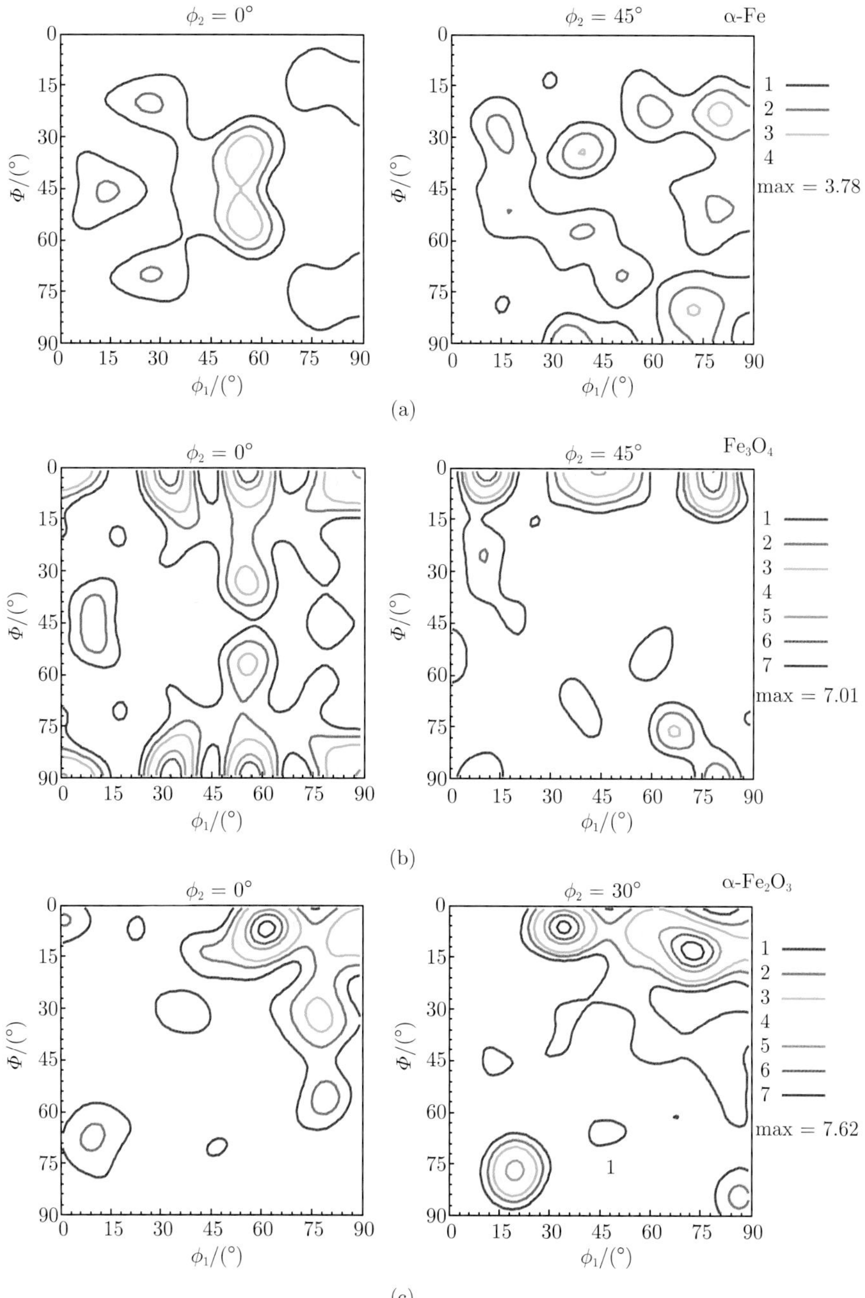

(a)

(b)

(c)

图 7.6　取向密度分布函数 ODF 截面分布

(a) 钢基体 (α-Fe)；(b)Fe_3O_4；(c)α-Fe_2O_3，其中氧化样本的轧制压下量为 13%，冷却速率为 23℃/s

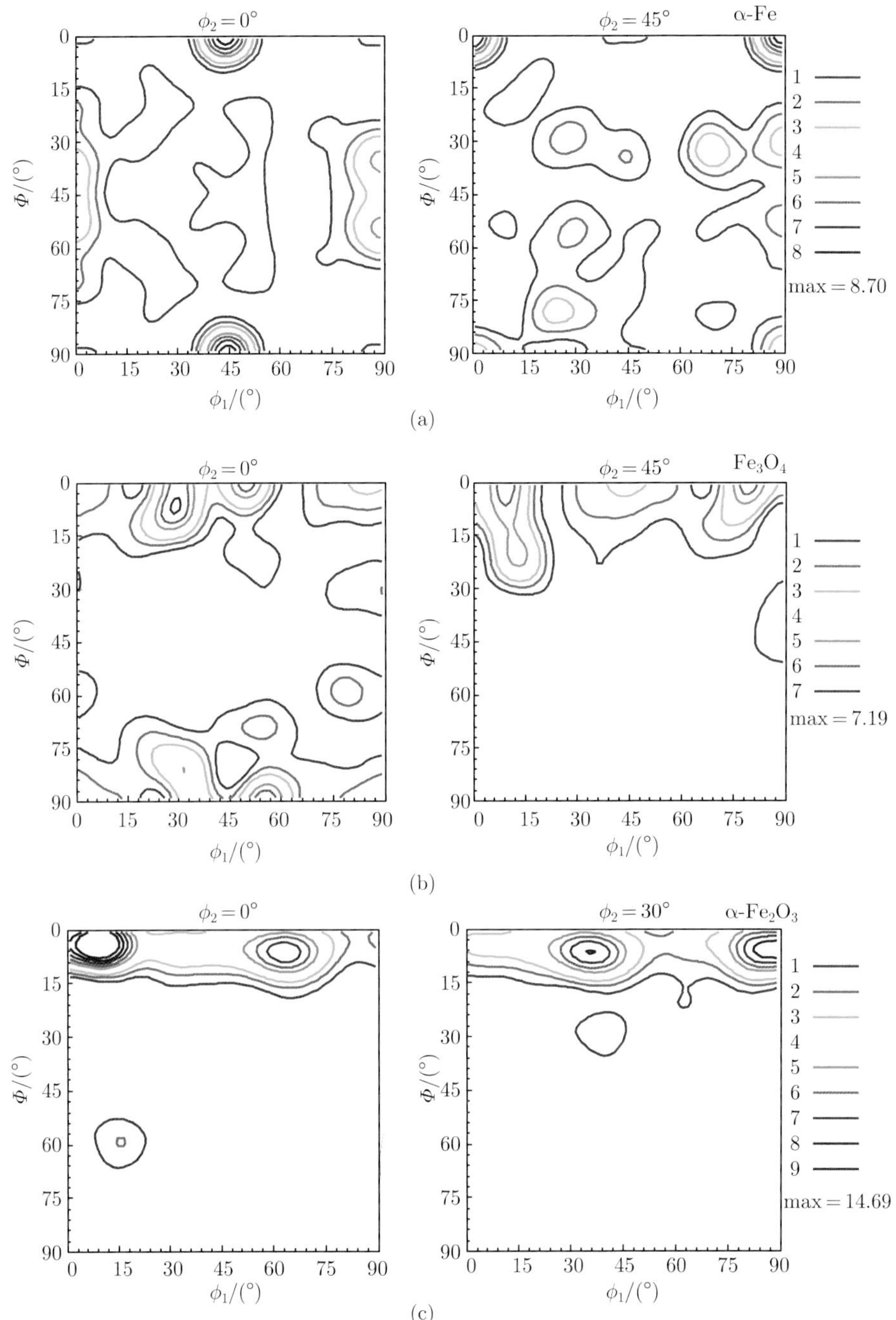

图 7.7 取向密度分布函数 ODF 截面分布

(a) 钢基体 (α-Fe)；(b)Fe_3O_4；(c)α-Fe_2O_3，其中氧化样本的轧制压下量为 28%，冷却速率为 28℃/s

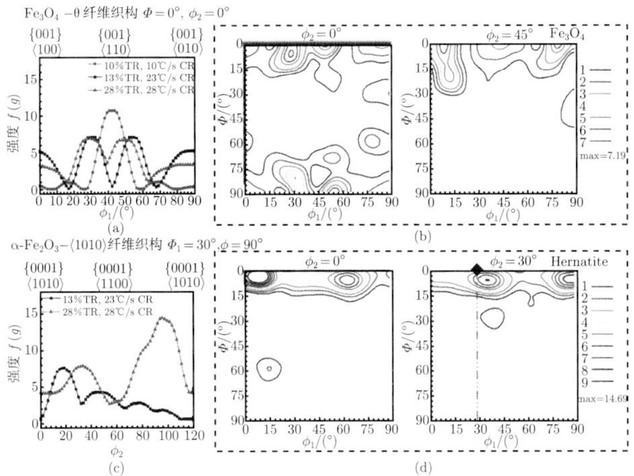

图 7.9　氧化铁皮中织构强度的曲线分布图

Fe_3O_4 中沿着 (a)θ 纤维织构；α-Fe_2O_3 中沿着 (c)⟨1010⟩ 纤维织构；取向密度分布函数 ODF 截面分布 (b)Fe_3O_4 和 (d)α-Fe_2O_3，其中氧化样本的轧制压下量为 28%，冷却速率为 28℃/s

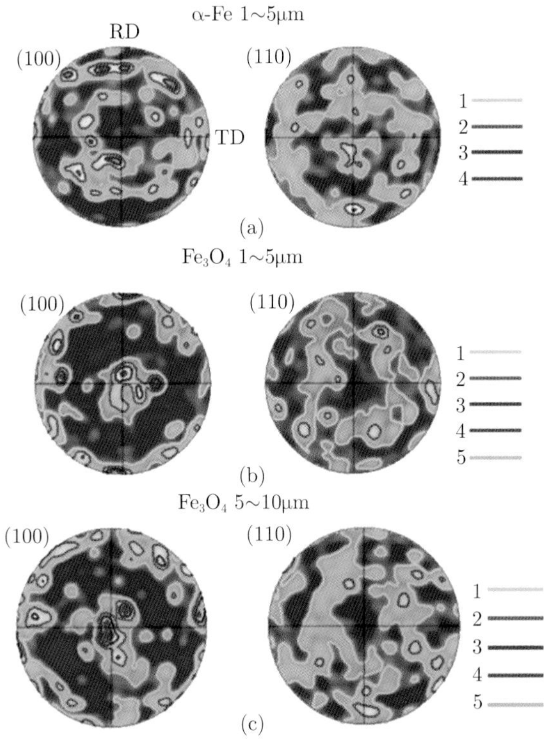

图 7.10　氧化铁皮的晶粒尺寸在 1~5μm 时，(100) 和 (110) 极图表示 (a)α-Fe 和 (b)Fe_3O_4；晶粒尺寸在 5~10μm 时，(100) 和 (110) 极图表示 (c)Fe_3O_4

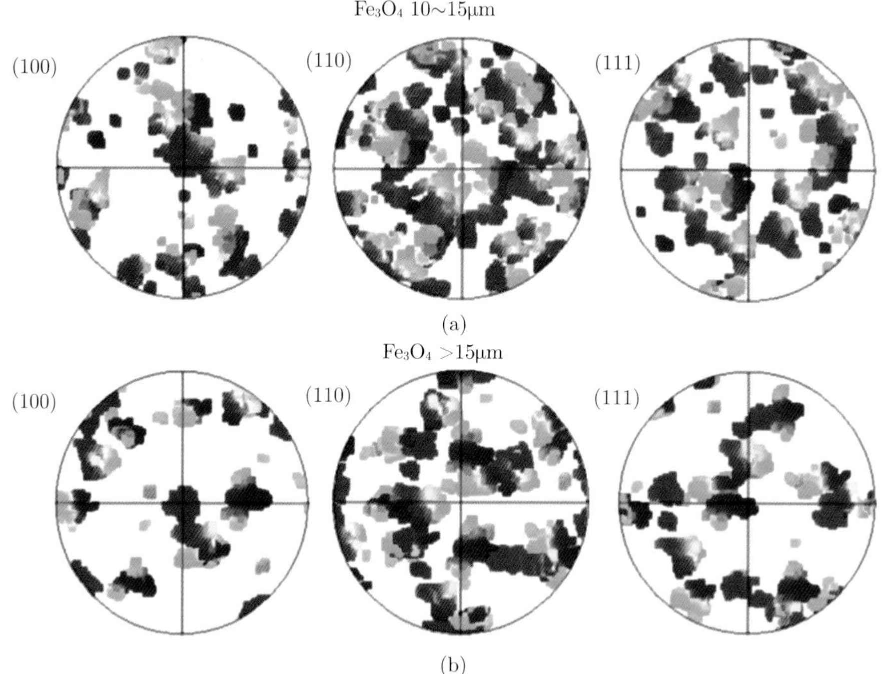

图 7.11　氧化铁皮中 Fe_3O_4 的散点极图，其晶粒尺寸在 (a)10~15μm 和 (b) 大于 15μm

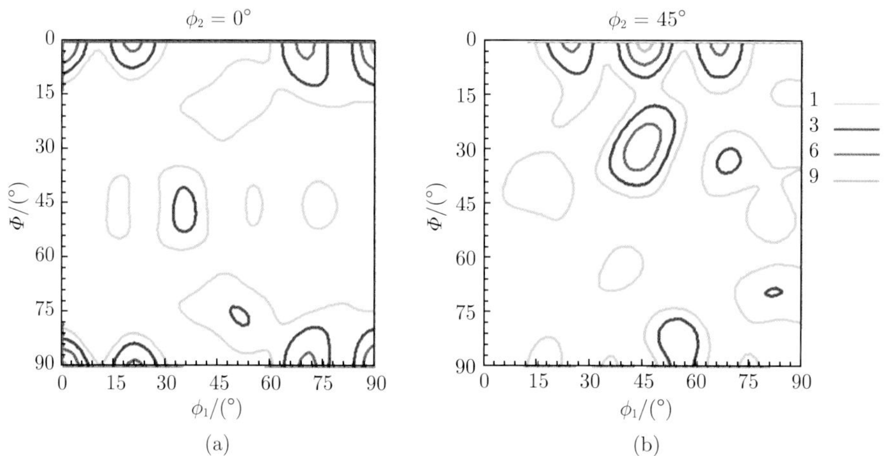

图 7.15　工业生产的氧化铁皮内 Fe_3O_4，其取向密度分布函数 ODF 截面分布图

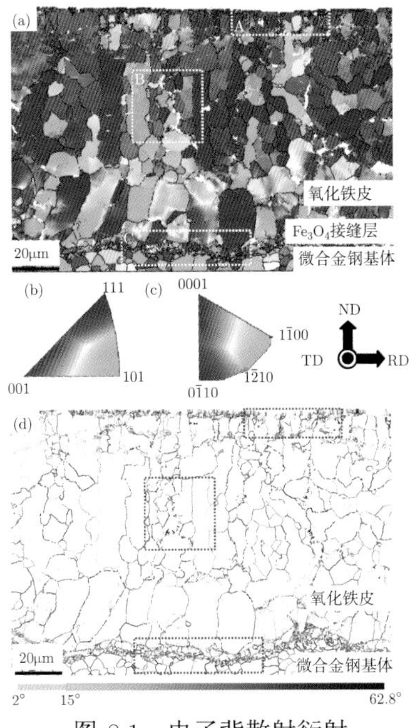

图 8.1　电子背散射衍射

(a)IPF 晶粒取向分布扫描图和 (d) 晶界扫描图，其氧化样本的轧制压下量和冷却速率分别为 28%，28℃/s; 颜色键控分别为 (b) 立方对称晶系的 α-Fe、FeO 和 Fe_3O_4 和 (c) 三角晶系的 α-Fe_2O_3

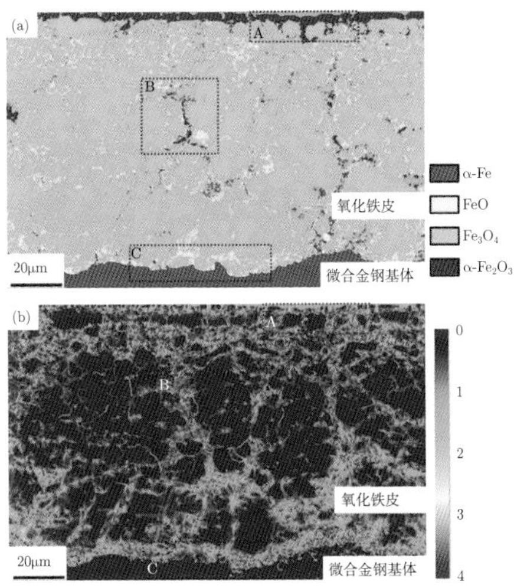

图 8.2　电子背散射衍射

(a) 相界分布图和 (b) 局部应变图，其中氧化样本被分为三个子区域 (A) 表面层，(B) 中间层，(C) 氧化铁皮/基体界面层

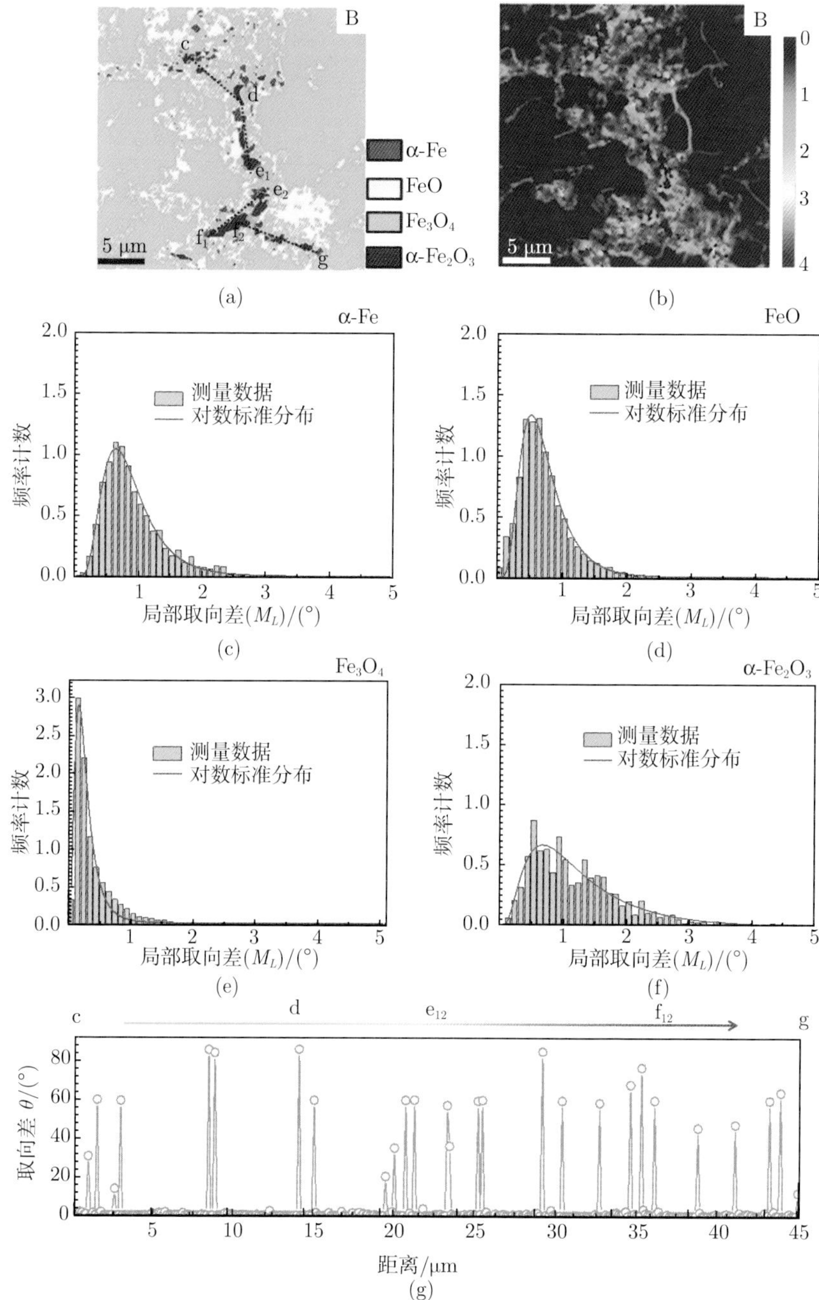

图 8.5　中间层电子背散射衍射 EBSD 放大视图

(a) 相界分布图，(b) 局部应变图，局部取向差分布图 (c) α-Fe，(d)FeO，(e)Fe_3O_4 和 (f) $α-Fe_2O_3$，(g) 沿着图 8.5a 中线 c-d-g 方向上的取向差分布。

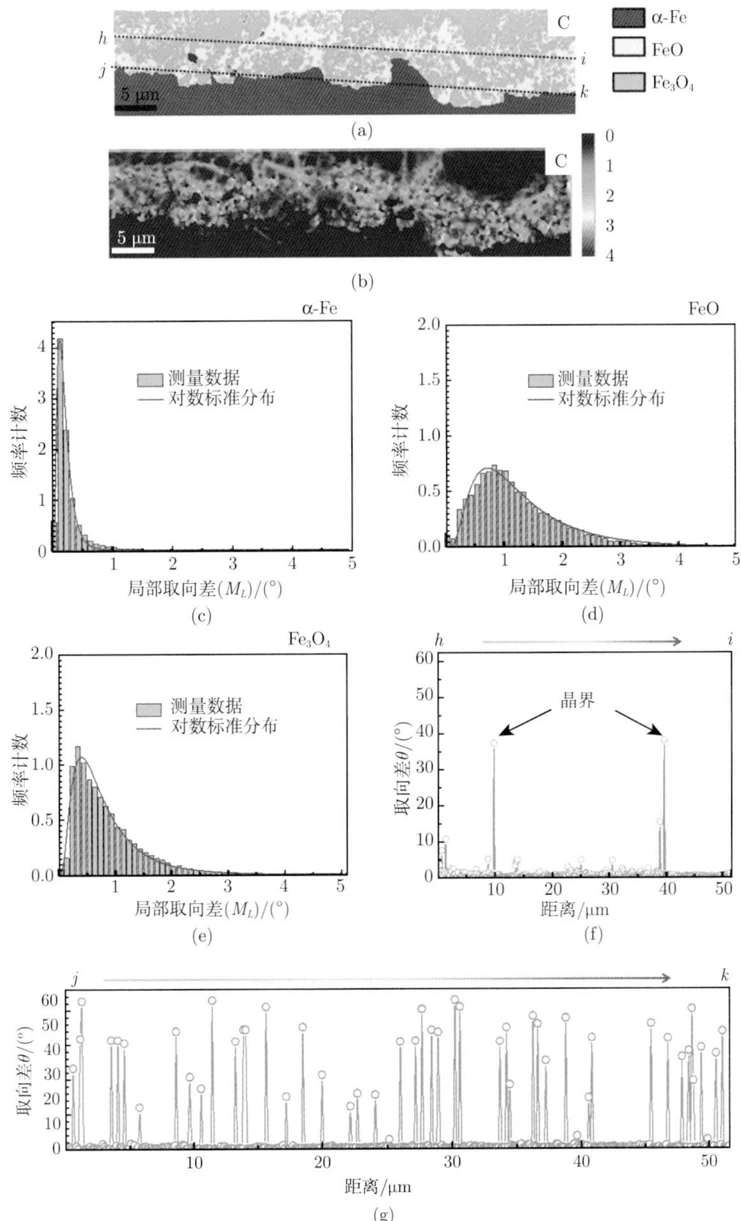

图 8.6 氧化铁皮/基体界面层电子背散射衍射 EBSD 放大视图

(a) 相界分布图，(b) 局部应变图，局部取向差分布图 (c) α-Fe，(d)FeO，(e)Fe_3O_4，沿着图 8.6a 中,(f) 线 h-i 方向上,(g) 线 j-k 方向上, 的取向差分布。

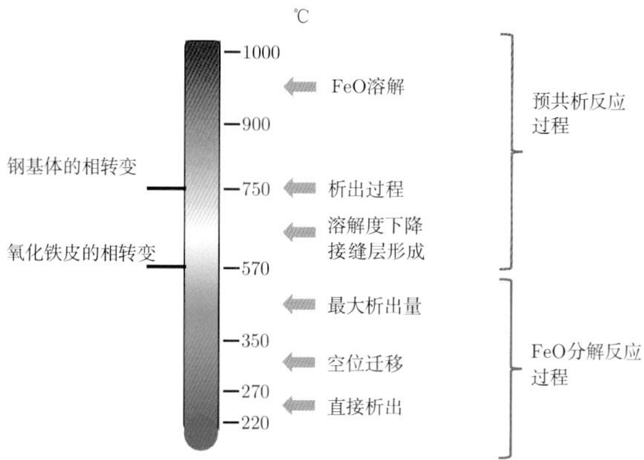

图 9.2　在不同的温度范围内 Fe_3O_4 从高温生成 FeO 中析出过程的示意图

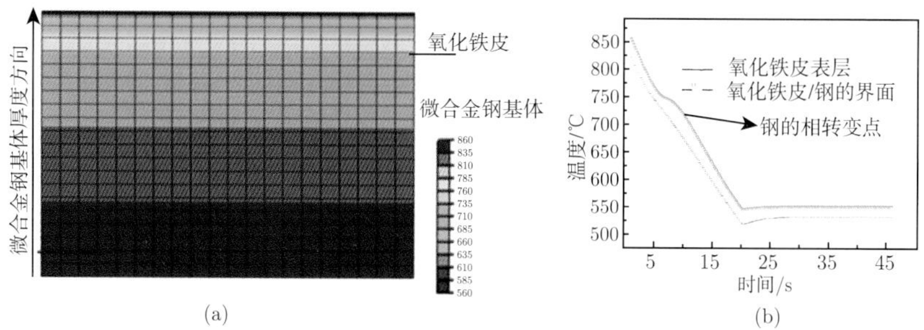

图 9.9　(a) 初始氧化前 5s 前整个模型的温度场云图和 (b) 冷却工艺过程中在氧化铁皮与钢基体的不同界面处温度差异的变化

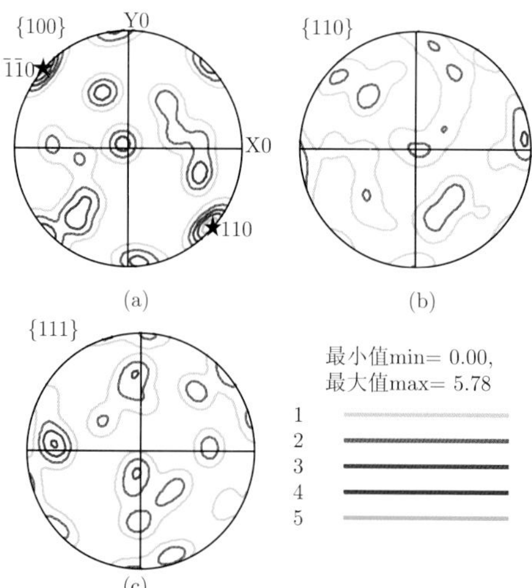

图 10.13　氧化铁皮中 Fe_3O_4 的极图表达

氧化样本的轧制压下量为 10%，冷却速率为 10℃/s